执业兽医资格考试指导用书

执业兽医资格考试

（兽医全科类）

综合应用科目

高效复习考点与精练

尹泽东　加春生　主编

中国农业出版社
北　京

图书在版编目（CIP）数据

执业兽医资格考试（兽医全科类）综合应用科目高效复习考点与精练 / 尹泽东，加春生主编. -- 北京：中国农业出版社，2025. 2. -- ISBN 978-7-109-33091-7

Ⅰ. S851.63

中国国家版本馆 CIP 数据核字第 2025ZA4780 号

中国农业出版社出版

地址：北京市朝阳区麦子店街 18 号楼

邮编：100125

责任编辑：徐　芳　　文字编辑：耿增强

版式设计：杨　婧　　责任校对：吴丽婷

印刷：中农印务有限公司

版次：2025 年 2 月第 1 版

印次：2025 年 2 月北京第 1 次印刷

发行：新华书店北京发行所

开本：787mm×1092mm　1/16

印张：13.5

字数：343 千字

定价：70.00 元

编 写 人 员

主　编　尹泽东　加春生

副主编　冉　伟　金　鑫　陈学艳

参　编　王　桥　何静维娜　应林志

前言

　　"执业兽医资格考试指导用书"由四本分册组成：科目一，基础科目；科目二，预防科目；科目三，临床科目；科目四，综合应用科目。学生可以根据自己报考的内容选择相应的科目。本套丛书紧扣全国执业兽医资格考试大纲，精心设计，匠心编写。

　　《执业兽医资格考试（兽医全科类）综合应用科目高效复习考点与精练》包括猪病、牛羊疫病、禽病、犬猫疾病、其他动物病五门课程。每门课程分别介绍了各学科特点、学习方法、历年分值分布、考试大纲、各单元重要知识点、例题及解析、考点速记、高频题练习、模拟题练习等内容，可供考生备考使用。

　　本套丛书属2021年度中华农业科教基金资助课程教材建设项目，于2022年11月获"中华农业科教基金会"批准，由贵州农业职业学院兽医教研室执业兽医师培训教学团队教师编写。全书内容简洁，科学合理，重点突出，高度凝练，以期为考生带来事半功倍的备考效果。

　　由于作者水平所限，书中难免有不妥和错误之处，敬请读者谅解。

编　者

2024 年 4 月

目录

第一篇

猪 病

■ 备考指南

学科特点

1. 猪病是一门的重要的综合课程，也是一门理论联系实际的学科。

2. 理论性很强，应用性同样也很强。

3. 知识面广，涉及兽医传染病学、兽医寄生虫病学、兽医内科学、兽医外科学、兽医产科学以及中兽医学等。

学习方法

最核心的方法：理论联系实际。理论：学习好前期预防科目与临诊科目！实际：将理论知识应用到实际，加深对理论知识的理解与巩固。

历年分值分布

年份	传染病						寄生虫病					内科病				外科病					产科病						其他	合计
	病毒病	细菌病	支原体病	衣原体病	螺旋体病	真菌病	原虫病	吸虫病	绦虫病和棘头虫蚴病	线虫病及绦虫蚴病	外寄生虫病	常见器官系统疾病	营养代谢性疾病	中毒性疾病	其他疾病	外科感染与损伤	头颈部疾病	胸腹部疾病	直肠与肛门疾病	皮肤病	妊娠期疾病	分娩期疾病	产后期疾病	不孕与不育	新生仔畜疾病	乳房疾病	中兽医	合计
2018	10	12	1			2	1																		3			29
2019	16	20	1										2															39
2020	6	6							3	3				2														20
2021	5	3							3			3	3													3		20
2022	6	6	3										3	3	3												2	26
合计	43	47	5			2	1		6	3		3	8	5	3										3	3	2	134

<<< 第一单元 传 染 病 >>>

一、考试大纲

单元	细目	要点
传染病	1. 病毒病	(1)非洲猪瘟 (2)猪瘟 (3)猪繁殖与呼吸综合征 (4)伪狂犬病(呼吸道型) (5)猪圆环病毒病 (6)猪流行性腹泻 (7)口蹄疫 (8)猪轮状病毒病 (9)猪细小病毒病 (10)猪乙型脑炎 (11)塞内卡病 (12)猪痘 (13)猪捷申病 (14)猪流感
	2. 细菌病	(1)猪传染性胸膜肺炎 (2)副猪嗜血杆菌病 (3)猪肺疫 (4)猪传染性萎缩性鼻炎 (5)大肠杆菌病 (6)仔猪副伤寒 (7)产气荚膜梭菌病 (8)胞内劳森菌病 (9)猪链球菌病 (10)布鲁菌病 (11)猪丹毒 (12)猪渗出性皮炎(猪葡萄球菌感染)
	3. 支原体病	猪支原体肺炎
	4. 衣原体病	猪衣原体病
	5. 螺旋体病	(1)猪痢疾 (2)钩端螺旋体病
	6. 真菌病	皮肤真菌病

二、重要知识点

（一）病毒病

1. 非洲猪瘟 ①本病为世界动物卫生组织（WOAH）列为法定报告的动物疫病。②猪是该病的自然宿主，通过蜱传播，是一种核酸为 DNA 的虫媒病毒。③症状：高热稽留，体温可达 45℃，呼吸困难，与猪瘟相似。死亡率可达 100％。④病理变化：在无毛部分呈界限分明的紫色斑，血管有血栓，内脏上也有淤血（麸斑），淋巴结肿大呈血瘤样，脾脏明显肿大，脾髓呈黑紫色。⑤诊断：采用红细胞吸附试验、免疫荧光试验以及酶联免疫吸附测定（ELISA）等。⑥防控：扑杀。

2. 猪瘟 ①病毒为黄病毒科成员。特征：高热、稽留、败血症、繁殖障碍、公猪包皮炎。②传播途径：口鼻、精液、胎盘。③示病病变：脾脏表面及边缘的出血性梗死。④诊断：最确切的方法是病毒的分离培养；扁桃体是分离病毒的首选样品。常用 PK‑15 细胞来分离病毒，接种 24～72h 后用荧光抗体法检测病原。⑤检测其抗体最敏感和特异的方法是荧光抗体病毒中和试验。⑥防控：免疫接种。

3. 猪繁殖与呼吸综合征 ①该病以妊娠母猪和仔猪最为常见，为我国二类动物疫病。②特征：呼吸障碍与繁殖障碍，皮肤发绀，双耳皮肤变蓝（故又称蓝耳病）；病毒的持续性感染，弥漫性间质性肺炎；肺门淋巴结出血，大理石样外观。③诊断：病料接种猪肺泡巨噬细胞（Marc-145），用免疫过氧化物酶法染色，检查肺泡巨噬细胞中的病原。反转录聚合酶链式反应（RT‑PRC）方法更有效。

4. 伪狂犬病（呼吸道型） ①猪为该病毒的自然宿主。②症状：母猪繁殖障碍；15日龄前仔猪出现神经症状，死亡率高达 100％；3～4 周龄猪病死率可达 60％；育肥猪表现呼吸道症状；特点：四肢划动呈"划水状"。③鼠类是猪场最常见和最难清除的传染源。④病理变化：肾点状出血，肝有灰白色坏死点。⑤诊断：病料接种家兔，出现奇痒、死亡。

5. 猪圆环病毒病 ①由猪圆环病毒（PCV‑2）引起；相关疾病有仔猪断奶衰竭综合征、猪皮炎与肾病综合征、母猪繁殖性障碍疾病、增生性坏死性间质性肺炎、新生仔猪先天性震颤等。②主要发生在 5～12 周龄猪。③症状：猪皮炎与肾病多发生于 12～14 周龄猪；全身性坏死性脉管炎和纤维蛋白坏死性肾小球肾炎。④预防：免疫接种，可改善料肉比。

6. 猪流行性腹泻 ①病毒属于冠状病毒科，α 病毒属。②流行特点与传染性胃肠炎相似，各年龄的猪都能感染，以哺乳仔猪受害最为严重。③临诊症状主要表现为呕吐、腹泻、脱水。④眼观病理变化仅限于小肠：扩张，肠腔内充满黄色液体，肠系膜充血，肠系膜淋巴结水肿，小肠绒毛缩短，实验室检查小肠绒毛长度与肠腺隐窝深度比例由 7：1 变为 3：1。

7. 口蹄疫 ①是一种感染偶蹄动物的急性、热性、高度接触性疾病。②易感性顺序从高到低依次为牛、水牛、羊、猪。③发病初期的动物是最重要的传染源，以舌面水疱皮的含毒量最多，无明显季节性。④为良性经过，死亡率为 1％。⑤吮乳仔猪多呈急性胃肠炎、心肌炎，病死率可达 80％。⑥示病病变：虎斑心。⑦送检：病料浸入 50％甘油磷酸盐缓冲液，密封后送检。

8. 猪轮状病毒病 ①由轮状病毒引起的幼龄畜禽（如 8 周龄以内猪）的急性胃肠道传

染病。②传播迅速，多发生在秋冬寒冷季节。仔猪多发，发病率高、死亡率低。③症状与病理变化：病初呕吐；迅速发生腹泻，粪便呈水样或糊状，黄白色或暗黑色；腹泻越久，脱水越明显。小肠绒毛顶端溶化，被立方上皮细胞覆盖；绒毛固有层柱状细胞增多，有单核和多形核细胞浸润。④防控：免疫接种［传染性胃肠炎-流行性腹泻（RDV-TGE）二联弱毒疫苗］。

9. 猪细小病毒病 ①主要发生于初产母猪，发生流产，产死胎、木乃伊胎、弱仔等。但母猪不表现症状。②症状：妊娠 30d 内感染时胎儿被吸收；30～50d 感染时出现木乃伊胎；50～60d 感染时产死胎；60～70d 感染时出现流产；70d 之后感染时产带毒仔猪。③诊断：荧光抗体法检测病原；血凝抑制试验检测抗体。④防控：免疫接种。

10. 猪乙型脑炎 ①病毒属黄病毒科，通过蚊虫传染，90% 的病例发生在 7—9 月。②症状：母猪流产、公猪睾丸炎。③防控：灭蚊，蚊虫活动前接种疫苗。

11. 塞内卡病 ①各品种和日龄猪均可感染，成年猪感染后受到的危害较轻。②母猪仅表现为口、蹄部位出现水疱；育肥猪生长停滞，饲料转化率降低；仔猪感染后可表现为腹泻及神经症状，死亡率高。

12. 猪痘 ①特征为皮肤上发生典型的丘疹和痘疹。②大多引起 4～6 周龄的哺乳仔猪和断乳仔猪发病，仔猪发病急重、死亡率高，成年猪有抵抗力，仔猪一旦患病痊愈后可产生终生免疫力。

13. 猪捷申病 ①又名猪传染性脑脊髓炎、猪脑髓灰质炎、猪泰法病、塔尔凡病。②主要引起猪脑脊髓炎、母猪繁殖障碍、肺炎、腹泻、心包炎和心肌炎。③以侵害中枢神经系统，引起共济失调、肌肉抽搐和肢体麻痹等一系列神经症状为主要特征。

（二）细菌病

1. 猪传染性胸膜肺炎 ①特征：胸膜炎和出血性坏死性肺炎；青年猪和育肥猪多发；我国的常见血清型为 1、2、3、7 型。②症状：口鼻流带血泡沫，双侧性肺炎界限分明。③诊断：镜检见两极着色的球杆菌；巧克力琼脂培养基培养有溶血小菌落生长，呈现 CAMP 阳性及卫星生长现象。④防控：免疫接种。

2. 副猪嗜血杆菌病 ①本病也称格拉瑟氏病；5～8 周龄猪最易感。②特征：感染高毒力菌株，出现发热、呼吸困难、死亡等；感染中等毒力菌株，出现浆膜炎、关节炎。③诊断：巧克力琼脂平板培养可见针尖大小、无色透明、光滑湿润菌落。④治疗：出现症状后，需对整个猪群进行治疗，如投服氟苯尼考。

3. 猪肺疫 ①由巴氏杆菌引起。②急性型表现为出血性败血症、咽喉炎、肺炎（纤维素性胸膜肺炎）；慢性型表现为慢性肺炎。③发病率不高，常继发于其他传染病。④诊断：瑞氏染色镜检可见两极浓染的短杆菌。

4. 猪传染性萎缩性鼻炎 ①由支气管败血波氏杆菌和产毒素多杀性巴氏杆菌引起。②特征：鼻炎，鼻中隔偏曲，鼻甲骨萎缩，生长缓慢。③仔猪易感性最强；临诊症状多在 4～12 周龄出现。④诊断：用羊血培养基分离支气管败血波氏杆菌；用马丁琼脂培养基分离产毒素多杀性巴氏杆菌。⑤防治：产前免疫接种，妊娠后期加药。

5. 大肠杆菌病 ①仔猪黄痢：7 日龄内（尤其是 1～3 日龄）仔猪多发，以腹泻、排黄色粪便为特征，发病率和死亡率均可达 90%。病菌分离需用麦康凯培养基。②仔猪白痢：多发于 10～30 日龄仔猪的一种急性病，以排灰白色、腥臭、糊糊状稀粪为特征。死亡率低，但影响生长。用于检测的最佳病料为小肠前段内容物。③猪水肿病：多发于断奶后仔猪，突然发病，头部和胃壁水肿，出现神经症状；发病率低，但死亡率高。④防控：预防投药，母畜产前接种疫苗，吃足初乳，抗菌，补液，母仔兼治。

6. 仔猪副伤寒 ①主要侵害 20 日龄至 4 月龄的小猪。②急性型，呈败血症变化，表现为弥漫性纤维素性坏死性肠炎，临诊表现为腹泻。③剖检可见脾脏大，色暗带蓝色，坚硬似橡皮。肠系膜淋巴结索状肿大。④诊断：病菌分离培养，病原检测。

7. 产气荚膜梭菌病 ①由 A/C 型产气荚膜梭菌引起，α 和 β 毒素致病。②1 周龄内（特别是1～3日龄）小猪易感，死亡率可达 100%。③症状与病理变化：出血性腹泻，排红褐色液体粪便，病程短，小肠后段尤其空肠严重出血坏死。④防控：接种灭活疫苗。

8. 胞内劳森菌病 ①胞内劳森菌是一种专性细胞内寄生细菌，主要寄生在肠黏膜上皮细胞内，引起猪的增生性肠炎。②临诊上导致发病猪食欲下降、腹泻和生长发育迟缓，给养猪业造成巨大的经济损失。

9. 猪 II 型链球菌病 ①其中以 C 群链球菌引起发病的死亡率较高。②传播途径：伤口、呼吸道、消化道等传播。③症状：最急性型表现突然死亡；急性型突发，稽留热，呼吸促迫，腹下与四肢呈紫色，有出血点；慢性型表现多发性关节炎。④病理变化：天然孔出血、凝固不良，脾肿大。⑤防治：疫苗接种；消除脓汁，抗生素治疗，抗休克，对症治疗。

10. 布鲁菌病 ①本病主要是由猪布鲁菌引起的一种急性或慢性传染病。②母猪患病后，发生流产、子宫炎、跛行和不孕症。③公猪患病后，发生睾丸炎和附睾炎。

11. 猪丹毒 ①本病是由红斑丹毒丝菌（俗称猪丹毒杆菌）引起的一种急性热性传染病。②病菌可在土壤中存活 1 年。③症状及病理变化：急性型为高热、急性败血症；亚急性型皮肤上有规则的疹块，俗称"鬼打印"；慢性型主要表现慢性疣状心内膜炎（俗称"菜花心"）及皮肤坏死与多发性非化脓性关节炎，肾肿大淤血，呈"大紫肾"。④诊断：采血直接涂片镜检、分离培养、动物试验、全血平板凝集试验等。⑤防治：接种甲醛灭活疫苗。

12. 猪渗出性皮炎（猪葡萄球菌感染） ①又称猪油皮病、油猪病。②特征：由猪葡萄球菌所引发的急性、渗出性、全身性皮炎，有很高的接触传染性。③哺乳期幼猪易发，也会经常出现于断奶之后的仔猪。④全身皮肤感染后的死亡率可达 80% 以上，幸存者则成为"僵猪"。

（三）支原体病

猪支原体肺炎 ①即猪气喘病，是一种接触性、慢性、消耗性呼吸道病。②特征：体温及食欲变化不大，有明显气喘，咳嗽，腹式呼吸，生长慢，肺呈双侧对称性肉变，界限明显。③诊断：X 射线检测有重要价值，有直观、快速、简便的优点。④预防：疫苗接种。⑤治疗：投服替米考星。

（四）衣原体病

猪衣原体病 ①本病是由鹦鹉热衣原体的某些菌株引起的一种慢性接触性传染病。②临诊可分为流产型、关节炎型、支气管肺炎型和肠炎型。表现为妊娠母猪流产、死产和产弱仔，新生仔猪肺炎、肠炎、胸膜炎、心包炎、关节炎，种公猪睾丸炎等。③防治：隔离病猪，深埋感染猪，四环素治疗。

（五）螺旋体病

1. 猪痢疾 ①由猪痢疾密螺旋体引起，即猪血痢，急性型以出血性腹泻为主，亚急性型和慢性型以黏液性腹泻为主。②病理特征：局限于大肠（结肠、盲肠、直肠）黏膜的卡他性出血性及坏死性炎症。③诊断：暗视野下，染色镜检见有3～5个弯曲的螺旋体。④防治：投服乙酸甲喹。

2. 钩端螺旋体病 本病常简称为钩体病。典型症状是体温升高到40℃以上，严重贫血，出现血红蛋白尿、黄疸，妊娠母猪出现流产等。

（六）真菌病

猪皮肤真菌病是一种致病真菌寄生于皮肤角质层而引起的皮肤病，又称癣。侵害浅层皮肤的真菌有小孢子菌、毛癣菌等。不同品种的猪均可感染，杜洛克猪和含有杜洛克猪血缘的杂交猪更易感。

三、例题及解析

（1～3题共用题干）

规模猪场，7日龄仔猪，病初发热，呼吸困难，口吐白沫，继而出现神经症状，转圈运动，倒地后四肢划动，衰竭死亡。

1. 该病最可能的诊断是（　　）。
    A. 猪传染病性胃肠炎　　　B. 猪流行性腹泻　　　C. 伪狂犬病
    D. 大肠杆菌病　　　　　　E. 沙门菌病
2. 实验室诊断时，家兔接种病料后表现的典型症状是（　　）。
    A. 肺出血　　　　　　　　B. 肝出血　　　　　　C. 肠道出血
    D. 注射部位皮肤瘙痒　　　E. 注射部位皮肤坏死
3. 当前预防该病的疫苗主要是（　　）。
    A. 核酸疫苗　　　　　　　B. 合成肽疫苗　　　　C. 类毒素疫苗
    D. 基因缺失疫苗　　　　　E. 亚单位疫苗

【解析】C、D、D。①猪是本病的自然宿主，表现为繁殖障碍，初生仔猪神经症状，育肥猪呼吸道症状，生长不良，公猪精液品质下降。实验动物为兔，兔接种病料后可出现奇痒，随后死亡。患伪狂犬病新生仔猪表现为体温升高、咳嗽、呕吐，继而出现神经症状、转圈运动、死亡前四肢呈划水状运动或倒地抽搐、衰竭而死亡。②自然动物除猪外，其他动物均表现为奇痒和脑脊髓炎。③预防本病的最佳疫苗为基因缺失苗。

（4～5题共用题干）

7月，南方某场所养500头母猪群，近一周内部分妊娠后期母猪发热，食欲严重下降但饮欲增加，出现流产、产死胎、木乃伊胎、弱仔。产房内约30%仔猪可见被毛粗乱和神经症状。

4. 【假设信息】如现场剖检，流产胎儿脑部出现液化性坏死。该病最可能的诊断是（　　）。

A. 猪乙型脑炎　　　　　B. 猪繁殖与呼吸综合征　　　C. 弓形虫病

D. 伪狂犬病　　　　　　E. 布鲁菌病

5.【假设信息】如现场调查发现，多数仔猪出现后肢无力呈"八字腿"症状，该病最可能的诊断是（　　）。

A. 玉米赤霉烯酮中毒　　　　　　　　B. 黄曲霉毒素中毒

C. 单端孢霉毒素中毒　　　　　　　　D. 砷中毒

E. 食盐中毒

【解析】A、A。①猪乙型脑炎主要发生于7—9月，经蚊虫传播，主要表现为母猪流产、产死胎、木乃伊胎，公猪睾丸炎，睾丸肿大。流产胎儿脑水肿，脑膜脊髓充血，液化性坏死，部分胎儿大脑、小脑发育不全。猪乙型脑炎病毒具有血凝性。实验动物为小鼠，血清学诊断以血凝抑制试验最常用。②玉米赤霉烯酮可引起雌激素过量分泌，临诊上以阴户肿胀、乳房隆起和慕雄狂等雌激素综合征为特征。成年母猪表现繁殖障碍、流产、产死胎等。新生仔猪虚弱，后肢外展（"八字腿"）畸形，轻度麻痹，免疫反应性降低。公猪睾丸萎缩。

（6～7题共用题干）

某养殖户购买40头30kg的猪，2d后出现呼吸困难，体温升高，厌食，陆续发病达20头，4d后死亡2头，5d后邻近6头80kg大猪也发病。剖检见肺充血、肿大，有淡红色渗出物，肺和胸膜粘连。病原分离培养严格依赖烟酰胺腺嘌呤二核苷酸（NAD）。

6. 该病最可能的诊断是（　　）。

A. 猪瘟　　　　　　　　B. 猪肺疫　　　　　　　　C. 猪链球菌病

D. 猪传染性胸膜肺炎　　E. 猪水肿病

7. 目前我国预防该病所用的疫苗是（　　）。

A. 活载体疫苗　　　　　B. 基因缺失疫苗　　　　　C. 核酸疫苗

D. 弱毒疫苗　　　　　　E. 多价灭活疫苗

【解析】D、E。①猪传染性胸膜肺炎病原为放线杆菌，急性病例体温升高、咳嗽、呼吸困难，死前口流泡沫样血液，病理特征为胸膜炎和坏死性肺炎，主要发生在2～4月龄。病变为气管、支气管充满泡沫、血液等渗出物，纤维素蔓延至整个肺脏，使肺和胸膜粘连。病原分离培养严格依赖烟酰胺腺嘌呤二核苷酸（简称V因子）。②预防选用多价灭活苗。③微生物培养采用巧克力培养基。CAMP呈阳性及卫星现象。

（8～10题共用题干）

某猪场70日龄猪，个别猪突然死亡，随后部分猪发病，精神沉郁，食欲下降，腹泻，粪便色黄、稀软或水样，严重的含有血液和黏液。病猪迅速消瘦，起立无力，极度衰弱，最后死亡。剖检见大肠黏膜肿胀增厚，覆盖黏液和带血块的纤维素，其他脏器无病变。

8. 该病毒最可能的诊断是（　　）。

A. 仔猪红痢　　　　　　B. 猪流行性腹泻　　　　　C. 猪痢疾

D. 猪轮状病毒病　　　　E. 猪瘟

9. 用肠黏膜涂片染色镜检，最可能观察到的病原体形态是（　　）。

A. 螺旋形　　　　　　　B. 短链状　　　　　　　　C. 球形

D. 梭形　　　　　　　　E. 两极着色球杆状

10. 预防该病可用的药物是（　　）。

A. 乙酰甲喹   B. 灰黄霉素   C. 三氮脒

D. 两性霉素 B   E. 马杜米星

【解析】C、A、A。①猪痢疾密螺旋体病又称猪血痢、猪痢疾。其特征为黏液性或黏液性出血性腹泻。大肠黏膜出现卡他性出血性炎症，以7～12周龄多发。实验室定性诊断：一般取急性病例的粪便或肠黏膜制成涂片，用暗视野显微镜检查，每个视野见3～5条短螺旋体即可确诊。②猪痢疾病变在大肠，无季节性，病程缓慢，持续时间长。治疗首选药为乙酰甲喹。

<<< 第二单元 寄生虫病 >>>

一、考试大纲

单元	细目	要点
寄生虫病	1. 原虫病	(1) 球虫病 (2) 弓形虫病 (3) 隐孢子虫病 (4) 肉孢子虫病 (5) 新孢子虫病 (6) 巴贝斯虫病 (7) 结肠小袋虫病
	2. 吸虫病	(1) 姜片吸虫病 (2) 华支睾吸虫病 (3) 片形吸虫病 (4) 分体吸虫病 (5) 后睾吸虫病（猫后睾吸虫、微口吸虫） (6) 横川后殖吸虫病 (7) 胰阔盘吸虫病
	3. 绦虫病及绦虫蚴病	(1) 伪裸头绦虫病 (2) 双叶槽绦虫病 (3) 猪囊尾蚴病 (4) 棘球蚴病 (5) 细颈囊尾蚴病 (6) 多头蚴病
	4. 线虫病和棘头虫病	(1) 猪蛔虫病 (2) 类圆线虫病 (3) 后圆线虫病 （肺线虫病） (4) 圆线虫病 （胃线虫病） (5) 似蛔线虫病 （胃线虫病） (6) 西蒙线虫病 （胃线虫病） (7) 颚口线虫病 （胃线虫病） (8) 球首线虫病 (9) 毛尾线虫病 (10) 食道口线虫病 (11) 鲍杰线虫病 （大肠线虫病） (12) 冠尾线虫病 (13) 旋毛线虫病 (14) 浆膜丝虫病 (15) 棘头虫病
	5. 外寄生虫侵袭与外寄生虫病	(1) 硬蜱病 (2) 软蜱病 (3) 疥螨病 (4) 蠕形螨病 (5) 虱病 (6) 蝇蛆病

二、重要知识点

（一）原虫病

1. 球虫病 ①由艾美耳属和等孢属球虫寄生于猪肠上皮细胞引起的一种原虫病。②7～21日龄仔猪多发并呈良性经过。③发育：在宿主肠上皮细胞内进行裂殖生殖和配子生殖，在外界进行孢子生殖，本病通过消化道传播。④症状：仔猪粪便黄白色，糊状腹泻，7—8月最严重。⑤病理变化：空肠和回肠黏膜出现黄色纤维素性、坏死性伪膜。⑥诊断：7～14日龄猪腹泻用抗生素治疗无效，用饱和食盐水漂浮法在粪便中检查卵囊。⑦预防：做好环境卫生是最好方法。⑧治疗：投服百球清（托曲珠利）。

2. 弓形虫病 ①虫体寄生于宿主的有核细胞中。②虫体历经 3 个发育阶段：滋养体、包囊、卵囊。滋养体：呈香蕉形，经染色后细胞质呈蓝色，细胞核呈紫色，多见于急性期的血液、脑脊液、病理渗出液中。包囊：卵圆形，包含多个缓殖子，多见于慢性病例的脑、骨骼肌、心肌。卵囊：呈圆形，多见于终末宿主猫的粪便中。③症状：猪高热稽留，便秘或腹泻，呕吐，呼吸困难，体表淋巴结肿大，耳和腹下发绀，孕猪死产或流产。④急性病变：肺、肝淋巴结肿大，肾肿硬坏死，全身出血等。⑤诊断：采取发热期血液，用免疫荧光法检测。特异性 IgM 阳性代表早期感染。⑥防治：该病是由于摄入猫粪中的卵囊引起，因而养殖场严禁养猫，防止猫粪污染饲料及饮水。治疗可选用磺胺类药物。

3. 隐孢子虫病 ①症状：犊牛和羔羊呈现严重腹泻，禽类呈现剧烈呼吸道症状，人呈现严重腹泻，具有重要公共卫生意义。②发育：经历卵囊、子孢子、裂殖子、滋养体、配子体、配子等。③水源污染为重要原因，潮湿、温暖季节多发。④奶牛以安氏隐孢子虫最为常见，禽类以贝氏隐孢子虫最为广泛。⑤诊断：用饱和蔗糖溶液漂浮法收集粪便中的卵囊，在油镜下可见呈玫瑰红色的卵囊。取死亡病例消化道黏膜，做成涂片，用齐尼氏染色法染色，在绿色背景上观察圆形的红色虫体。⑥防治：粪便的有效处理和环境卫生控制最为有效。消毒药宜选用氨水或福尔马林。

4. 肉孢子虫病 ①病原：病原种类繁多，在终末宿主肠道上皮细胞内进行球虫型发育。与球虫不同的是，孢子生殖在体内形成孢子化卵囊，其内有 2 个孢子，每个孢子内含有 4 个子孢子。卵囊壁薄，在随粪便排出过程中损坏，粪便中仅含孢子。②中间宿主：在黄牛、水牛、绵羊、山羊、猪、马、驴、鸡等的横纹肌内形成包囊（米氏囊）。包囊纵轴与肌纤维平行，呈纺锤形。③终末宿主：在猫、犬、人的肠道形成卵囊。④流行特点：中间宿主吞噬孢子化卵囊而感染，终末宿主吞噬包囊而感染。⑤症状与病变：家畜和家禽感染肉孢子虫时，通常不显症状，即使在严重感染时，病情亦甚轻微，但因大量虫体寄生致使局部肌肉变性变色而不能食用。⑥诊断：生前诊断主要采用血清学方法；死后诊断主要观察肌肉中的包囊。终末宿主检测粪便中的卵囊。⑦防控：无特效药。切断传播环节；加强肉品检验；避免肉食动物粪便污染饲养场、草料和水源。

（二）吸虫病

1. 姜片吸虫病 ①寄生于猪和人的十二指肠，引起影响仔猪生长发育和儿童健康的疾病。②形态：新鲜虫体呈肉红色，虫体肥厚呈长卵圆形，像一个斜切的厚姜片。③中间宿主：扁卷螺（池塘为其最佳生长环境，猪因采食含囊蚴的水生植物而感染，虫体在猪的十二指肠逐渐发育为幼虫）。④症状：猪吃食正常，但消瘦，腹部膨大，腹泻与便秘交替。本病多为春夏感染，秋冬发病。⑤诊断：新鲜粪便用水洗沉淀法检出大而较黄的虫卵。⑥防治：勿生食菱角。治疗可用投服吡喹酮、硫氯酚、敌百虫。

2. 华支睾吸虫病 ①寄生于终末宿主人、犬、猫、猪的肝脏、胆囊、胆管内。②虫体扁平呈叶状，成虫寿命可达 20 年。③第一中间宿主为淡水螺，第二中间宿主为淡水鱼和虾，人、猪、犬、猫由于吞食这类鱼虾螺而被感染。④症状：多为隐性感染。⑤诊断：离心法粪检虫卵检出率最高（虫卵上端有卵盖，下端有一小突起）。⑥治疗：投服吡喹酮、阿苯达唑、六氯对二甲苯。⑦预防：犬应定期粪检，不吃生鱼虾。

3. 分体吸虫病 ①本病即血吸虫病，人、牛、羊、猪为主要传染源。②流行区域：长江三角洲（水网型）、长江中下游（湖沼型，感染率最高）以及除上海之外的省份（山丘型）。③成虫寄生于门静脉和肠系膜静脉内，尾蚴主要经皮肤感染胎儿。④春夏多发，青壮年动物容易感染。⑤症状：体温升高、不规则间歇热、腹泻或便血、消瘦、发育迟缓、贫血、衰竭而死，母牛流产、犊牛成为侏儒牛。⑥病变：多见于肠道、肝脏、脾脏，基本病变是虫卵沉着在组织中所引起的虫卵结节。⑦诊断：粪便毛蚴孵化法、间接血凝试验。⑧虫体特征：雌雄异体，寄生时雌雄合抱，虫体呈长圆柱状，外观呈线状。⑨治疗：吡喹酮；灭螺（氯硝柳胺乙醇胺盐）。⑩预防：预防为主，防治结合，分类管理，综合治理，联防联控，人畜同治，重点管理传染源。

（三）绦虫病及绦虫蚴病

1. 伪裸头绦虫病 ①本病是由克氏伪裸头绦虫寄生于猪小肠引起的，偶见寄生于人。②头节上有4个吸盘，无钩，颈节长而纤细。③卵呈球形，棕褐色或黄褐色，内含六钩蚴。④猪是本虫的主要终末宿主，中间宿主为鞘翅目的一些昆虫。⑤寄生部位可见黏膜充血、细胞浸润，黏膜上皮细胞变性、坏死、脱落和黏膜水肿。⑥治疗：硫氯酚、吡喹酮、硝硫氰醚。

2. 双叶槽绦虫病 ①虫体寄生在犬、猫、熊、狐、猪以及人等的小肠内。②头节细小，呈匙形，背、腹各有一条窄而深凹的吸槽，颈部细长，成节的宽度大于长度，为宽扁的矩形。③雄性生殖孔和阴道外口共同开口于节片前部腹面的生殖腔；卵巢分2叶，位于体中央后部；子宫呈玫瑰花状，开口于生殖腔之前。④虫卵圆形，浅灰褐色，卵壳较厚，有明显的卵盖。⑤第一中间宿主是剑水蚤或镖水蚤，第二中间宿主是鱼类，人是主要的终末宿主。⑥治疗可用氯硝柳胺、吡喹酮等。

3. 猪囊尾蚴病 ①本病病原是人体内猪带绦虫的幼虫，是肉品卫生检验的重点对象之一。②形态：猪囊尾蚴为椭圆形，虫卵为圆形，内含六钩蚴。③中间宿主为猪；终末宿主为人。④症状：一般无明显症状，猪多因吃了被人粪便污染的饲料引起。⑤诊断：在肌肉中，尤以前肢外侧肌肉群的检出率最高。⑥治疗：吡喹酮、阿苯达唑。⑦预防：抓好"查、驱、检、管、改"五个环节。

4. 棘球蚴病 ①本病俗称包虫病，病原为棘球绦虫中绦期幼虫，绵羊最易感，多寄生于肝脏、肺脏内。②致病作用：机械性压迫、毒素作用、过敏作用。③诊断：剖检时在肝脏、肺脏发现虫体。④治疗：阿苯达唑、吡喹酮。⑤预防：禁用病死动物肝脏、肺脏喂犬。

5. 细颈囊尾蚴病 ①细颈囊尾蚴是带属泡状带绦虫的中绦期虫体，俗称"水铃铛"。②细颈囊尾蚴为大小不一的囊泡，小的如豌豆，大的如鸡蛋或更大。囊内充满透明液，有一个不透明的乳白色头节，头节和囊体之间有细而长的颈。多寄生于绵羊、山羊、猪的肝脏浆膜、大网膜、肠系膜及其他器官中。③成虫为较大的虫体，白色或稍带黄色，头节上有顶突和小钩。多寄生在犬、狼、狐狸等食肉动物的小肠内。

6. 多头蚴病 ①本病病原为多头绦虫的中绦期幼虫，寄生于牛、羊的脑及脊髓，成虫寄生于犬的小肠中。②中间宿主为牛、羊；终末宿主为犬；主要传染源为犬。③症状：体温升高，转圈运动（即"回旋病"）。④诊断：寄生在大脑表层时，患部皮肤隆起，头骨变薄变软，甚至穿孔。⑤治疗：手术摘除，药物选用吡喹酮、阿苯达唑。

（四）线虫病和棘头虫病

1. 猪蛔虫病 ①新鲜虫体呈淡红色，圆柱状，虫卵呈黄色，椭圆形，卵壳厚、表面粗糙、高低不平。②感染方式：可通过吃奶、掘土、采食、饮水、胎盘等感染。③感染很普遍的原因：虫体为土源性寄生虫，不需中间宿主，卵壳厚，抵抗力强，雌虫产卵量大。④症状：幼虫引起肝出血、肝炎、肝云雾状乳斑，成虫引起猪营养不良、僵猪等。⑤诊断：饱和盐水漂浮法粪检虫卵，或剖检肝肺内的幼虫。⑥治疗：药物选用左旋咪唑、阿苯达唑、阿维菌素。

2. 类圆线虫病 ①本病也称杆虫病，第一期幼虫为杆虫型，第二期幼虫为丝虫型（对动物有感染性）。②动物体内虫体为雌虫，自由世代的虫体生活在土壤中，虫卵为圆形，壳薄，内含折刀样幼虫。③其生活史为世代交替。④主要感染途径：皮肤。⑤症状：1月龄仔猪最易感，消瘦，生长迟缓，大批死亡。⑥兰氏类原线虫寄生于猪小肠，特别是十二指肠黏膜内。⑦病理变化：湿疹，肺泡出血，卡他性、水肿性或溃疡性肠炎。⑧诊断：粪检虫卵可确诊。⑨治疗：药物选用噻苯达唑。

3. 后圆线虫病（肺线虫病） ①本病又称猪肺线虫病，是虫体寄生于猪的支气管和细支气管引起的一种呼吸系统寄生虫病。②后圆线虫的中间宿主是蚯蚓，猪吞食了带有感染性幼虫的蚯蚓，幼虫在小肠内释出，钻入肠壁或肠淋巴结中，后随血流进入肺脏，再到支气管和气管发育为成虫。③轻度感染时症状不明显，但影响生长发育。严重感染时，表现为强力阵咳，呼吸困难，特别在运动或采食后更加剧烈。④治疗：药物选用左旋咪唑、阿苯达唑、苯硫咪唑和伊维菌素。

4. 西蒙线虫病（胃线虫病） ①本病由西蒙属的奇异西蒙线虫寄生于猪胃发生。②虫体雌雄异形。咽有螺旋形增厚，有1对颈翼，口腔内有1个背齿和1个腹齿。雄虫线形，游离于胃腔或部分埋入胃黏膜中。孕卵雌虫嵌入胃壁中的包囊内，前部纤细，突出于胃腔。③卵呈圆形或椭圆形。④可能以食粪甲虫作为中间宿主。大量感染时，引起胃炎和胃溃疡。

5. 颚口线虫病（胃线虫病） ①由颚口属的刚棘颚口线虫、陶氏颚口线虫和有棘颚口线虫，寄生于猪、犬、猫等的胃内引起的疾病。②虫体全身遍存小棘并排列成环。体前部的棘较大，呈三角形，排列较稀疏。体后部的棘较细，形状如针，排列紧密。③虫卵呈椭圆形，黄褐色，一端有帽状结构。④中间宿主为水生蚤类，保虫宿主为鱼类、蛙或蛇类。⑤治疗：药物选用左旋咪唑。

6. 球首线虫病 ①病原为球首属的多种线虫，寄生于猪的小肠。②常见种有3种：长尖球首线虫，口囊内无齿；萨摩亚球首线虫，口囊内有两个齿；锥尾球首线虫，口囊内有两个亚腹齿。③虫卵为卵圆形，灰色，卵壳薄。

7. 毛尾线虫病 ①本病也称毛首线虫病、鞭虫病，虫体呈乳白色，雄虫后部弯曲、雌虫后端钝圆，虫卵呈棕黄色，腰鼓形，卵壳厚，两端有塞。②主要寄生于盲肠，4月龄感染率最高，多为夏季感染，秋冬出现症状。③病变：盲肠、结肠的广泛性慢性卡他炎症。④诊断：粪检虫卵或剖检发现虫体。⑤治疗：药物选用左旋咪唑、苯硫咪唑。

8. 食道口线虫病 ①本病也称结节虫病，集约化猪场常有发生。②病理：主要寄生于结肠，幼虫使肠壁形成结节病变，成虫影响增重及饲料利用率。③治疗：药物选用左旋咪唑。④预防：病原为土源性寄生虫，环境卫生最为重要。

9. 鲍杰线虫病（大肠线虫病） ①本病的病原体为鲍杰属双管鲍杰线虫，又称猪大肠线虫。②寄生于猪的盲肠和结肠。③虫卵呈卵圆形，灰色，卵壳很薄，内含 32 个以上细胞。

10. 冠尾线虫病 ①本病病原为有齿冠尾线虫，寄生于猪的肾盂、肾周围脂肪和输尿管。②形态：虫体粗壮，形似火柴杆，新鲜虫体呈灰褐色。③感染途径：经口和皮肤，我国南方猪多在 3—5 月和 9—11 月发生。④症状：皮肤炎症，贫血，跛行，尿液有絮状物和脓液。⑤诊断：晨尿静置后镜检虫卵，或剖检时发现虫体。⑥治疗：药物选用左旋咪唑、阿苯达唑。

11. 旋毛虫病 ①本病为肉品卫生检疫项目之一。成虫寄生于小肠，幼虫寄生于横纹肌。②主要传染源：猪、犬、猫、鼠，鼠是猪旋毛虫病的主要感染来源，猪是人类旋毛虫病的主要传染源，人感染旋毛虫多由生吃或食用不熟的肉类而引起。③诊断：采用压片镜检法（剪取麦粒大小的肉样 24 粒，镜检包囊幼虫，包囊呈梭形，囊内有蜷曲的虫体）或肌肉消化法检查。④治疗：药物选用阿苯达唑。

12. 棘头虫病 ①由蛭形巨吻棘头虫寄生于猪的空肠引起。②形态：虫体大，呈长圆柱形，乳白色。③症状：本病呈散发，8~10 月龄最易感，食欲减退、刨地、腹痛、血痢等。④诊断：直接涂片法、水洗沉淀法或剖检小肠壁发现成虫。⑤治疗：药物选用左旋咪唑、阿苯达唑。⑥预防：消灭中间宿主（金龟子及其幼虫）。

（五）外寄生虫侵袭与外寄生虫病

1. 蜱病 ①蜱是寄生于畜禽体表的一种重要吸血性寄生虫。②硬蜱：呈红褐色，背面有盾板，幼虫期和若虫期寄生在小型哺乳动物，成虫寄生在家畜体表，大多在温暖季节活动。③软蜱：体背面无盾板，呈弹性的革状外皮，其生活史为不完全变态，经卵、幼虫、若虫、成虫 4 个阶段，生活在畜禽舍缝隙，多在半夜吸血。④诊断：于动物身上发现蜱，即可确诊。⑤防治：药物选用伊维菌素、溴氰菊酯、二嗪农。

2. 疥螨病 ①是由疥螨寄生于表皮内的慢性皮肤病。成虫呈圆形，有 4 对肢，成虫在宿主皮肤中挖隧道，并产卵和孵化成幼虫，幼虫再转变为若虫和成虫。②特征：剧痒、湿疹性皮炎、脱毛、结痂、皲裂，患部向周围扩张，具高度传染性，多发生在头部。③诊断：病变皮肤与健康皮肤交界处采病料，镜检虫体。④治疗：伊维菌素、阿维菌素、溴氰菊酯、二嗪农。

3. 蠕形螨病 ①亦称毛囊虫病或脂螨。寄生于家畜（犬、牛、猪、羊、马等）及人的毛囊和皮脂腺内，引起皮肤病。②形态：虫体细长，呈蠕虫状，外形上可分为颚体、足体和后体三部分。③感染后可引起皮炎、毛囊炎、皮脂腺炎，病变多发生在眼、唇、耳和前腿内侧无毛处，局部有小的红斑和周围界限分明的病变。④诊断：镜检看到虫体。⑤治疗：药物选用鱼藤酮、苯甲酸苄酯或过氧化苯甲酰凝胶。

4. 虱病 ①兽虱为不完全变态发育，有卵、若虫和成虫三个阶段。②寄生于禽类羽毛上的称为羽虱，寄生于哺乳动物毛上的称为毛虱。③引起动物不安，影响采食和休息；病畜表现消瘦，脱毛，贫血，生长发育不良，乳量减少，甚至皮肤继发感染。④诊断：在皮肤上检查到虱或虱卵即可确诊。⑤治疗：药物选用溴氰菊酯、氰戊菊酯、蝇毒磷、倍硫磷等。

三、例题及解析

1. 猪冠尾线虫的主要感染途径是（   ）。

    A. 经口和皮肤   B. 经生殖道   C. 经呼吸道

    D. 经吸血昆虫   E. 经胎盘

【解析】A。有齿冠尾线虫：俗称猪肾虫，虫体粗，形似火柴杆，经口和皮肤感染，感染阶段为第 3 期幼虫，主要寄生在肾盂、肾周围脂肪和输尿管壁等处。主要症状为猪后肢无力，跛行，走路时左右摇摆，尿液常有白色黏稠的絮状物或脓液，有时可继发后躯麻痹，不能站立，拖地爬行，仔猪发育不良，母猪流产，公猪性欲减低或失去交配能力。检查可取晨尿，静置后镜检沉渣，可发现虫卵。

2. 猪感染旋毛虫主要是因为食入（   ）。

    A. 螺蛳   B. 鼠   C. 蚯蚓

    D. 甲虫   E. 剑水蚤

【解析】B。①旋毛虫为肉品卫生检疫项目之一。②在肌纤维中形成包囊，囊内有虫体。主要部位为肋间肌、膈肌、咀嚼肌。③表现为肠炎型和肌肉型。④症状为带血性腹泻，肌肉痛，急性肌炎，发热，吞咽困难，咀嚼及行走困难，眼睑水肿等。⑤压片镜检，取可疑肌肉（膈肌），剪成 24 粒麦粒大小的肉粒。⑥猪是人类旋毛虫病的主要传播源，人感染多是吃了未熟透猪肉所致。⑦鼠是猪的主要传播源。⑧预防措施为灭鼠，不吃生肉。

3. 猪球虫感染的途径是（   ）。

    A. 经口   B. 经皮肤   C. 经节肢动物

    D. 经胎盘   E. 经呼吸道

【解析】A。①本病多是由艾美耳属和等孢属球虫寄生于肠上皮细胞引起的一种疾病。主要发生于仔猪，尤其以 7～21 日龄多见，成年猪多呈隐性经过。经口传播。②主要表现为幼龄仔猪腹泻，抗生素治疗效果不佳。治疗时应将药物加入饮水中或与铁制剂混合。

4. 蛭型巨吻棘头虫的中间宿主是（   ）。

    A. 淡水螺   B. 陆地螺   C. 蚯蚓

    D. 金龟子   E. 剑水蚤

【解析】D。①虫体寄生在小肠内，尤其是空肠，中间宿主为金龟子。②本病症状为食欲减退，刨地，相互对咬，匍匐前进，不断哼哼等腹痛症状，腹泻，粪便带血。

（5～6 题共用题干）

某群 3～4 月龄育肥猪出现消瘦，异嗜，有的成为僵猪。剖检见小肠内有大量淡黄色、圆柱形、体长为 15～30cm 的虫体，有的虫体尾端弯曲呈钩状。

5. 该猪群感染的是（   ）。

    A. 蛔虫   B. 棘头虫   C. 毛尾线虫

    D. 食道口线虫   E. 毛细线虫

6. 该病原感染猪的主要途径是（   ）。

    A. 经口   B. 经皮肤   C. 经节肢动物

    D. 经胎盘   E. 经呼吸道

【解析】 A、A。①猪蛔虫虫体呈圆柱形，长 0～30cm，虫体末端有钩。②经口传播。③幼虫和成虫阶段引起的症状不同。幼虫移行过程中会造成宿主肝、肺等组织损伤，引起肝出血、肺炎等；成虫在肠道内导致猪营养不良，严重时成为僵猪。寄生数量多时，会造成肠阻塞或肠破裂。④治疗药物有左旋咪唑、阿苯达唑、伊维菌素。

≪≪≪ 第三单元 内 科 病 ≫≫≫

一、考试大纲

单元	细目	要点
内科病	1. 常见器官系统疾病	(1) 口炎　(2) 胃炎　(3) 胃溃疡　(4) 肠炎　(5) 肠变位　(6) 肠阻塞　(7) 肠便秘　(8) 肝炎　(9) 腹膜炎　(10) 鼻炎　(11) 支气管炎与支气管肺炎　(12) 肺气肿、肺充血和肺水肿　(13) 胸膜炎　(14) 心力衰竭　(15) 心肌炎与心内膜炎　(16) 贫血　(17) 肾炎与肾病　(18) 尿道炎　(19) 膀胱炎与膀胱麻痹　(20) 尿石症　(21) 脑膜脑炎　(22) 日射病和热射病
	2. 营养代谢性疾病	(1) 佝偻病　(2) 骨软症　(3) 纤维性骨营养不良　(4) 维生素A缺乏症　(5) 维生素K缺乏症　(6) B族维生素缺乏症　(7) 硒和维生素E缺乏症　(8) 铁缺乏　(9) 锰缺乏症　(10) 锌缺乏　(11) 钴缺乏症　(12) 碘缺乏症　(13) 异嗜癖（咬尾症与食仔癖）　(14) 猝死综合征
	3. 中毒性疾病	(1) 硝酸盐与亚硝酸盐中毒　(2) 棉籽与棉籽饼粕中毒　(3) 菜籽饼粕中毒　(4) 氢氰酸中毒　(5) 黄曲霉毒素中毒　(6) 呕吐毒素中毒　(7) T-2毒素中毒　(8) 玉米赤霉烯酮中毒　(9) 赭曲霉毒素中毒　(10) 伏马菌素中毒　(11) 镰刀菌素中毒　(12) 食盐中毒　(13) 铅中毒　(14) 砷中毒　(15) 汞中毒　(16) 硒中毒　(17) 无机与有机氟中毒　(18) 有机磷农药中毒　(19) 灭鼠药（茚满二酮类和香豆素类、硫脲类、磷化锌和毒鼠强等）中毒　(20) 维生素A中毒　(21) 磺胺类药物中毒　(22) 利巴韦林中毒　(23) 替米考星中毒　(24) 硫化氢中毒　(25) 五氯酚中毒　(26) 阿维菌素类药物中毒
	4. 其他疾病	(1) 新生仔猪低糖血症　(2) 新生仔猪溶血症　(3) 猪应激综合征

二、重要知识点

（一）常见器官系统疾病

1. 口炎 ①病因：机械性、温热性、化学性损伤；核黄素、抗坏血酸、烟酸、锌等缺乏；微生物感染。②症状：泡沫性流涎，采食、咀嚼障碍，口腔潮红、增湿、肿胀和疼痛；口腔溃疡。③治疗：首先用1%食盐水、0.1%高锰酸钾液或1%明矾液冲洗口腔；其次用碘甘油涂布口腔溃烂面。

2. 胃炎 ①特征：呕吐、胃压痛、脱水。②病因：采食变质饲料、不易消化食物和异物，或由刺激性药物引起。③治疗原则：除去刺激性因素，保护胃黏膜，抑制呕吐，防止机体脱水，纠正酸碱平衡紊乱。

3. 胃溃疡 ①病因：饲料粗硬、霉败、精料过多等，致使胃中食糜酸度增高而引起。②症状：消化功能严重障碍，食欲减退；粪便含血液，呈松馏油样；直肠检查，手臂上黏附类似酱油色糊状物。③诊断：反复进行粪便潜血检查。④治疗原则：镇痛、抗酸止酵、消炎止血。

4. 肠炎 ①特征：消化紊乱、腹痛、腹泻、发热。②防治：控制饮食；控制和预防病原菌继发感染，补充水分、电解质和防止酸中毒；对症治疗，驱虫。

5. 肠变位 ①特征：腹痛由剧烈转为沉静，全身症状逐渐加重，腹腔穿刺液量多、红色、混浊，病程急短，直肠变位肠段有特征性改变；发病率较低，病死率很高。②包括4种病症：肠扭转、肠缠结、肠嵌闭、肠套叠。③治疗：早期确诊后进行开腹整复。

6. 肠阻塞 ①病因：吞食异物，如被毛、骨骼、针等。②症状：呕吐、胃炎、食欲差或出现贪食，但只吃几口就走开。③诊断：触诊、X射线检查。④防治：当阻塞物为光滑异物时，用阿扑吗啡或隆朋催吐；当为尖锐异物，可投服浸泡牛奶的脱脂小棉球或小的肉块；当为毛球时，可投服液状石蜡。

7. 肠便秘 防治：缓泻，深部灌肠，对症疗法。

8. 肝炎 ①特征：肝细胞变性、坏死。②病因：中毒、感染、侵袭、营养缺乏、循环障碍。③症状：急性肝炎（粪便臭味大、色泽浅淡，可视黏膜黄染）；充血性肝炎（神经症状、光敏性皮炎）；慢性肝炎（消瘦、苍白、皮肤浮肿）。④诊断：血清黄疸指数升高；直接或间接胆红素均升高；尿中胆红素和尿胆原试验呈阳性反应；血清胶体稳定性试验强阳性；乳酸脱氢酶、谷丙转氨酶、天门冬氨酸转氨酶活性增高（反映肝损伤）。⑤防治要点：去除病因，保肝利胆。静脉注射葡萄糖、维生素C和B族维生素；使用蛋氨酸、葡醛内酯（肝泰乐）等保肝药；人工盐配合鱼石脂可清肠利胆。

9. 腹膜炎 ①特征：腹壁疼痛和腹腔积有炎性渗出液。②防治：抗菌消炎（首要原则）、制止渗出（10%氯化钙）、纠正水盐代谢紊乱。

10. 鼻炎 ①特征：鼻黏膜充血、肿胀，打喷嚏，流鼻液。②病因：如寒冷、有害气体（SO_2等）、流感、咽炎等。③防治：用生理盐水或1%明矾液冲洗鼻腔；去甲肾上腺素滴鼻缓解鼻塞。

11. 支气管炎与支气管肺炎

(1) 支气管炎。①特征：咳嗽、流鼻涕、不定型热、白细胞总数升高。②急性支气管炎病因：寒冷、有害气体、犬瘟热、过敏、诱发因素等。③急性支气管炎特征：咳嗽、流鼻涕，肺部出现干、湿啰音；X射线检查可见沿支气管有斑状阴影。④慢性支气管炎特征：持续咳嗽、肺部啰音；X射线检查可见肺部纹理增粗、紊乱，呈网状、斑点阴影。⑤治疗：消除病因、祛痰镇咳、抗菌消炎、雾化疗法、抗过敏、补液、强心。

(2) 支气管肺炎。①即小叶性肺炎/卡他性肺炎。②病理特征：病灶内有浆液性分泌物、脱落的上皮细胞和白细胞；主要发生在尖叶、心叶和膈叶前下部，病变为一侧性或两侧性。③症状：咳嗽，弛张热型，叩诊浊音，听诊有捻发音和啰音；X射线检查，可见斑片状的渗出性阴影，大小和形状不规律、密度不均匀，边缘模糊不清，可沿肺纹理分布；血常规检查白细胞总数增多。④治疗原则：抑菌消炎，祛痰止咳，制止渗出，改善营养，加强护理。

12. 肺气肿、肺充血和肺水肿

（1）间质性肺气肿。①特征：突然表现呼吸困难，肺部叩诊界不扩大，呈鼓音；肺部听诊出现破裂性啰音；气喘明显；皮下气肿；迅速发生窒息。②病因：过度劳累、有毒气体（SO_2 等）、流感、栎树叶中毒、牛再生草热。③治疗原则：加强护理，消除病因，治疗原发病。

（2）肺充血和肺水肿。①特征：呼吸困难、黏膜发绀、泡沫状鼻液；X 射线检查可见肺叶阴影一致加重，肺门血管纹理显著。肺部叩诊呈浊音。②主动性充血的病因：过度劳累、长途运输过度拥挤。③被动性肺充血的病因：心脏衰竭。④肺水肿的病因：急性过敏反应、充血性心力衰竭之后。⑤治疗原则：安静，减轻心脏负荷，制止渗出，缓解呼吸困难。肺血管通透性增加时，用泼尼松龙。肺弥漫性血管内凝血时应用肝素。病因为有机磷中毒时，应用阿托品。

13. 胸膜炎 ①特征：胸膜伴有炎性渗出物和纤维蛋白沉着。②症状：呼吸浅表急速，腹式呼吸；触诊叩诊胸壁表现疼痛、咳嗽；叩诊呈水平浊音区；听诊有胸膜摩擦音；穿刺液为渗出液（蛋白质多，比重大）。③防治：同大叶性肺炎。

14. 心力衰竭 ①症状：静脉怒张，脉搏增数，呼吸困难，腹下水肿，心率加快，第一心音增强，第二心音减弱。②治疗原则：加强护理，减轻心脏负担（利尿剂），缓解呼吸困难（樟脑），增加心肌收缩力和心排血量（强心苷），对症疗法。

15. 心肌炎与心内膜炎

（1）心肌炎。①特征：心肌兴奋性增强和心肌收缩功能减弱。②病因：寄生虫病、传染病、脓毒败血症、中毒等。③症状：发热，食欲减退，心率增速与体温升高不相适应，心动过速而脉搏微弱、心律失常、心力衰竭；第一心音强盛，第二心音显著减弱；最大收缩压下降；心电图变化以房室传导阻滞多见；血常规检查白细胞总数和肌酸激酶升高。④治疗原则：减少心脏负担，增加心脏营养，提高心肌收缩功能，治疗原发病（当心力衰竭时，不可使用洋地黄类强心药）。

（2）心内膜炎。多呈现心内杂音。

16. 贫血 ①包括溶血性、营养性、出血性、再生障碍性贫血。②症状：皮肤和可视黏膜苍白，心率加快，心搏增强，肌肉无力，各器官组织缺氧。③防治：迅速止血（喷洒 0.1%肾上腺素），补充血容量（5%葡萄糖），补充造血物质（铁、钴、叶酸），刺激骨髓造血机能（氟羟甲睾酮），消除原发病。

17. 肾炎与肾病

（1）肾炎。①特征：肾区敏感和疼痛、尿量减少、蛋白尿、管型、尿中有肾上皮细胞、血尿、高血压（氮血症性尿毒症，主动脉第二心音增强）。②病因：传染病、中毒、受寒等。③治疗原则：清除病因，加强管理，消炎利尿，激素疗法，对症治疗。

（2）肾病。①特征：仅有水肿，无血尿，血压不升高；尿中有大量蛋白质、肾上皮细胞、透明管型和颗粒管型，但无红细胞和红细胞管型；血常规检查蛋白含量降低，胆固醇含量增高。②症状：急性肾病时尿量减少；慢性肾病时尿量增多。③治疗：防止水肿（限制喂盐和饮水），药物治疗（利尿剂、抗生素）。

18. 尿道炎 ①特征：尿频、尿痛、经常性血尿；尿道肿胀敏感；尿液含有细菌和尿道上皮细胞。②治疗：确保尿道排泄通畅，消除病因，控制感染，对症治疗。

19. 膀胱炎与膀胱麻痹

（1）膀胱炎。①特征：疼痛性频尿，尿中出现较多膀胱上皮细胞、炎性细胞、血液、磷酸铵镁结晶；②症状：尿少而频，血尿，混浊恶臭尿，排尿困难，尿失禁。③治疗原则：加强护理，抑制消炎，防腐消毒，对症治疗。

（2）膀胱麻痹。①特征：不随意排尿，膀胱充满，无明显疼痛，非炎性疾病。②症状：包括脑性、脊髓性、肌源性麻痹。③治疗：消除病因，对症治疗。

20. 尿石症 ①特征：腹痛，排尿障碍，血尿。②病因：细菌性感染，维生素A缺乏，饮水不足，尿素酶活性升高，柠檬酸浓度降低，营养不均衡等。③症状：包括肾结石、输尿管结石、膀胱结石、尿道结石。④诊断：X射线检查，雌犬膀胱探诊，雄犬尿道探诊，尿常规及血常规检查。⑤治疗：手术及药物治疗。

21. 脑膜脑炎 ①病因：病毒、细菌、寄生虫性感染，以及中毒等。②症状：包括一般脑症状（先兴奋后抑制），局部脑症状（痉挛、麻痹），脑膜刺激症状（膝腱反射亢进），血液和脑脊髓液异常（初期中性粒细胞增多，核左移，嗜酸性粒细胞消失，淋巴细胞减少，脑积液混浊）。③治疗：冷敷，消炎，降温，抗菌药，降低颅内压，投服镇心散。

22. 日射病和热射病 ①特征：体温急剧升高，突然发病，心肺功能障碍，倒地昏迷。②病因：日射病为日光照射头部引起，热射病为环境气温高、体内积热引起。③治疗：消除病因，加强护理，降温，缓解心肺功能障碍（安钠咖），防止肺水肿（静脉注射地塞米松），投服清暑香汤。

（二）营养代谢性疾病

1. 佝偻病 ①病因：维生素D、磷、钙缺乏，钙、磷比例失调。②病理：生长骨的钙化作用不足，持久性软骨肥大与骨骺增大。③特征（临诊）：消化紊乱，异嗜癖，跛行，骨骼变形；血清碱性磷酸酶活性明显升高；X射线检查发现骨质密度降低，长骨末端呈现"羊毛状"外观，外形上骨的末端凹而扁。④防治：保持干燥温暖通风，补充足够维生素D，钙、磷比例控制在（1～2）∶1；给予助消化药。

2. 骨软症 ①病因：钙、磷缺乏，二者比例不当。②病理：骨质进行性脱钙，呈现骨质软化，形成过量未钙化的骨质基质。③特征：消化紊乱，异嗜癖（舔食泥土），跛行，骨质软化，骨变形。④血清钙无明显变化，血清磷下降至 2.8～4.3 mg/dL，血清碱性磷酸酶水平升高。⑤防治：最好补充苜蓿干草和骨粉（而不是石粉）。

3. 纤维性骨营养不良 ①病因：钙、磷比例失调，钙含量不足，维生素D不足。②病理：骨组织呈现进行性脱钙，骨基质吸收，由柔软的含细胞的纤维组织沉着填补，尤以表骨和长骨骨端体积显著增大而重量减轻。③特征：消化紊乱，异嗜，跛行，拱背，面骨和四肢关节增大，尿澄清透明，头骨隆起，有"大头病"之称；长骨变形，呈"鲤鱼背"样；血清甲状旁腺素（PTH）含量显著升高。④防治：调节钙、磷比例。

4. 维生素A缺乏症 ①病因：维生素A或胡萝卜素缺乏。②特征：生长缓慢，上皮角化，夜盲症，繁殖功能障碍，免疫力低下。③防治：治疗原发病，增补富含维生素A和胡萝卜素的饲料。

5. 维生素K缺乏症 ①病因：饲料中含双香豆素，长期应用抗生素，胆汁分泌不足等。

②特征：出血性素质。③防治：保证青绿饲料供给；肌内注射维生素 K_3。

6. B 族维生素缺乏症　①维生素 B_2 缺乏症：猪皮肤呈鳞状脱屑、眼睑肿胀等。②维生素 B_6 缺乏症：生长缓慢、皮炎、癫痫样抽搐、贫血。

7. 硒和维生素 E 缺乏症　①特征：猝死、跛行、腹泻、渗出性素质。②病理：骨骼肌、心肌、肝脏、胰脏组织变性、坏死。③猪：桑葚心，肝营养不良，肌营养不良，渗出性素质，贫血。

8. 铁缺乏　①特征：贫血，易疲劳，活力下降，生长发育受阻。②防治：加强饲养管理、及时补充铁剂（葡聚糖铁）。

9. 锰缺乏症　①特征：骨骼畸形、繁殖功能障碍、新生畜运动失调。②防治：日粮或饮水中添加锰制剂。

10. 锌缺乏　①特征：生长缓慢，皮肤角化不全，繁殖功能紊乱，骨骼发育异常。②猪：腹泻，皮粗糙，繁殖力低下。③防治：饲料中添加硫酸锌，控制日粮中钙含量。

11. 钴缺乏症　①特征：厌食、消瘦、贫血。②防治：饲料中添加硫酸钴。

12. 碘缺乏症　①本病又称甲状腺肿。②特征：繁殖障碍，黏液性水肿（面部臃肿、看似"愁容"），脱毛，幼畜发育不良；甲状腺功能减退、甲状腺肿大。③防治：口服碘化钾、碘化钠。

13. 异嗜癖（咬尾症与食仔癖）　①病因：营养（如钠盐不足）、环境、疾病。②特征：舔食、啃咬无营养价值而不应该采食的异物。③防治：增加矿物质和复合维生素的添加量。

（三）中毒性疾病

1. 硝酸盐与亚硝酸盐中毒　①特征：皮肤、黏膜发绀，呼吸困难，血液呈黑褐红色，呕吐。②特效解毒剂：低剂量美蓝（亚甲蓝）。

2. 棉籽与棉籽饼粕中毒　①病因：食入大量含游离棉酚饼粕。②特征：出血性胃肠炎、全身水肿、血红蛋白尿、实质器官变性。③防治：停喂含毒棉籽饼粕，加速排出毒物，对症治疗。

3. 菜籽饼粕中毒　①病因：大量食入含有硫代葡萄糖苷分解产物的菜籽饼粕。②特征：急性胃肠炎、肺气肿、肺水肿、肾炎、甲状腺肿大。③防治：严守饲料中菜籽饼粕的安全限量（种猪 5%）。

4. 氢氰酸中毒　①病因：采用富含氰苷的饲料。②特征：腹痛不安，呼吸困难，肌肉震颤，全身惊厥，呼出气有杏仁味，血液呈鲜红色，病程短。③防治：先静脉注射 5% $NaNO_2$，再注射 5% 的 $Na_2S_2O_3$。

5. 黄曲霉毒素中毒　①特征：全身出血、消化功能紊乱、腹腔积液、神经症状。②病理特征：肝细胞变性、坏死、出血，胆管和肝细胞增生。③黄曲霉毒素是各种霉菌毒素中最稳定、毒性最强的一类毒素；为一种肝毒物质。④防治：停喂霉败饲料，搞好防霉去毒工作（应妥善贮藏）。

6. 呕吐毒素中毒　①病因：猪摄入了被呕吐毒素污染的饲料。呕吐毒素广泛存在，主要污染小麦、大麦、玉米等谷类作物及其加工副产品。②病理特征：呕吐、饲料摄取量低下、生长速度下降、皮肤炎和流产。③不同种类动物对呕吐毒素的敏感程度不一，猪最为敏感。④治疗：停喂被呕吐毒素污染的饲料。

7. T-2毒素中毒 ①本病又称单端孢霉烯族毒素中毒。②T-2毒素能导致中毒畜禽拒食、呕吐和内脏器官出血性损害。③症状：T-2毒素中毒时，症状差别很大，其共同症状为精神沉郁、拒食、呕吐、腹泻、生长阻滞、神经综合征及严重胃肠炎等。④治疗：停喂发霉饲料，改喂营养丰富、易消化的青绿饲料。

8. 玉米赤霉烯酮中毒 ①特征：3～5月龄仔猪阴户肿胀、乳房隆起、慕雄狂。②玉米赤霉烯酮是一种子宫毒，病变主要在生殖系统。③治疗：停喂发霉饲料7～15d可逐渐恢复。

9. 赭曲霉毒素中毒 ①赭曲霉毒素是由赭曲霉产生的一种肾毒素，多产生于玉米、大麦、黑麦和小麦。②特征：烦渴、尿频、尿血、脱水、生长迟缓、饲料利用率降低。③病理表现为肾脏损伤，出现脂肪变性和坏死，苍白、坚硬；胃溃疡也是常见的特征性损伤。

10. 伏马菌素中毒 ①伏马菌素由串珠镰刀菌产生，对热很稳定，不易被蒸煮破坏，玉米及其制品最易被串珠镰刀菌污染，其次为高粱、大麦、小麦。②特征：中毒症状包括精神紧张、淡漠，偏向一侧的蹒跚、震颤，共济失调，行动迟缓，下唇和舌轻度瘫痪，不能进食进水，甚至出现强直性痉挛，脑白质软化。

11. 食盐中毒 ①特征：消化紊乱、神经症状；嗜酸性粒细胞性脑膜炎。②猪：极度口渴、黏膜潮红、呕吐、口唇肿胀、神经症状。③治疗：排钠利尿、恢复阳离子平衡；中毒早期多次少量给予清水；发作期禁止饮水；日粮中食盐含量应占0.3%～0.8%。

12. 铅中毒 ①特征：脑病症状（兴奋狂躁、感觉过敏、肌肉震颤）、神经症状（失明、运动障碍、轻瘫、麻痹）、胃肠炎症状、低色素型小细胞性贫血。②治疗：急性（特效解毒——巯基络合剂，并且催吐、洗胃、导泻）；慢性（特效解毒——乙二胺四乙酸二钠钙）。

13. 砷中毒 ①特征：消化功能紊乱、实质性脏器和神经系统损害。②急性中毒时，主要表现为重剧胃肠炎和腹膜炎。③防治：急性时，应用氧化镁液洗胃；应用巯基络合剂；忌用碱性药物。

14. 汞中毒 ①特征：吸入性汞中毒表现咳嗽、流泪、流鼻液、呼出气恶臭、呼吸困难、肺部听诊出现广泛的捻发音、干性和湿性啰音。汞中毒表现流涎、腹泻、腹痛，之后出现肾病及神经症状。慢性汞中毒最常见，以神经症状为主。②防治：禁喂食盐；使用解毒剂（巯基络合剂、$Na_2S_2O_3$）。

15. 硒中毒 ①特征：急性表现腹痛、呼吸困难、运动失调；常见于犊牛和羔羊。亚急性表现流涎、腹痛、失明，又称"蹒跚病"。慢性表现消瘦、跛行、脱毛，又称"碱毒病"。②防治：0.1%砷酸钠溶液皮下注射；日粮中添加硒时，严格掌握用量和浓度。

16. 无机与有机氟中毒 ①特征：中枢神经系统障碍（突然倒地）、心血管系统障碍（心律不齐、心动过速）。②防治：药物选用解氟灵（乙酰胺）。

17. 有机磷农药中毒 ①毒性机理：抑制胆碱酯酶的活性。②特征：毒蕈碱样症状，即M症状，表现为胃肠运动过度；烟碱样症状，即N症状，表现为肌肉痉挛；中枢神经症状，过度兴奋或高度抑制。③特效解毒：抗M受体拮抗剂（阿托品），胆碱酯酶复活剂（解磷定、氯解磷定、双复磷）。

18. 灭鼠药中毒（茚满二酮类和香豆素类、硫脲类、磷化锌和毒鼠强等）

（1）茚满二酮类和香豆素类。①毒性机理：破坏凝血机制、损伤毛细血管。主要灭鼠药包括杀鼠酮、敌鼠钠盐、氯鼠酮等。②症状：呕吐、食欲缺乏、皮肤发绀；尿血、粪便带血、血液凝固不良、腹痛、心音弱、心率快。③治疗：洗胃，导泻，静脉注射维生素 K_1。

（2）硫脲类。①症状：精神沉郁、食欲减退、呕吐、昏迷。②病变：肝肿大、黄疸、蛋白尿、血尿。③防治：$KMnO_4$ 洗胃、Na_2SO_4 导泻。

（3）磷化锌。①症状：全身广泛性出血、抽搐、口吐白沫、腹痛、腹泻、末期昏迷。②治疗：5% $CuSO_4$ 催吐。

（4）毒鼠强。①特点：呕吐、腹泻、腹胀、突发惊厥、呼吸衰竭而死。②防治：催吐、洗胃、导泻。

19. 维生素 A 中毒 ①病因：胆汁缺乏，脂肪吸收障碍，维生素 A 吸收与储存障碍。②特征：恶心、呕吐、腹痛、腹泻、肝肿大；头痛、头晕、呕吐、乏力等；眼结膜充血、球结膜下出血、视力模糊；皮肤潮红等。③诊断：有大量食入维生素 A 史，或大量食入动物肝脏史。④急救处理：停服维生素 A，静脉注射糖盐水，应用 B 族维生素、维生素 C，降低颅内压，镇静止痛。

20. 磺胺类药物中毒 ①病因：食用超量磺胺类药物或饲料中缺乏维生素 K。②病变：皮下、肌肉和内部器官出血，骨髓由正常的暗红色变为淡红色，严重者甚至变为黄色，输尿管增粗，充满尿酸盐，肾盂和肾小管可见磺胺结晶。③防治：严格计算磺胺类药物用量，饲料与饮水中药物混匀。

21. 替米考星中毒 ①病因：过量使用替米考星。②特征：体表出现红色疹块（过敏性皮炎），全身瘙痒，尖叫。③病变：腹腔有内黄色积液，胃肠黏膜充血、出血，肠系膜淋巴结充血、出血，肝脏肿大、质脆、出血。④防治：停止用药，饮水中添加人工盐、葡萄糖、电解多维，注射肌苷、维生素 C、速尿。

22. 硫化氢中毒 ①病因：不慎吸入硫化氢气体。②毒性机理：硫化氢进入机体后随血液进入器官组织，与组织细胞呼吸酶结合，使其丧失活性，造成细胞缺氧。③症状：急性轻度中毒时眼睛畏光、流泪、胸闷；急性中度中毒时头昏，恶心，呕吐，晕厥；急性重度中毒时几秒钟内神志不清，抽搐，昏迷，呈现"电击样死亡"。④急救：转移到通风处；吸氧，心肺复苏；肌内注射 10% 4-二甲基氨基苯酚（4-DMAP）。

（四）其他疾病

1. 新生仔猪低糖血症 ①病因：新生仔畜缺乏糖原异生能力、母畜少乳。②症状：衰弱乏力、运动障碍、痉挛、衰竭；血糖明显低下，血液非蛋白氮明显升高；体温可降至 36℃；死亡率极高。③治疗：尽快补糖。

2. 新生仔猪溶血症 ①病因：因胎盘出血或受损，胎儿的异种抗原在妊娠期进入母体，母体产生特异抗体并通过初乳进入仔畜血液，发生抗原抗体反应造成溶血。②症状：初生仔猪吃初乳后即发病，贫血，黄疸，血红蛋白尿。③诊断：用母猪血清或初乳与仔猪红细胞进行凝集试验，其效价高于 1∶32 判为阳性。④防治：停止喂母乳，采用代养；已发生仔畜溶血的母畜，不能再用同一头公畜配种。

3. 猪应激综合征 ①病因：环境因素。②症状：猝死型、神经型、全身适应性综合征、恶性高热型、胃肠型、慢性应激综合征、生产性能下降。③病变：形成特征的 PSE 猪肉，苍白、松软、渗出性。④治疗选用中西药物；消除应激因素。

三、例题及解析

(1~3题共用题干)

某猪场少数育成猪食欲减少，反复腹泻、脱水，消瘦，营养不良，其他症状不太明显。

1. 该病最可能的诊断是( )。

    A. 急性胃炎   B. 急性肠炎   C. 慢性胃炎

    D. 慢性肠炎   E. 胰腺炎

2. 如果粪便呈绿色或黑红色，病变部位最可能是( )。

    A. 直肠   B. 胰腺   C. 十二指肠

    D. 盲肠   E. 结肠

3. 如果进行血气分析，病猪最可能出现的异常是( )。

    A. 代谢性酸中毒   B. 代谢性碱中毒   C. 呼吸性酸中毒

    D. 呼吸性碱中毒   E. 混合性碱中毒

【解析】D、C、A。题目中"营养不良、消瘦"提示为慢性，反复腹泻、未见呕吐，提示病变在肠道而非胃，综上所述为慢性肠炎。当上消化道（胃和十二指肠）出血时，粪便呈黑色，下消化道出血时，粪便呈鲜红色。长期腹泻，易发生代谢性酸中毒。

(4~6题共用题干)

猪场部分育成猪在饲喂一种新的添加剂后，食欲减少，呕吐，粪及呕吐物中含绿色至蓝色黏液，呼吸增快，脉搏频数，有的病猪在几天后死亡。在日粮中添加钼酸铵，病猪逐渐好转。

4. 该病最可能的诊断是( )。

    A. 铜中毒   B. 硒中毒   C. 锌中毒

    D. 铁中毒   E. 汞中毒

5. 粪及呕吐物中含绿色至蓝色黏液的原因是( )。

    A. 直肠出血   B. 添加剂颜色   C. 十二指肠出血

    D. 盲肠出血   E. 结肠出血

6. 呼吸增快、脉搏频数的原因是( )。

    A. 红细胞变性   B. 心力衰竭   C. 肺损伤

    D. 支气管损伤   E. 组织利用氧障碍

【解析】A、B、A。硫酸铜作为饲料中铜离子添加剂，呈蓝绿色。同时铜和钼相互拮抗，用于对方中毒时解救。结合题意，可判定为铜中毒。高浓度铜离子可作用于红细胞表面蛋白质，引起红细胞破裂、溶血。动物发生严重溶血性贫血，机体供养不足，代偿性呼吸加快，心跳加快。

7. 种公猪，3岁，精神沉郁，减食，脊背拱起，行动困难，腰部敏感，疼痛，尿量少，尿沉渣中有大量肾上皮细胞、白细胞、红细胞，可能的疾病是( )。

    A. 间质肾炎   B. 急性肾炎   C. 膀胱麻痹

    D. 膀胱炎   E. 尿道炎

【解析】B。患急性肾炎时可出现精神沉郁，食欲减退，背腰拱起，行走困难，腰部敏感，疼痛，尿量少，水肿，血尿，蛋白尿，尿中可见肾上皮细胞、红细胞与白细胞、细胞管型、颗粒管型、透明管型、主动脉第二心音增强等。

<<< 第四单元 外科病 >>>

一、考试大纲

单元	细目	要点
外科病	1. 外科感染与损伤	(1) 脓肿 (2) 蜂窝织炎 (3) 血肿与淋巴外渗 (4) 烧伤与冻伤 (5) 损伤并发症 (溃疡、坏疽、休克)
	2. 头、颈部疾病	(1) 角膜炎与结膜炎 (2) 中耳炎和内耳炎 (3) 齿病
	3. 胸、腹部疾病	(1) 胸腔积液 (2) 腹壁透创
	4. 疝	(1) 脐疝 (2) 阴囊疝 (3) 腹股沟疝
	5. 直肠与肛门疾病	(1) 锁肛 (2) 直肠和肛门脱 (3) 直肠损伤
	6. 四肢与脊柱疾病	(1) 骨膜炎 (2) 关节创伤、扭伤及关节炎 (3) 关节脱位 (4) 蹄叶炎 (5) 骨髓炎 (6) 蹄裂
	7. 皮肤病	(1) 真菌性皮肤病 (2) 湿疹 (3) 过敏性皮炎

二、重要知识点

(一) 外科感染与损伤

1. 脓肿 ①特征：形成较慢，局部热痛，有波动感，界限清晰，穿刺有脓汁。②治疗：摘除脓肿（注意勿切破脓肿膜而使新鲜手术创被脓汁污染）。

2. 蜂窝织炎 ①特征：形成浆液性、化脓性、腐败性渗出液，有明显全身症状，为急性弥漫性化脓性炎。②象皮病：蜂窝织炎转为慢性时，皮下组织慢性、畸形性、弥漫性肥厚。③治疗：主要是促进炎症产物吸收。

3. 血肿与淋巴外渗

(1) 血肿。①特征：形成很快，无热痛，有波动感，界限清晰，穿刺有血。②治疗：制止溢血，防止感染，排除积血。

(2) 淋巴外渗。①特征：形成较慢，无热痛，有波动感，界限不清，穿刺有淋巴液。②治疗：使病畜保持安静；切忌用温热疗法，以防继续渗出。

4. 烧伤与冻伤

(1) 烧伤。①特征：第一度烧伤为皮肤表层损伤；第二度烧伤为皮肤表层及真皮层损伤；第三度烧伤为皮肤全层损伤。组织蛋白凝固，血管栓塞，形成焦痂，呈深褐色干性坏死状态。②治疗：镇痛，抗感染，防休克，治疗并发症；离开现场，用湿棉被盖上；在早期预防心力衰竭；一次性切除坏死组织，防止发生脓毒败血症。

（2）冻伤。①一度冻伤：特征为皮肤和皮下组织的疼痛性水肿；治疗措施为消除淤血，促进血液循环和水肿的消退。②二度冻伤：特征为皮肤和皮下组织呈弥散性水肿；治疗措施为促进血液循环，防止感染，增高血管紧张力，加速疤痕和上皮组织的形成。③三度冻伤：特征为血液循环障碍引起的不同深度与范围的组织干性坏死；治疗时要注重预防发生湿性坏疽。

5. 损伤并发症（溃疡、坏疽、休克）

（1）溃疡。①单纯性溃疡：溃疡表面被覆蔷薇红色、颗粒均匀的健康肉芽。②坏疽性溃疡：特征为组织的进行性坏死和很快形成溃疡。③水肿性溃疡：病因为心力衰竭等；特征为溃疡周围组织水肿，无上皮形成；治疗措施为除去病因，局部涂鱼肝油等，禁止使用刺激性较强的防腐剂。④褥疮性溃疡：是因长时间压迫引起血液循环障碍，形成皮肤坏疽，界限明显。⑤胼胝性溃疡：特征为肉芽组织苍白，平滑无颗粒，血管微细，过早形成厚而致密的纤维性瘢痕组织，如肛门周围的创伤。

（2）坏疽。①液化性坏疽：见于热伤，化脓灶。②干性坏疽：见于机械性局部压迫，药品腐蚀。③湿性坏疽：见于坏死部腐败菌的感染。④治疗：应切除其患部。

（3）休克。治疗要点：消除病因，补充血容量，改善心脏功能（异丙肾上腺素和多巴胺为首选），调节代谢障碍（纠正酸中毒）。

（二）头、颈部疾病

1. 角膜炎与结膜炎

（1）角膜炎。①病因：外伤、异物、浑睛虫等。②症状：畏光，流泪，疼痛，眼睑闭合，角膜混浊，角膜缺损或溃疡，角膜周围形成新生血管或睫状体充血。

（2）结膜炎。①特征：畏光，流泪，结膜充血，结膜浮肿，眼睑痉挛，有渗出液及白细胞浸润。②治疗：去除病因，置于黑暗处，3%硼酸液洗眼。③急性卡他性结膜炎：初期冷敷，后期温敷，用1%硝酸银点眼。④慢性结膜炎：以刺激温敷为主。⑤病毒性结膜炎：用5%乙酰磺胺眼膏。

2. 中耳炎和内耳炎

（1）中耳炎。①指鼓室及耳咽管的炎症。②病因：多继发于上呼吸道感染。③常见病原菌：链球菌和葡萄球菌。④症状：头倾向患侧，以鼻触地。⑤耳镜检查：鼓膜穿孔。⑥X射线检查：急性中耳炎可见鼓室积液。⑦治疗：中耳腔冲洗，中耳腔刮除，鼓泡骨切除术。

（2）内耳炎。症状：耳聋，平衡失调，转圈，头颈倾斜而倒地。

3. 齿病

（1）牙周炎。①特征：形成牙周袋，牙齿松动，不同程度化脓，最突出的是口腔恶臭；X射线检查可见牙齿间隙增宽，齿槽骨吸收。②治疗：刮除齿石，去除菌斑，充填龋齿。

（2）齿槽骨膜炎。①非化脓性：齿根部形成骨赘，与齿槽完全粘连。②弥散性：口腔奇臭，病齿松动。③化脓性：X射线检查可见齿根部与齿槽间透光区增大，呈椭圆形或梨形。

（3）龋齿。①病因：口腔内细菌发酵产生酸性物质侵蚀牙齿的表面、齿冠、釉质，使其脱钙、分离及破坏。②治疗：一度龋齿用硝酸银饱和溶液涂擦；二度时，应除去病变组织，填充齿粉；三度时，实行拔牙术。

（三）胸、腹部疾病

1. 胸腔积液　①病因：多种原因导致胸膜腔内出现过多的液体。②种类：感染性胸腔积液，多为浆液性、化脓性；肿瘤性胸腔积液，多为血性，其中以肺癌最为常见；漏出性胸腔积液，多见于肝硬化、心力衰竭、肾病等。

2. 腹壁透创　主要并发症是腹膜炎和败血症。

（四）疝

1. 脐疝　①病因：脐孔发育不全、断脐不正确、脐部化脓等。②症状：脐部局限性球形肿胀，质地柔软，缺乏红、痛等炎性反应。③治疗：保守疗法适用于疝轮小、年龄小的动物；手术疗法操作步骤为：禁食，全麻或局部浸润麻醉，切口在疝囊底部，呈梭形；疝轮较小时做荷包缝合，皮肤做结节缝合。

2. 阴囊疝　①症状：多见于公猪，一侧性阴囊增大，皮肤紧张发亮，触诊时柔软有弹性，多半不痛。②治疗：当为嵌闭性疝时，应立即手术。

3. 腹股沟疝　①症状：腹股沟环内，触之柔软、无痛，可还纳。②治疗：当为嵌闭性疝时，应立即手术。

（五）直肠与肛门疾病

1. 锁肛　①仔猪最常见。②症状：肛门处的皮肤向外突出，触诊可摸到胎粪。③治疗：施行人造肛门术（将直肠断端黏膜结节缝合于皮肤切口边缘上）。

2. 直肠脱　治疗方法包括：①整复（用于发病初期）。②黏膜剪除法。③固定法（用荷包缝合）。④直肠周围注射酒精。⑤直肠部分切除术（肠管两层断端的浆膜和肌肉层分别做结节缝合，黏膜层用单纯的连续缝合法）。⑥黏膜下层切除术。⑦普鲁卡因溶液盆腔器官封闭。

3. 直肠损伤　①症状：直检时，手指染血。②一般治疗：静脉注射水合氯醛、凝血药，直肠内注入收敛剂。③保守治疗：适用于无浆膜区的损伤，填塞浸有抗生素的脱脂棉。④直肠内缝合法：用2%盐酸普鲁卡因行荐尾硬膜外腔麻醉，对破裂口进行全层单纯连续缝合。

（六）四肢与脊柱疾病

1. 骨膜炎　①急性骨膜炎：骨膜的急性浆液性浸润；触诊有痛感、指压留痕；治疗时先冷敷后热敷。②慢性骨膜炎：分为纤维素性骨膜炎和骨化性骨膜炎；治疗可用温热疗法及按摩。③化脓性骨膜炎：肿胀，有剧痛，皮肤紧张；之后出现化脓性窦道，流出混有骨屑的黄色稀脓；跛行显著；治疗用酒精热绷带、普鲁卡因封闭、抗生素等。

2. 关节创伤及关节炎

（1）关节透创。①诊断：向关节腔内注射0.25%普鲁卡因青霉素溶液，如能从创口流血，即可确诊为关节透创。②治疗：由伤口对侧向关节腔穿刺注入防腐剂，用肠线或丝线缝合关节囊。

（2）关节炎　①症状：以关节囊滑膜层的渗出性炎症为主。②治疗：急性者先冷疗再用温热疗法；慢性者放出关节滑液，注入可的松并包扎；化脓性炎症则应抽出脓汁，冲洗关节腔，注入普鲁卡因青霉素。

3. 关节脱位　①症状：关节变形、异常固定、关节肿胀、肢势改变、功能障碍。②诊断：关节严重肿胀，X 射线检查可做出正确诊断。

4. 蹄叶炎　①定义：蹄真皮的弥散性、无菌性炎症。②症状：精神沉郁、不愿站立和走动；如两前肢患病，可见后肢伸于腹下，两前肢前伸，以蹄踵着地，体温 40～41℃，脉搏 80～120 次/min，呼吸 50～60 次/min。③治疗：去除病因、解除疼痛、改善循环、防止蹄骨转位。

5. 骨髓炎　①定义：指骨髓、骨膜炎症的总称，以化脓性骨髓炎多见。②病因：葡萄球菌、链球菌感染。③症状：体温突然升高、精神沉郁，病部迅速出现硬固、灼热、疼痛性肿胀，局部淋巴结肿胀疼痛，严重功能障碍，血检白细胞增多。④治疗：急性者扩创排脓，冲洗引流，施用抗生素；慢性者若包壳形成，必须施行清创术。

6. 蹄裂　①定义：蹄壁角质分裂。②病因：蹄形不良、肢势不正、蹄角质干裂等。③治疗：防止发生继发病，阻止病情加重。

（七）皮肤病

1. 真菌性皮肤病　①病因：主要是犬小孢子菌，其次是石膏样小孢子菌和须发癣菌感染。②症状：断毛、少毛、干燥无毛、掉毛。③诊断：伍德灯检查出现荧光、镜检、真菌培养。④治疗：特比萘酚（口服或外用）。

2. 湿疹　①急性：小圆形、手掌大的疹面、红肿、并有渗出倾向。②慢性：被毛稀疏、皮肤增厚、剧痒。③治疗：找出病因、脱敏止痒（异丙嗪、苯海拉明）、消除炎症。

3. 过敏性皮炎　①遗传性：为Ⅰ型过敏反应；瘙痒频繁而剧烈；治疗时以脱敏并延缓过敏周期为主。②接触性：为Ⅳ型过敏反应；肌肉、腹部、会阴出现瘙痒性红斑；治疗可用乙酮可可碱。③食物过敏性：过敏原包括牛肉、牛奶、大豆等。

三、例题及解析

猪脐疝手术后 10d，术部皮肤破溃并有少量粪便自此流出。该猪最可能发生的疾病是（　　）。

　　A. 脐病　　　　　　　　B. 脐部脓肿　　　　　　　C. 肠窦道
　　D. 肠梗阻　　　　　　　E. 肠瘘

【解析】E。肠瘘是指在肠与其他器官，或肠与腹腔、腹壁外有不正常的通道，前者称为内瘘，后者称为外瘘。

<<< 第五单元 产 科 病 >>>

一、考试大纲

单元	细目	要点
产科病	1. 妊娠期疾病	(1) 流产　(2) 阴道脱出　(3) 妊娠毒血症
	2. 分娩期疾病	(1) 难产
	3. 产后期疾病	(1) 产道损伤　(2) 子宫破裂　(3) 子宫脱出　(4) 子宫内膜炎 (5) 阴门炎及阴道炎
	4. 不孕与不育	(1) 卵巢功能不全　(2) 持久黄体与卵巢囊肿　(3) 睾丸发育不全 (4) 隐睾　(5) 睾丸炎与附睾炎
	5. 新生仔畜疾病	(1) 新生仔猪假死　(2) 新生仔猪窒息　(3) 新生仔猪发育异常
	6. 乳房疾病	乳腺炎

二、重要知识点

(一)妊娠期疾病

1. 流产　①根据症状可分为：隐性流产（胚胎被吸收）；排出不足月的活胎，临诊上称早产；排出死亡、未经变化的胎儿，也称小产；死胎停滞（延期流产）；胎儿干尸化（木乃伊）、胎儿浸溶。②胎儿干尸化：在妊娠期满后数周，黄体的作用消失而再次发情时，才将胎儿排出。直肠检查，子宫呈圆球状，体积缩小；内容物硬，子宫壁紧裹胎儿，摸不到胎动、胎水，无妊娠脉搏。③胎儿浸溶：阴门流出红褐色难闻的黏稠液体，可带有小骨片，后期则仅排出脓液。阴道检查，子宫颈口开张，可膜到胎骨；阴道及子宫颈黏膜红肿。确诊需进行细菌学检查。④治疗：发生先兆性流产时，应安胎、使用抑制子宫收缩药；流产不可避免时，应尽快促使子宫内容物排出；死胎停滞时，应尽快排空子宫，可使用前列腺素及一切助产方法助产。

2. 阴道脱出　①病因：骨盆韧带及阴道临近组织松弛。②治疗：清洗并消毒局部，然后复位并予以固定。若有增生物可切除。

3. 妊娠毒血症　①病因：碳水化合物和脂肪酸代谢障碍。②血检：低血糖、酮血症；游离脂肪增多。③尿检：酮尿症。④病理：肝颗粒变性、坏死，肾上腺肿大，皮质变薄。⑤症状：精神沉郁、食欲减退、运动失调、呆滞凝视、卧地不起、昏睡等；多在分娩前10～20d发生。死亡率可达70%～100%。⑥防治：保护肝功能、供给糖原；治疗酸中毒；或实施剖宫产。

(二)分娩期疾病

难产　①病因：母体努责、阵缩微弱或者过强，骨盆狭窄、骨盆骨折，子宫捻转、子宫颈开张不全、阴道狭窄、阴门狭窄；胎儿过大、胎儿畸形，胎位、胎势、胎向异常。②治疗：根据病情实施牵引术、矫正术、截胎术、剖宫产术。

（三）产后期疾病

1. 产道损伤　新鲜撕裂伤用尼龙线按褥式缝合法缝合。

2. 子宫破裂　①不完全破裂：取出胎儿后不可冲洗子宫，仅放入抗生素。②子宫破口很大：应迅速进行剖宫产。③术后连续使用抗生素4d。

3. 子宫脱出　①原因：强烈努责、外力牵引、子宫弛缓。②整复：先将后躯抬高；清洗、缝合创伤；行荐尾间硬膜外腔麻醉；静脉注射葡萄糖酸钙；向子宫注入9～10L温水，保证子宫全面复位；子宫内放入抗生素、肌内注射催产素；无法送回时，可将脱出的子宫切除。

4. 子宫内膜炎　①治疗应抗菌消炎，防止继发感染，清除渗出物，促进子宫收缩（可静脉注射催产素，但禁止用雌激素）。②严重全身症状时禁用冲洗疗法。

（四）不孕与不育

1. 卵巢功能不全　本病包括卵巢功能减退、组织萎缩、卵泡萎缩及交替发育等，可由染色体异常、伴发于生殖器官疾病或其他疾病，以及营养缺乏所致。

2. 持久黄体与卵巢囊肿

（1）持久黄体。发情周期或分娩后黄体超过正常存在时间而不消失。可导致持续分泌孕酮、抑制卵泡发育，从而导致发情周期循环停止和不孕。

（2）卵巢囊肿。特征之一为荐坐韧带松弛。卵巢囊肿包括卵泡囊肿和黄体囊肿。卵泡囊肿：壁薄而且容易破裂，直肠检查发现，卵巢为圆形，卵泡直径通常在2.5cm左右；表现为持续而强烈的发情行为和体重减轻。黄体囊肿：壁很厚，直肠检查，发现一侧卵巢比对侧正常卵巢约大一倍，其表面有一直径3cm的突起。卵巢囊肿的治疗：手术摘除；使用LH、GnRH、GnRH配合$PGF_{2\alpha}$或孕酮。

3. 睾丸发育不全　指睾丸未能正常分化发育的一类畸形。

4. 隐睾　①睾丸未下降至阴囊，包括睾丸下降不全和睾丸异位。②临床上绝大多数隐睾为睾丸下降不全；异位睾丸最常位于腹股沟浅表小窝内。

5. 睾丸炎与附睾炎

（1）睾丸炎。治疗时，先冷敷后温敷；局部涂鱼石脂软膏，全身使用抗生素。

（2）附睾炎。①特征：附睾炎症、精液变性、精子肉芽肿。②病原：布鲁菌。③治疗：每天使用金霉素、硫酸双氢链霉素，连用3周。

（五）新生仔畜疾病

新生仔猪假死、窒息治疗：①擦净鼻孔及口腔内的羊水；②将后肢提起来抖动；③用浸有氨水的棉花刺激鼻孔；④夏天可浇洒冷水；⑤用山梗菜碱或尼可刹米刺激呼吸中枢。

（六）乳房疾病

乳腺炎　①病原：以葡萄球菌、链球菌、大肠杆菌为主，约占90％以上。②特点：乳中体细胞尤其是白细胞增多、乳腺组织发生病变。③疗效判定标准：症状消失，乳汁体细胞恢复正常，乳汁细菌检查阴性。④预防是最经济最有效的措施。

三、例题及解析

(1～3题共用题干)

母猪，3.5岁，体格偏瘦。怀孕114d时分娩，产出8个胎儿后努责微弱，40min后仍不见胎儿产出。B超检查可见子宫后部有多头活胎。

1. 该猪难产最可能的原因是(　　)。

  A. 继发性子宫弛缓　　　　B. 原发性子宫弛缓　　　　C. 子宫痉挛

  D. 胎儿过大　　　　　　　E. 阴道狭窄

2. 首选的助产药物是(　　)。

  A. 前列腺素　　　　　　　B. 雌激素　　　　　　　　C. 催产素

  D. 麦角新碱　　　　　　　E. 葡萄糖酸钙

3. 首选的手术助产方法是(　　)。

  A. 牵引术　　　　　　　　B. 矫正术　　　　　　　　C. 截胎术

  D. 剖宫产术　　　　　　　E. 子宫颈扩张

【解析】A、C、A。①继发性子宫疲劳，常由胎儿异常和产道异常等因素引起，而子宫肌收缩正常。②催产素可促进子宫肌肉收缩，子宫颈开放，便于胎儿产出，常用于难产。麦角新碱能促进子宫肌收缩，也能促进子宫颈收缩，使子宫颈闭锁，故禁止用于子宫蓄脓和催产。③牵引术用于产力性难产，即子宫肌收缩无力引起的子宫肌疲劳无力。

考点速记

1. **猪乙型脑炎的流行病学特点是蚊虫传播、有季节性**；公猪患乙型脑炎常出现的症状是**睾丸炎**；乙型脑炎病毒分离鉴定常用的实验动物是**小鼠**。

2. **布鲁菌M5弱毒活疫苗不能用于猪的免疫接种**。

3. 致病病原能形成芽孢的疫病是**猪炭疽**。

4. 猪巴氏杆菌病急性型的病理变化是**全身性出血＋纤维素性肺炎**。

5. 仔猪梭菌性肠炎又称**仔猪红痢**。

6. 仔猪黄痢多发于**1～3日龄**。

7. 初产母猪感染猪细小病毒后，主要症状是**繁殖障碍**；猪细小病毒病主要发生于**初产母猪**；用免疫接种法预防猪细小病毒病，主要预防措施是**疫苗接种**；母猪的免疫时间是在**配种前**。

8. 发生猪传染性胃肠炎时，死亡率最高的日龄是**1～10日龄**；易发生呕吐的仔猪疾病是**猪传染性胃肠炎**；传染性胃肠炎的主要传播途径是**消化道**。

9. 病猪出现面部变形和"泪斑"，最有可能的传染病是**猪传染性萎缩性鼻炎**，最易感的是**哺乳仔猪**；病原分离常用的样品是**鼻拭子**。

10. 接种猪水疱病病料后，可致死的实验动物是**1～2日龄小鼠**；常用于诊断猪水疱病的实验动物是**小鼠**。猪水疱病病猪脑膜中大量出现的细胞是**淋巴细胞**。

11. 猪支原体肺炎的流行病学特点是主要通过**呼吸道传播**。

12. **仔猪断奶衰竭综合征**的特征性病理变化是**淋巴结肿大2～5倍**。

13. **猪瘟**的特征性病理变化是**脾脏出现梗死**；急性猪瘟的典型**淋巴结病理**变化是呈**大理石样变**。

14. 目前我国**防控非洲猪瘟**的主要措施是**扑杀病猪**。

15. **副猪嗜血杆菌病**最常见的病理变化是**多发性浆膜炎**。

16. 急性**猪痢疾**严重病例的粪便颜色多为**红色**。

17. 猪繁殖与呼吸综合征的病原为**病毒**；为避免**猪繁殖与呼吸综合征**传入猪场，引进猪隔离饲养观察的最短时间是**30d**。

18. 目前我国免疫预防**猪传染性胸膜肺炎**所用的疫苗是**多价灭活疫苗**，该病病原是**细菌**。

19. 对**猪流行性腹泻**最有效的防控措施是**免疫接种**；与该病在流行特点、临诊症状和病理变化方面相似的疾病是**猪传染性胃肠炎**。

20. 猪是猪带绦虫的**中间宿主**；**终末宿主是人**。

21. 猪蛔虫最主要的致病作用是**夺取宿主营养**；诊断猪蛔虫幼虫引起的疾病时，应检查**肺脏**。

22. 用压片法检查旋毛虫肌肉包囊型幼虫时，应将肉样剪成麦粒大小的 **24 块**；**猪食入鼠**是感染旋毛虫的主要原因；**防控猪旋毛虫病**应采取的关键措施是消灭猪场周围的**鼠类**；生猪宰后**检验旋毛虫**的方法是**肌肉消化法**。

23. **兰氏类圆线虫**引起仔猪皮肤局部出现红斑、丘疹和浮肿。

24. 有齿冠尾线虫引起病猪尿液中出现白色黏稠絮状物或脓液。

25. **猪冠尾线虫**的主要感染途径是**经口和皮肤**；有齿冠尾线虫的感染性阶段是**第三期幼虫**；有齿冠尾线虫成虫在猪体内的寄生部位是**肾脏**。

26. **蛭形巨吻棘头虫**在猪体内的寄生部位是**小肠**；中间宿主为金龟子。

27. **猪棘头虫病**的主要临诊表现是**消化功能障碍**。

28. 猪疥螨的寄生部位是**表皮**；防治禽皮刺螨病的药物是**溴氰菊酯**。

29. **猪等孢球虫病**的主要发病时间是 7～21 日龄，对猪致病性较强；猪球虫感染的途径是经口；猪等孢球虫的**孢子生殖**发生于**外界环境**。

30. 猪急性弓形虫病剖检病变主要见于**肝、肺、肠系膜淋巴结**。

31. 仔猪结肠小袋虫病的主要症状是**腹泻**。

32. **肾病**与急性肾炎的主要鉴别症状是**血尿**。

33. 猪低钾血症时，血浆钾浓度是**1～3 mmol/L**。

34. 家畜铜缺乏症最有可能出现的症状是**贫血**。

35. 仔猪铁缺乏症，可视黏膜变化是**苍白**。

36. 青饲料文火焖煮产生的有毒物质是**亚硝酸盐**。美蓝作为特效解毒药常用于治疗**亚硝酸盐中毒**。

37. 某猪群在多雨季节，因饲喂存储不当的配合饲料而发生中毒性疾病。该病最可能是**黄曲霉毒素中毒**。

38. 猪食盐中毒时，临诊上常表现**颅内压升高**；畜禽食盐中毒尚未出现神经症状者，给予清洁饮水的方法是**少量多次**；但发作期应**禁止饮水**。

39. **敌鼠钠盐**中毒的有效解毒药是**维生素 K**。

40. 猪应激综合征导致肌肉呈现**苍白、松软、汁液渗出**。

41. 引起猪发生单端孢霉毒素中毒的 T-2 毒素的主要靶器官是**肝脏和肾脏**。

42. 猪发生玉米赤霉烯酮中毒时主要侵害**生殖系统**。

43. 对汞耐受性最强的动物是**猪**。

44. 手术治疗仔猪脐疝，常采用的麻醉方法是**局部浸润麻醉**。

45. 锁肛多发于**仔猪**。

46. 猪阴道脱出发生的主要机制是固定阴道的**组织松弛**。

47. 引起猪继发性子宫弛缓的主要原因是**子宫肌疲劳**。

48. 治疗母猪卵巢功能减退的首选药物是**马绒毛膜促性腺激素**。

49. 新生仔猪溶血病的典型症状是**血红蛋白尿**。

50. 治疗新生仔畜低糖血症时，补充糖类药物的给药途径不选择**皮内注射**。

51. 患新生仔畜溶血病的仔猪血常规检查最可能出现的结果是**红细胞数减少**。

高频题练习

(1~2 题共用题干)

某猪场，部分育肥猪高热、食欲下降、精神沉郁，个别妊娠母猪发生流产、产死胎。

1. 【假设信息】现场调查发现，猪场蚊虫滋生，公猪的一侧或双侧睾丸肿大，最可能的疾病是( )。
    A. 猪乙型脑炎   B. 伪狂犬病   C. 猪细小病毒病
    D. 弓形虫病   E. 猪繁殖与呼吸综合征

2. 【假设信息】用磺胺间甲氧嘧啶治疗效果良好，该病最可能是( )。
    A. 黄曲霉毒素中毒   B. 衣原体病   C. 弓形虫病
    D. 猪肺疫   E. 猪蛔虫病

(3~6 题共用题干)

仔猪，5 日龄，腹泻，粪便呈黄色糊状，并迅速消瘦、脱水、死亡。剖检见胃内有凝乳块；肠腔膨胀并有多量黄色液状内容物和气体，肠黏膜呈急性卡他性炎症变化，尤以十二指肠最严重。

3. 诊断该病应进行( )。
    A. 病原分离鉴定   B. 尿液化学检查   C. 血红蛋白检测
    D. 血液红细胞计数   E. 血清钠钾离子检测

4. 该病最可能的诊断是( )。
    A. 仔猪黄痢   B. 仔猪白痢   C. 仔猪副伤寒
    D. 仔猪红痢   E. 猪水肿病

5. 【假设信息】该类病原感染断奶后仔猪，膘情好的仔猪最可能出现( )。
    A. 皮肤黄疸   B. 眼睑水肿   C. 高热稽留

D. 持续咳嗽　　　　　　　　E. 呼吸困难

6.【假设信息】该类病原感染 15 日龄猪，最可能出现(　　)。

　　A. 腹水　　　　　　　　　B. 低血糖　　　　　　　C. 体温偏低

　　D. 虎斑心　　　　　　　　E. 排灰白色稀便

(7～9 题共用备选答案)

　　A. 仔猪白痢　　　　　　　B. 仔猪黄痢　　　　　　C. 沙门菌病

　　D. 仔猪红痢　　　　　　　E. 猪痢疾

7. 45 日龄仔猪，体温 41℃，食欲缺乏，陆续腹泻，消瘦，剖检见全身黏膜不同程度出血，脾肿大，呈蓝紫色，坚实似橡皮，肝有针头大灰黄色坏死点，盲肠、结肠肠壁增厚，黏膜坏死，该病最可能的诊断是(　　)。

8. 20 日龄仔猪群，陆续腹泻，排灰白色浆状液、腥臭粪便，剖检见肠黏膜卡他性炎症病变，取病猪小肠前段黏膜接种麦康凯培养基，长出圆形红色菌落，该病最可能的诊断是(　　)。

9. 3 日龄仔猪群，腹泻，排黄色浆液状稀便，含凝乳小片，迅速死亡，剖检见十二指肠黏膜卡他性炎症，取病猪小肠前段黏膜接种麦康凯培养基，长出圆形红色菌落，该病最可能的诊断是(　　)。

(10～12 题共用题干)

某猪场 **40** 日龄仔猪，突然发生精神高度沉郁，食欲减少或废绝，眼睑和颈、胸、腹部皮下水肿，步态失调，继而卧地不起，四肢划动如游泳状。有的仔猪表现兴奋，反应过敏，口吐白沫，叫声嘶哑，最后全身抽搐而死。剖检见胃壁及肠系膜水肿。

10. 该病最可能的诊断是(　　)。

　　A. 猪链球菌病　　　　　　B. 猪大肠杆菌病　　　　C. 猪副伤寒

　　D. 副猪嗜血杆菌病　　　　E. 猪丹毒

11. 该病的发病特点是(　　)。

　　A. 发病率低，病死率高　　　　　B. 发病率高，病死率高

　　C. 发病率高，病死率低　　　　　D. 发病率低，病死率低

　　E. 发病率与病死率中等

12. 为防止该病，最应注意补充的微量元素是(　　)。

　　A. 锌　　　　　　　　　　B. 锰　　　　　　　　　C. 铜

　　D. 硒　　　　　　　　　　E. 钼

(13～15 题共用备选答案)

　　A. 肠黏膜急性卡他性炎，十二指肠最严重　　B. 胃壁及肠系膜水肿

　　C. 皮炎　　　　　　　　　　　　　　　　　D. 胃黏膜脱落，小肠前段充血、出血

　　E. 支气管炎

13. 3 日龄仔猪群相继发病，排黄色稀粪，内含凝乳小片，取肠内容物用麦康凯培养基做细菌分离，长出红色菌落。该病常见的病理变化是(　　)。

14. 断奶仔猪突然发病，头颈部明显水肿，阵发性抽搐，倒卧，四肢呈划水状，很快死亡。取肠系膜淋巴结接种麦康凯培养基，长出红色菌落。该病常见的病理变化是(　　)。

15. 哺乳仔猪，表现呆滞，体温上升，口腔黏膜有水疱，剖检见心脏稍扩张，散在分布

灰黄色和条纹状病灶,沿心冠部横切有灰黄色条纹围绕心脏并呈环层状排列,该病的心脏病变为(   )。

    A. 虎斑心   B. 绒毛心   C. 盔甲心

    D. 桑葚心   E. 菜花心

(16~18 题共用题干)

7 月,南方某 500 头母猪群,卫生状况较差,近一周内不同胎次母猪在妊娠后期发生流产、产死胎、木乃伊胎和弱仔。公猪体温高达 41~42℃,随后出现一侧或两侧睾丸肿大、嗜睡等症状。剖检流产胎儿见大脑和小脑发育不全,液化性坏死。

16. 该病最可能的诊断是(   )。

    A. 伪狂犬病   B. 布鲁菌病   C. 猪乙型脑炎

    D. 猪细小病毒病   E. 猪链球菌病

17. 该病常用的免疫学诊断方法是(   )。

    A. 中和试验   B. 血凝与血凝抑制试验   C. Ascoli 反应

    D. 变态反应   E. 试管凝集试验

18. 目前我国预防该病的主要措施是(   )。

    A. 接种弱毒疫苗   B. 接种灭活疫苗   C. 注射高免血清

    D. 隔离治疗病猪   E. 猪舍喷雾消毒

(19~21 题共用题干)

某断奶后 1 周仔猪群,其中部分仔猪突然倒地惊厥,出现眼睑肿胀,大部分仔猪在 1~7d 内死亡。

19. 本病可初步诊断为(   )。

    A. 猪链球菌病   B. 猪水肿病   C. 副猪嗜血杆菌病

    D. 破伤风   E. 李氏杆菌病

20. 麦康凯培养基分离病原,挑选的菌落颜色是(   )。

    A. 白色   B. 黄色   C. 灰色

    D. 红色   E. 黑色

21. 进一步检查,具诊断意义的病理变化应是(   )。

    A. 胃壁和肠系膜水肿   B. 小肠黏膜出血   C. 胃黏膜出血

    D. 回盲肠纽扣状溃疡   E. 回肠增厚

(22~24 题共用备选答案)

    A. 猪痢疾   **B. 仔猪白痢**   **C. 仔猪黄痢**

    D. 仔猪红痢   **E. 沙门菌病**

22. 某仔猪群 45 日龄后陆续出现腹泻症状,剖检见全身黏膜不同程度出血;脾肿大、呈蓝紫色,坚实似橡皮;肝有灰黄色坏死点;肾肿大;胃肠黏膜卡他性炎症,肠系膜淋巴结肿大,该病猪最可能患的疫病是(   )。

23. 某猪场 3 日龄仔猪,陆续出现腹泻症状,排出黄色浆液状稀便,含凝乳小片,部分死亡。剖检见十二指肠黏膜卡他性炎症。取病猪小肠前段内容物接种麦康凯培养基,见圆形红色菌落生长,该病猪最可能患的疫病是(   )。

24. 某猪场 20 日龄仔猪,陆续出现腹泻症状,排出灰白色浆液状、腥臭粪便。发病率

30%，病死率10%。剖检见肠黏膜卡他性炎症病变。取病猪小肠前段内容物接种麦康凯培养基，见圆形红色菌落生长，该病猪最可能患的疫病是(　　)。

(25～27题共用题干)

某猪场3日龄仔猪发病，主要表现精神沉郁，食欲废绝，排黄色水样稀粪，肠系膜淋巴结充血水肿。

25. 可能的疾病是(　　)。
    A. 猪痢疾　　　　　　　　B. 仔猪白痢　　　　　　　C. 仔猪红痢
    D. 仔猪黄痢　　　　　　　E. 仔猪副伤寒

26. 用于检测的最佳病料是(　　)。
    A. 血液　　　　　　　　　B. 肛门拭子　　　　　　　C. 胃内容物
    D. 结肠内容物　　　　　　E. 小肠前段内容物

27. 细菌分离首选的培养基是(　　)。
    A. 营养肉汤　　　　　　　B. 营养琼脂培养基　　　　C. 血清琼脂培养基
    D. 血液琼脂培养基　　　　E. 麦康凯琼脂培养基

(28～30题共用题干)

育肥猪，70日龄，发热，咳嗽，呈间歇性神经症状。剖检见肾脏有针尖大小出血点，脑膜明显充血水肿，扁桃体、肝脏有散在灰白色坏死点。该场妊娠母猪有流产现象。

28. 该病最可能的诊断是(　　)。
    A. 猪瘟　　　　　　　　　　　　　B. 伪狂犬病
    C. 猪繁殖与呼吸综合征　　　　　　D. 猪链球菌病
    E. 仔猪水肿病

29. 实验室确诊野毒感染的方法是(　　)。
    A. gB - ELISA　　　　　　B. gE - ELISA　　　　　　C. 全病毒- ELISA
    D. 血凝试验　　　　　　　E. 中和试验

30. 种猪群防控该病最关键的措施是(　　)。
    A. 投喂抗病毒药物　　　　B. 加强消毒管理　　　　　C. 抗生素治疗
    D. 高免血清治疗　　　　　E. 淘汰野毒感染猪

(31～33题共用题干)

某规模猪场，妊娠母猪表现以流产为主的繁殖障碍：1周龄仔猪口吐白沫，四肢划动，呈游泳样姿势；育成猪则出现呼吸道症状。

31. 该病最可能的诊断是(　　)。
    A. 猪繁殖与呼吸综合征　　B. 猪细小病毒病　　　　　C. 猪乙型脑炎
    D. 伪狂犬病　　　　　　　E. 猪瘟

32. 不属于该病的临诊症状是(　　)。
    A. 流产母猪伴发子宫内膜炎　　　　B. 流产胎儿脑部、臀部、肾脏、心肌有坏死点
    C. 2月龄以上猪多发生呼吸道症状　　D. 3～4周龄猪有时出现顽固性腹泻
    E. 育成猪出现奇痒和神经症状

33. 不属于该病净化的关键措施是(　　)。
    A. 消灭蚊虫　　　　　　　　　　　B. 基因缺失疫苗免疫

C. 采用与疫苗配套的鉴别诊断方法 　　D. 建立阴性后备种猪群,从种猪群逐步净化

E. 猪群全群检测,淘汰野毒感染猪

(34～36题共用题干)

规模猪场,7日龄仔猪,病初发热,呼吸困难,四肢划动,衰竭死亡。

34. 该病最可能的诊断是( )。

　　A. 猪传染病性胃肠炎　　　　B. 猪流行性腹泻　　　　C. 伪狂犬病

　　D. 大肠杆菌病　　　　　　　E. 沙门菌病

35. 实验室诊断时,家兔接种病料后表现的典型症状是( )。

　　A. 肺出血　　　　　　　　　B. 肝出血　　　　　　　C. 肠道出血

　　D. 注射部位皮肤瘙痒　　　　E. 注射部位皮肤坏死

36. 当前预防该病的疫苗主要是( )。

　　A. 核酸疫苗　　　　　　　　B. 合成肽疫苗　　　　　C. 类毒素疫苗

　　D. 基因缺失疫苗　　　　　　E. 亚单位疫苗

(37～39题共用题干)

某猪场9～12日龄仔猪忽然发病,先呕吐,继而水样腹泻,粪便为黄色、绿色或白色等,有的具有未消化的乳凝块;病仔猪明显脱水,体温升高,应用抗菌药治疗无效,大多数仔猪出现症状后2～7d死亡。剖检见胃内布满乳凝块,胃底黏膜充血、出血,肠内布满水样粪便,肠壁变薄呈半透明状。

37. 该病最可能的致病因素是( )。

　　A. 饲料中毒　　　　　　　　B. 营养缺乏　　　　　　C. 寄生虫感染

　　D. 细菌感染　　　　　　　　E. 病毒感染

38. 若需鉴别诊断,最有效的措施是( )。

　　A. 生化检查　　　　　　　　B. 血常规检查　　　　　C. 饲料分析

　　D. RT－PCR　　　　　　　　E. 琼脂扩散实验

39. 本病发生后不适宜采用的措施是( )。

　　A. 隔离　　　　　　　　　　　　　　　　B. 消毒

　　C. 供应高蛋白质饲料　　　　　　　　　　D. 减少人员流动

　　E. 供应清洁饮水

(40～42题共用题干)

一猪群发病,体温40～41℃,口腔黏膜及鼻盘周围形成水疱,有些病猪在蹄冠、蹄叉、蹄踵等部位出现水疱。

40. 实验室诊断应采集的样品为( )。

　　A. 鼻液　　　　　　　　　　B. 尿液　　　　　　　　C. 粪便

　　D. 泪液　　　　　　　　　　E. 水疱液

41. 对本病不易感的动物为( )。

　　A. 马　　　　　　　　　　　B. 牛　　　　　　　　　C. 羊

　　D. 鹿　　　　　　　　　　　E. 骆驼

42. 防控该病的措施不包括( )。

　　A. 封锁　　　　　　　　　　B. 治疗　　　　　　　　C. 隔离

D. 免疫接种　　　　　　　　E. 加强饲养管理

(43～45 题共用题干)

某规模化种猪场母猪出现体温升高，食欲缺乏，弱仔、死胎率达 60%；哺乳仔猪体温升高至 40℃ 以上，呼吸困难，耳朵发紫，眼结膜炎，3 周内死亡率达 70%。

43. 该病最可能是(　　)。

    A. 猪瘟　　　　　　　　B. 猪狂犬病　　　　　　　C. 布鲁菌病

    D. 猪细小病毒病　　　　E. 猪繁殖与呼吸综合征

44. 如果进一步诊断，首先采用的方法是(　　)。

    A. 病理剖检　　　　　　B. 病毒分离鉴定　　　　　C. 细菌分离鉴定

    D. ELISA 检测抗体　　　E. RT - PCR 检测病毒

45. 如果该猪群并发猪圆环病毒病，最合适的病原学检测病料是(　　)。

    A. 病仔猪尿液　　　　　B. 病仔猪粪便　　　　　　C. 病仔猪淋巴结

    D. 病仔猪胃肠组织　　　E. 病仔猪口鼻分泌物

(46～48 题共用题干)

某猪场的一批 5 月龄育肥猪，体温和食欲正常，但生长缓慢，个体大小不一；经常出现咳嗽、气喘等症状。剖检见肺部尖叶、心叶、膈叶前缘呈双侧对称性肉变，其他器官未见异常。

46. 该病最可能的病原是(　　)。

    A. 巴氏杆菌　　　　　　B. 布鲁菌　　　　　　　　C. 猪链球菌

    D. 肺炎支原体　　　　　E. 副猪嗜血杆菌

47. 诊断隐性感染猪的快速方法是(　　)。

    A. X 射线检查　　　　　B. PCR 检查　　　　　　　C. 病原分离

    D. 白细胞计数　　　　　E. 免疫荧光检查

48. 预防该病不宜采用的措施是(　　)。

    A. 全进全出　　　　　　B. 接种疫苗　　　　　　　C. 降低饲养密度

    D. 早期隔离断奶　　　　E. 饲料中添加氨苄西林

(49～51 题共用题干)

某育肥猪群出现咳嗽，打喷嚏，腹式呼吸等，病猪消瘦，取鼻和气管分泌物做常规细菌分离，结果为阴性。

49. 进一步对无明显临诊症状的猪做 X 射线检查，可见其肺野内有云絮状密影，该病可能是(　　)。

    A. 猪瘟　　　　　　　　B. 弓形虫病　　　　　　　C. 猪支原体肺炎

    D. 猪多发性浆膜炎与关节炎　E. 猪传染性胸膜炎

50. 预防和治疗该病无效的药物是(　　)。

    A. 土霉素　　　　　　　B. 青霉素　　　　　　　　C. 吡喹酮

    D. 替米考星　　　　　　E. 泰乐菌素

51. 诊断该病耗时最长的方法是(　　)。

    A. PCR　　　　　　　　B. ELISA　　　　　　　　C. 病原分离

    D. 荧光抗体试验　　　　E. 间接血凝试验

(52～54题共用题干)

某猪场哺乳猪和保育猪体温升高,耳部和臀部皮肤发紫,且有出血点等,病情很快蔓延,部分迅速死亡,死亡率达30%。剖检病猪可见喉头和膀胱出血,脾脏边缘梗死,扁桃体有坏死灶。

52. 为防止该病在猪场内扩散,对未发病猪群采取最适措施是(　　)。

    A. 环境消毒   B. 加强营养   C. 停止引种

    D. 淘汰病猪   E. 全群紧急免疫接种

53. 进一步检查,发现部分新生仔猪出现先天性震颤。该病可能是(　　)。

    A. 猪瘟   B. 伪狂犬病   C. 猪乙型脑炎

    D. 猪细小病毒病   E. 猪圆环病毒病

54. 快速确认该病扁桃体中病毒的方法是(　　)。

    A. 接种细胞   B. 血凝试验   C. 病料接种家兔

    D. 病料接种小鼠   E. 免疫荧光试验

(55～57题共用题干)

某猪场母猪发热,发生流产、产死胎和弱仔,新生仔猪出现败血症、死亡,公猪精液质量下降。剖检可见仔猪喉头出血,扁桃体坏死,脾脏边缘梗死,肾脏表面和肾乳头有出血点。

55. 该病最可能是(　　)。

    A. 猪瘟   B. 猪链球菌病   C. 伪狂犬病

    D. 猪乙型脑炎   E. 猪繁殖与呼吸综合征

56. 活体检测母猪是否带毒,应采集母猪的样品是(　　)。

    A. 关节液   B. 皮肤   C. 扁桃体

    D. 口腔分泌物   E. 鼻拭子

57. 分离鉴定常用的细胞是(　　)。

    A. PK-15细胞   B. 肺泡巨噬细胞   C. Marc-145细胞

    D. Vero细胞   E. BHK-21细胞

(58～60题共用题干)

冬季,某100日龄猪群生长缓慢,打喷嚏,流浆液性鼻液,剧烈咳嗽时鼻孔流出多量血液,部分病猪颜面变形,有泪斑。

58. 该病最可能的病原是(　　)。

    A. 肺炎支原体   B. 链球菌

    C. 产毒多杀性巴氏杆菌   D. 胸膜肺炎放线杆菌

    E. 副猪嗜血杆菌

59. 对该病具有示病意义的病变是(　　)。

    A. 鼻黏膜溃疡   B. 鼻甲骨萎缩   C. 肺脏肉变

    D. 肺脏脓肿   E. 间质性肺炎

60. 【假设信息】如部分病猪剖检后发现两侧肺心叶和尖叶出现肉样实变,该猪群并发或继发的疾病是(　　)。

    A. 副猪嗜血杆菌病   B. 猪肺疫   C. 猪支原体肺炎

D. 猪肺线虫病   E. 传染性胸膜肺炎

(61～63题共用题干)

母猪3.5岁，体格偏瘦。怀孕114d时分娩，产出8个胎儿后努责无力，40min后仍不见胎儿产出。B超检查可见子宫后部有多头活胎。

61. 该猪难产最可能的因素是(　　　　)。

    A. 继发性子宫弛缓   B. 原发性子宫弛缓   C. 子宫痉挛

    D. 胎儿过大   E. 阴道狭窄

62. 首选的助产药物是(　　　　)。

    A. 前列腺素   B. 雌激素   C. 催产素

    D. 麦角新碱   E. 葡萄糖酸钙

63. 首选的手术助产措施是(　　　　)。

    A. 牵引术   B. 矫正术   C. 截胎术

    D. 剖宫产术   E. 子宫颈扩张

(64～66题共用题干)

冬季，某500头保育猪群，出现体温升高，被毛粗乱。部分猪喜卧，不愿运动，强行驱赶可见跛行，仔细检查发现后肢关节肿大。部分猪出现心包炎和腹膜炎。死亡率约3%。将关节液接种TSA培养基，病原生长严格依赖NAD。

64. 该病最可能的诊断是(　　　　)。

    A. 猪链球菌病   B. 副猪嗜血杆菌病

    C. 猪滑液囊支原体感染   D. 猪丹毒

    E. 结核病

65. 我国现阶段预防该病的疫苗是(　　　　)。

    A. 多价灭活疫苗   B. 弱毒疫苗   C. 亚单位疫苗

    D. DNA疫苗   E. 基因缺失疫苗

66. **【假设信息】**如将关节液接种含脱纤绵羊血培养基，长出的菌落周围有溶血环，该病最可能的诊断是(　　　　)。

    A. 猪链球菌病   B. 副猪嗜血杆菌病

    C. 猪滑液囊支原体感染   D. 猪丹毒

    E. 结核病

(67～68题共用题干)

某猪场，个别猪突发间歇性神经症状，呈犬坐姿势；抽搐时四肢划动，呈游泳样。

67. 首先可排除的疾病是(　　　　)。

    A. 破伤风   B. 食盐中毒   C. 猪链球菌病

    D. 猪繁殖与呼吸综合征   E. 副猪嗜血杆菌病

68. **【假设信息】**若剖检见心包炎、腹膜炎，最可能的诊断是(　　　　)。

    A. 破伤风   B. 食盐中毒   C. 猪链球菌病

    D. 猪繁殖与呼吸综合征   E. 副猪嗜血杆菌病

(69～70题共用题干)

某规模猪场，初产母猪流产，产死胎、木乃伊胎，或产出病弱仔猪；死胎皮肤充血、出血、水肿或脱水；经产母猪未见流产。

69. 防控该病最有效的疫苗接种时间是(　　)。

  A. 后备母猪配种前2个月　　　　 B. 经产母猪产前2个月

  C. 在蚊虫活动季节开始前　　　　 D. 春季和秋季

  E. 母猪产前1个月

70. 该病最可能的诊断是(　　)。

  A. 猪繁殖与呼吸综合征　　 B. 布鲁菌病　　 C. 猪圆环病毒病

  D. 猪细小病毒病　　 E. 猪乙型脑炎

(71~73题共用题干)

  3日龄，仔猪，突发呕吐，继而水样腹泻，粪便呈黄色或灰白色，并有未消化的凝乳块。病猪脱水、死亡，无菌采取病死猪肝脏组织进行细菌培养，无菌落生长。

71. 对症治疗，有效措施是(　　)。

  A. 仔猪口服抗生素　　 B. 母猪免疫　　 C. 仔猪免疫

  D. 仔猪口服补液盐　　 E. 仔猪口服抗血清

72. 电镜下的病原体形态是(　　)。

  A. 杆状　　 B. 星状　　 C. 细丝状

  D. 子弹状　　 E. 冠状

73. 该病最可能的诊断是(　　)。

  A. 伪狂犬病　　 B. 猪传染性胃肠炎　　 C. 猪细小病毒感染

  D. 猪瘟　　 E. 猪圆环病毒病

(74~76题共用题干)

  池塘边自由采食水葫芦、菱角的散养猪中，部分猪发病，主要表现为腹胀、腹痛、腹泻、消瘦、贫血。

74. 最有可能感染的寄生虫是(　　)。

  A. 华支睾吸虫　　 B. 日本血吸虫　　 C. 卫氏并殖吸虫

  D. 布氏姜片吸虫　　 E. 程氏东毕吸虫

75. 如做病原诊断，最有效的检查方法是(　　)。

  A. 血液涂片检查　　 B. 粪便直接涂片法　　 C. 粪便毛蚴孵化法

  D. 粪便水洗沉淀法　　 E. 粪便饱和盐水漂浮法

76. 如对病猪进行治疗，可选择的药物是(　　)。

  A. 四环素　　 B. 土霉素　　 C. 吡喹酮

  D. 伊维菌素　　 E. 左旋咪唑

(77~79题共用题干)

  某个体养殖户饲养的成年猪表现营养不良、贫血、生长迟缓、逐渐消瘦等症状。剖检心肌、咬肌、四肢肌肉等部位有黄豆大小半透明的囊泡状虫体。

77. 该病可能是(　　)。

  A. 弓形虫病　　 B. 猪球虫病　　 C. 猪囊尾蚴病

  D. 姜片吸虫病　　 E. 细颈囊尾蚴病

78. 该病的感染来源是(　　)。

A. 犬   B. 猫   C. 昆虫

D. 牛、羊   E. 猪带绦虫病人

79. 对该病有一定效果的药物是（   ）。

    A. 青霉素   B. 盐霉素   C. 吡喹酮

    D. 左旋咪唑   E. 磺胺嘧啶

（80～81 题共用题干）

某猪群，部分 3～4 月龄育肥猪出现消瘦，顽固性腹泻，用抗生素治疗效果不佳，剖检死亡猪在结肠壁上见到大量结节，肠腔内检获长为 8～11mm 的线状虫体。

80. 可能发生的寄生虫病是（   ）。

    A. 蛔虫病   B. 肾虫病   C. 旋毛虫病

    D. 后圆线虫病   E. 食道口线虫病

81. 治疗该病可选用的药物是（   ）。

    A. 三氮脒   B. 吡喹酮   C. 左旋咪唑

    D. 地克珠利   E. 拉沙里菌素

（82～83 题共用题干）

南方某猪场，猪的皮肤出现丘疹，食欲缺乏，贫血，消瘦，个别猪后肢无力，尿液带有白色絮状物和脓液，虫卵呈长椭圆形、较大、灰白色，内含多个胚细胞。

82. 该猪场流行的是（   ）。

    A. 猪蛔虫病   B. 旋毛虫病   C. 毛尾线虫病

    D. 冠尾线虫病   E. 食道口线虫病

83. 常用确诊该病的方法是（   ）。

    A. 粪便漂浮法   B. 尿液沉淀法   C. 粪便沉淀法

    D. 皮屑检查法   E. 血液涂片检查法

（84～85 题共用题干）

某 3～4 月龄育肥猪群出现消瘦，异嗜，有的成为僵猪。剖检见小肠内有大量淡黄色、圆柱形、体长为 15～30cm 的虫体，有的虫体尾端弯曲呈钩状。

84. 该猪群感染的是（   ）。

    A. 蛔虫   B. 棘头虫   C. 毛尾线虫

    D. 食道口线虫   E. 毛细线虫

85. 该病原感染猪的主要途径是（   ）。

    A. 经口   B. 经皮肤   C. 经节肢动物

    D. 经胎盘   E. 经呼吸道

（86～87 题共用题干）

某 3～4 月龄育肥猪群，消瘦，顽固性腹泻，用抗菌药物治疗无效，剖检见结肠壁有大量结节，肠腔内有大量长 8～11mm 的线状虫体。

86. 该病最可能是（   ）。

    A. 蛔虫病   B. 食道口线虫病   C. 肾虫病

    D. 旋毛虫病   E. 后圆线虫病

87. 治疗该病可选用的药物是（   ）。

    A. 阿苯达唑   B. 三氮脒   C. 吡喹酮

    D. 地克珠利   E. 拉沙里菌素

(88～90 题共用题干)

某窝新生仔猪,出生正常,采食母乳后出现了反应迟钝、畏寒喜卧、心音亢进、呼吸困难、可视黏膜黄染的病症。

88. 该病可初步诊断为( )。

    A. 新生仔畜窒息   B. 新生仔畜低糖血症   C. 新生仔畜溶血病

    D. 新生仔畜肝炎   E. 新生仔畜缺铁性贫血

89. 确诊该病的方法是( )。

    A. 仔猪血常规检查   B. 仔猪血糖检查

    C. 仔猪肺部 X 射线检查   D. 仔猪血清肝炎病毒抗体检测

    E. 仔猪红细胞与母乳的凝集反应

90. 采用输血疗法时,可以选择的是( )。

    A. 母体血浆   B. 母体血清   C. 母体全血

    D. 母体红细胞生理盐水   E. 代血浆

(91～93 题共用题干)

某猪场,个别猪突发间歇性神经病症,呈犬坐姿势;抽搐时四肢划动,呈游泳样。

91. 首先可以排除的疾病是( )。

    A. 破伤风   B. 食盐中毒   C. 链球菌病

    D. 猪繁殖与呼吸综合征   E. 副猪嗜血杆菌病

92. 【假设信息】假设剖检见心包炎、腹膜炎,最可能的诊断是( )。

    A. 破伤风   B. 食盐中毒   C. 链球菌病

    D. 猪繁殖与呼吸综合征   E. 副猪嗜血杆菌病

93. 若假设信息成立,该病治疗首选药物是( )。

    A. 红霉素   B. 林可霉素   C. 氟苯尼考

    D. 干扰素   E. 破伤风血清

(94～96 题共用题干)

某猪群病猪出现剧痒、皮肤损伤、脱毛、结痂、增厚、皲裂以及消瘦等症状。

94. 该病最可能的诊断是( )。

    A. 蜱感染   B. 疥螨病   C. 痒螨病

    D. 蠕形螨病   E. 血虱感染

95. 确诊时,采集病料应该选择( )。

    A. 健康皮肤   B. 病灶中央   C. 病灶边缘

    D. 皮肤皲裂处   E. 健康与病变皮肤交界处

96. 治疗该病可用( )。

    A. 吡喹酮   B. 盐霉素   C. 阿苯达唑

    D. 左旋咪唑   E. 阿维菌素

(97～98 题共用题干)

母猪群,高热稽留,腹泻,呼吸困难,耳部及腹下皮肤有较大面积发绀,部分孕猪发生流产、死胎，取淋巴结染色镜检，发现香蕉形虫体。

97. 该病可能是( )。

    A. 棘头虫病   B. 旋毛虫病   C. 肾虫病

    D. 球虫病   E. 弓形虫病

98. 治疗该病的有效药物是( )。

    A. 吡喹酮   B. 阿苯达唑   C. 盐霉素

    D. 氯霉素   E. 磺胺六甲氧嘧啶

(99～100 题共用题干)

育成猪精神萎靡，食欲废绝，起卧不安，腹部膨大，频做排粪动作，但没有粪便排出，听诊肠音减弱。

99. 如本病是原发病，病因不可能是( )。

    A. 饲料泥沙过多   B. 粗饲料过多   C. 青饲料过多

    D. 精饲料过多   E. 饮水过少

100. 应用硫酸钠缓泻，正确的做法是( )。

    A. 肌内注射   B. 静脉注射   C. 皮下注射

    D. 溶于少量水内服   E. 溶于大量水内服

(101～103 题共用题干)

某猪场少数育成猪食欲减少，反复腹泻，脱水，消瘦，营养不良，其他症状不太明显。

101. 该病最可能的诊断是( )。

    A. 急性胃炎   B. 急性肠炎   C. 慢性胃炎

    D. 慢性肠炎   E. 胰腺炎

102. 如果粪便呈绿色或黑红色，病变部位最可能是( )。

    A. 直肠   B. 胰腺   C. 十二指肠

    D. 盲肠   E. 结肠

103. 如果进行血气分析，病猪最可能出现的异常是( )。

    A. 代谢性酸中毒   B. 代谢性碱中毒   C. 呼吸性酸中毒

    D. 呼吸性碱中毒   E. 混合性碱中毒

(104～106 题共用题干)

一病猪体温升高，咳嗽，流黏性鼻液。死后剖检见肺部病灶形状不规则，呈岛屿状，肺病灶组织切块投入水中呈半沉浮状。

104. 该病猪肺部病理变化是( )。

    A. 肺水肿   B. 肺气肿   C. 支气管肺炎

    D. 间质性肺炎   E. 大叶性肺炎

105. 肺部病灶常发生的部位是( )。

    A. 肺背侧缘   B. 肺腹侧缘   C. 肺纵侧缘

    D. 肺心叶、尖叶及膈叶前上缘   E. 肺心叶、尖叶及膈叶前下缘

106. 该病灶的始发部位是( )。

    A. 细支气管   B. 肺间质淋巴管   C. 肺泡壁

    D. 肺小叶间质   E. 支气管周围血管

107. 种公猪,3岁,精神沉郁,减食,脊背拱起,行动困难,腰部敏感,疼痛,尿量少,尿沉渣中有大量肾上皮细胞、白细胞、红细胞,可能的疾病是(　　)。

    A. 间质性肾炎　　　　　　B. 急性肾炎　　　　　　　C. 膀胱麻痹

    D. 膀胱炎　　　　　　　　E. 尿道炎

108. 猪,采食腐烂的小白菜1h后出现精神沉郁、口吐白沫、部分惊厥死亡等症状。病猪的可视黏膜颜色最可能是(　　)。

    A. 粉红　　　　　　　　　B. 潮红　　　　　　　　　C. 蓝紫

    D. 深黄　　　　　　　　　E. 苍白

(109～111题共用题干)

育肥猪群饲喂自配料后,口渴贪饮,黏膜潮红,呕吐,口唇肿胀,兴奋不安,转圈。后期,肌肉痉挛,全身震颤,倒地后四肢划动,瞳孔散大。

109. 该病最可能是(　　)。

    A. 伪狂犬病　　　　　　　B. 破伤风　　　　　　　　C. 猪瘟

    D. 有机磷中毒　　　　　　E. 食盐中毒

110. 组织病理学检查可见脑血管周围浸润的细胞是(　　)。

    A. 中性粒细胞　　　　　　B. 单核细胞　　　　　　　C. 嗜酸性粒细胞

    D. 嗜碱性粒细胞　　　　　E. 淋巴细胞

111. 错误的治疗措施是(　　)。

    A. 灌服石蜡油　　　　　　B. 灌服芒硝　　　　　　　C. 静脉注射硫酸镁

    D. 静脉注射氯化钙　　　　E. 静脉注射甘露醇

高频题参考答案

题号	1	2	3	4	5	6	7	8	9	10	11	12	13	14	15	16	17	18	19	20
答案	A	C	A	A	B	E	C	A	B	B	A	D	A	B	A	C	B	A	B	D
题号	21	22	23	24	25	26	27	28	29	30	31	32	33	34	35	36	37	38	39	40
答案	A	E	C	B	D	E	E	B	B	D	E	A	C	D	D	E	D	C	E
题号	41	42	43	44	45	46	47	48	49	50	51	52	53	54	55	56	57	58	59	60
答案	A	B	E	E	C	D	A	E	C	B	C	E	A	E	A	C	A	C	B	C
题号	61	62	63	64	65	66	67	68	69	70	71	72	73	74	75	76	77	78	79	80
答案	A	C	A	B	A	A	A	E	A	D	D	E	B	D	D	C	C	E	C	E
题号	81	82	83	84	85	86	87	88	89	90	91	92	93	94	95	96	97	98	99	100
答案	C	D	B	A	A	B	A	C	E	B	A	E	C	B	E	E	E	C	E	E
题号	101	102	103	104	105	106	107	108	109	110	111									
答案	D	C	A	C	E	E	A	B	C	E	B									

模拟题练习

(1～3题共用题干)

某猪场 3 日龄仔猪发病，主要表现精神沉郁，食欲废绝，排黄色水样稀粪，肠系膜淋巴结充血水肿。

1. 可能的疾病是（ ）。

    A. 猪痢疾   B. 仔猪白痢   C. 仔猪红痢

    D. 仔猪黄痢   E. 仔猪副伤寒

2. 用于检测的最佳病料是（ ）。

    A. 血液   B. 肛门拭子   C. 胃内容物

    D. 结肠内容物   E. 小肠前段内容物

3. 细菌分离首选的培养基是（ ）。

    A. 营养肉汤   B. 营养琼脂培养基   C. 血清琼脂培养基

    D. 血液琼脂培养基   E. 麦康凯琼脂培养基

4. 炎热季节，某规模化猪场母猪发热，流产，产死胎，发病率为10%；公猪一侧睾丸肿大，具有传染性。可能的疾病是（ ）。

    A. 猪瘟   B. 猪乙型脑炎   C. 伪狂犬病

    D. 猪细小病毒病   E. 猪繁殖与呼吸综合征

5. 某猪场，部分 4 月龄育肥猪突然发病，呼吸急迫，体温41℃；腹下及四肢皮肤呈紫红色，有出血点。濒死前口鼻中流出暗红色血液。血液涂片染色镜检，可见大量革兰氏阳性菌。该病可初步诊断为（ ）。

    A. 猪链球菌病   B. 猪巴氏杆菌病   C. 猪支原体肺炎

    D. 猪传染性胸膜肺炎   E. 猪传染性萎缩性鼻炎

6. 猪炭疽的特征性病变不包括（ ）。

    A. 脾脏变性、肿大和出血   B. 血凝不良

    C. 天然孔流出黑色血液   D. 纤维素性胸膜炎

    E. 皮下、肌肉、浆膜下结缔组织水肿

7. 某猪场 2 岁种公猪，精神沉郁，步态强拘，拱背，腰部触诊敏感，常做排尿姿态。尿检可见红细胞、白细胞、盐类结晶、肾上皮细胞，该病可能的诊断是（ ）。

    A. 肾结石   B. 尿道结石   C. 膀胱结石

    D. 输尿管结石   E. 慢性肾衰竭

8. 夏季，某种猪场发生不同胎次妊娠母猪流产，产死胎和木乃伊胎，公猪睾丸一侧性肿大，分离的病原能凝集红细胞。该病可能是（ ）。

    A. 猪瘟   B. 猪乙型脑炎   C. 伪狂犬病

    D. 猪细小病毒病   E. 猪繁殖与呼吸综合征

9. 夏季，某猪场 4 月龄猪突然死亡，腹部和四肢末端等处皮肤有紫红色出血斑点。剖检可见胸腔有黄色积液，心冠状沟和内膜有出血点，脾脏肿大、暗红色、质脆。从血液中分离出溶血性细菌，该病可能是（ ）。

    A. 猪副伤寒   B. 大肠杆菌病   C. 猪链球菌病

D. 李氏杆菌病　　　　　　　　　E. 副猪嗜血杆菌病

10. 某猪场刚断奶仔猪突然出现神经症状,眼睑及周围皮肤水肿。剖检病猪见胃壁和肠系膜明显水肿。该病可能是(　　　)。

  A. 猪痢疾　　　　　　　　B. 仔猪低糖血症　　　　　　C. 仔猪副伤寒

  D. 仔猪大肠杆菌病　　　　E. 仔猪营养性水肿

11. 猪乙型脑炎的主要传播途径是(　　　)。

  A. 饲料传播　　　　　　　　B. 蚊媒传播　　　　　　　　C. 鼠类传播

  D. 空气传播　　　　　　　　E. 土壤传播

12. 某猪场 4 月龄育肥猪突然发病,体温 41℃,呼吸急促;腹下及四肢皮肤有出血点,死前口鼻流出暗红色凝固不良血液。血液涂片染色镜检,可见大量革兰氏阳性菌,该病可能是(　　　)。

  A. 猪 2 型链球菌病　　　　　B. 猪肺疫　　　　　　　　C. 猪支原体肺炎

  D. 猪传染性胸膜肺炎　　　　E. 猪传染性萎缩性鼻炎

(13～15 题共用题干)

某断奶后 1 周仔猪群,其中部分仔猪突然倒地惊厥,出现眼睑肿胀,大部分仔猪在 1～7d 死亡。

13. 本病可初步诊断为(　　　)。

  A. 猪链球菌病　　　　　　　B. 猪水肿病　　　　　　　C. 副猪嗜血杆菌病

  D. 破伤风　　　　　　　　　E. 李氏杆菌病

14. 麦康凯培养基分离病原,挑选的菌落颜色是(　　　)。

  A. 白色　　　　　　　　　　B. 黄色　　　　　　　　　C. 灰色

  D. 红色　　　　　　　　　　E. 黑色

15. 进一步检查,具诊断意义的病理变化应是(　　　)。

  A. 胃壁和肠系膜水肿　　　　B. 小肠黏膜出血　　　　　C. 胃黏膜出血

  D. 回盲肠纽扣状溃疡　　　　E. 回肠增厚

16. 某猪场夏季经常出现妊娠母猪流产、产死胎和木乃伊胎,公猪一侧睾丸肿大,该病分离鉴定病原常用的实验动物是(　　　)。

  A. 小鼠　　　　　　　　　　B. 雏鸡　　　　　　　　　C. 雏鸭

  D. 幼犬　　　　　　　　　　E. 幼猫

17. 某猪场 3 月龄猪出现发病,体温 40℃左右,精神稍沉郁,被毛粗乱,食欲稍减少,主要表现严重腹泻,粪便呈水样,含有未消化的饲料颗粒或黏液和肠黏膜碎片,恶臭,病程长的便秘和腹泻交替发生,较少死亡,有的病猪四肢末端皮肤有大小不一的黑色出血性坏死。该病可能是(　　　)。

  A. 猪丹毒　　　　　　　　　B. 猪肺疫　　　　　　　　C. 猪链球菌病

  D. 仔猪副伤寒　　　　　　　E. 猪圆环病毒病

18. 某猪场 3～6 月龄架子猪,5 月突然发病,体温可达 42.5℃,精神沉郁,不食,呼吸高度困难,粪便干燥,下颌皮肤、腹部皮肤、四肢末端皮肤出现紫色或紫红色瘀斑,喜卧,驱赶时尖叫,病程快的 1～2d 死亡,病程长的可见后肢关节肿大,跛行,注射器穿刺有纤维素和脓汁,后期出现腹泻,该病可能是(　　　)。

A. 猪丹毒   B. 猪肺疫   C. 猪圆环病毒病

D. 仔猪副伤寒   E. 猪链球菌病

(19～21题共用题干)

病死猪，剖检时可视黏膜发绀，颌下淋巴结明显肿胀，外观灰白色，质地柔软，肺、肝及肾表面也见有大小不一的灰白色柔软隆起，切开病灶，见有灰黄色混浊凝乳状液体流出。

19. 组织病理学观察上述病灶组织中的主要炎性细胞为(　　)。

A. 淋巴细胞   B. 浆细胞   C. 中性粒细胞

D. 嗜酸性粒细胞   E. 嗜碱性粒细胞

20. 上述病灶局部的炎症反应为(　　)。

A. 变质性炎   B. 渗出性炎   C. 增生性炎

D. 化脓性炎   E. 出血性炎

21. 确诊病因的诊断方法是(　　)。

A. 细菌分离培养   B. 病毒分离培养   C. 寄生虫观察

D. 饲料毒物分析   E. 肿瘤组织学鉴定

(22～24题共用题干)

规模猪场，7日龄仔猪，病初发热，呼吸困难，口吐白沫，继而出现神经症状，转圈运动，倒地后四肢划动，衰竭死亡。

22. 该病最可能的诊断是(　　)。

A. 猪传染病性胃肠炎   B. 猪流行性腹泻   C. 伪狂犬病

D. 大肠杆菌病   E. 沙门菌病

23. 实验室诊断时，家兔接种病料后表现的典型症状是(　　)。

A. 肺出血   B. 肝出血   C. 肠道出血

D. 注射部位皮肤瘙痒   E. 注射部位皮肤坏死

24. 当前预防该病的疫苗主要是(　　)。

A. 核酸疫苗   B. 合成肽疫苗   C. 类毒素疫苗

D. 基因缺失疫苗   E. 亚单位疫苗

(25～26题共用题干)

某猪场，部分育肥猪高热、食欲下降、精神沉郁，个别妊娠母猪发生流产、产死胎。

25. 【假设信息】现场调查发现，猪场蚊虫滋生，公猪的一侧或双侧睾丸肿大，最可能的疾病是(　　)。

A. 猪乙型脑炎   B. 伪狂犬病   C. 猪细小病毒病

D. 弓形虫病   E. 猪繁殖与呼吸综合征

26. 【假设信息】用磺胺间甲氧嘧啶治疗效果良好，该病最可能是(　　)。

A. 黄曲霉毒素中毒   B. 衣原体病   C. 弓形虫病

D. 猪肺疫   E. 猪蛔虫病

27. 某猪场，全群猪发病，母猪和育肥猪不能站立，在鼻盘部出现大小不一的水疱，初生仔猪发生死亡。最适于病原分离的样品是(　　)。

A. 血液   B. 鼻液   C. 尿液

D. 水疱液   E. 乳汁或精液

28. 某猪场猪体温升高，舌、唇、齿龈和鼻盘上出现水疱和糜烂，蹄冠、蹄叉部位红肿，随后出现水疱和糜烂，仔猪心脏呈"虎斑心"病变，死亡率达 50%。该病可能是(　　)。

    A. 猪水疱性疹　　　　　　B. 口蹄疫　　　　　　　　C. 猪水疱病
    D. 猪脑心肌炎　　　　　　E. 猪水疱性口炎

29. 某猪场部分 3 月龄以上猪突然发生咳嗽，呼吸困难，急性死亡，病死前口鼻流出血色液体，剖检见肺与胸壁粘连，肺充血、出血，分离病原时应选用的培养基是(　　)。

    A. 麦康凯琼脂　　　　　　B. 三糖铁琼脂　　　　　　C. 马铃薯琼脂
    D. 巧克力琼脂　　　　　　E. SS 培养基

30. 某猪场的猪突然发病，传播迅速，病猪跛行明显，表现蹄壳变形或脱落，卧地不能站立。部分猪在鼻镜、吻突、乳房等处皮肤出现大小不一的水疱，水疱很快破溃，露出边缘整齐的暗红色糜烂面，形成烂斑。死亡率较低。剖检死亡猪，见心包膜有弥散性出血点，心肌切面有灰白色或淡黄色斑点或条纹。该病可能是(　　)。

    A. 猪水疱病　　　　　　　B. 口蹄疫　　　　　　　　C. 猪高热病
    D. 猪瘟　　　　　　　　　E. 猪圆环病毒感染

(31~33 题共用题干)

某猪场断奶仔猪突然发病，体温 40~41.5℃，病猪表现不食，精神沉郁，喜卧，有少部分病猪摩擦圈舍墙壁，病程长的猪两后肢不能站立，两前肢正常，有的四肢都不能站立，倒地四肢呈游泳状动作，1 周左右死亡，死亡率高，抗生素治疗效果差。

31. 该病可能是(　　)。

    A. 猪瘟　　　　　　　　　B. 猪肺疫　　　　　　　　C. 伪狂犬病
    D. 猪链球菌病　　　　　　E. 猪高热病

32. 剖检病变可能有(　　)。

    A. 脾边缘有出血性梗死　　B. 肾肿大、有出血点　　　C. 肺间质增宽
    D. 肺充血、出血　　　　　E. 肝、脾、肺、肾等有白色坏死灶

33. 预防该病常用(　　)。

    A. 自家组织灭活疫苗　　　B. 弱毒疫苗　　　　　　　C. 灭活油乳剂疫苗
    D. 基因工程疫苗　　　　　E. 亚单位疫苗

(34~36 题共用题干)

规模猪场，7 日龄仔猪，病初发热，呼吸困难，四肢划动，衰竭死亡。

34. 该病最可能的诊断是(　　)。

    A. 猪传染病性胃肠炎　　　B. 猪流行性腹泻　　　　　C. 伪狂犬病
    D. 大肠杆菌病　　　　　　E. 沙门菌病

35. 实验室诊断时，家兔接种病料后表现的典型症状是(　　)。

    A. 肺出血　　　　　　　　B. 肝出血　　　　　　　　C. 肠道出血
    D. 注射部位皮肤瘙痒　　　E. 注射部位皮肤坏死

36. 当前预防该病的疫苗主要是(　　)。

    A. 核酸疫苗　　　　　　　B. 合成肽疫苗　　　　　　C. 类毒素疫苗
    D. 基因缺失疫苗　　　　　E. 亚单位疫苗

(37～39 题共用题干)

某规模猪场，妊娠母猪表现以流产为主的繁殖障碍：1 周龄仔猪口吐白沫，四肢划动，呈游泳样姿势；育成猪则出现呼吸道症状。

37. 该病最可能的诊断是( )。
    A. 猪繁殖与呼吸综合征   B. 猪细小病毒病   C. 猪乙型脑炎
    D. 伪狂犬病   E. 猪瘟

38. 不属于该病的临床症状是( )。
    A. 流产母猪伴发子宫内膜炎   B. 流产胎儿脑部、臀部、肾脏、心肌有坏死点
    C. 2 月龄以上猪多发生呼吸道症状   D. 3～4 周龄猪有时出现顽固性腹泻
    E. 育成猪出现奇痒和神经症状

39. 不属于该病净化的关键措施是( )。
    A. 消灭蚊虫   B. 基因缺失疫苗免疫
    C. 采用与疫苗配套的鉴别诊断方法   D. 建立阴性后备种猪群，从种猪群逐步净化
    E. 猪群全群检测，淘汰野毒感染猪

(40～42 题共用题干)

育肥猪，70 日龄，发热，咳嗽，呈间歇性神经症状。剖检见肾脏有针尖大小出血点，脑膜明显充血水肿，扁桃体、肝脏有散在灰白色坏死点。该场妊娠母猪有流产现象。

40. 该病最可能的诊断是( )。
    A. 猪瘟   B. 伪狂犬病
    C. 猪繁殖与呼吸综合征   D. 猪链球菌病
    E. 仔猪水肿病

41. 实验室确诊野毒感染的方法是( )。
    A. gB - ELISA   B. gE - ELISA   C. 全病毒 - ELISA
    D. 血凝试验   E. 中和试验

42. 种猪群防控该病最关键的措施是( )。
    A. 投喂抗病毒药物   B. 加强消毒管理   C. 抗生素治疗
    D. 高免血清治疗   E. 淘汰野毒感染猪

43. 易发生呕吐的仔猪疾病是( )。
    A. 猪瘟   B. 猪痢疾   C. 猪气喘病
    D. 猪传染性胃肠炎   E. 猪繁殖与呼吸综合征

(44～46 题共用题干)

某猪场新购入一批仔猪，无明显症状。经实验室检测发现，部分仔猪有猪瘟病毒血症，仔猪免疫猪瘟疫苗后，不能产生抗猪瘟病毒抗体。

44. 这种现象临诊上称( )。
    A. 免疫失败   B. 免疫应答   C. 免疫耐受
    D. 免疫逃避   E. 免疫不当

45. 该病原属于( )。
    A. 黄病毒科   B. 细小病毒科   C. 疱疹病毒科
    D. 正黏病毒科   E. 副黏病毒科

46. 感染猪应如何处置(　　)。
  A. 正常饲养　　　　　　　　B. 屠宰后出售　　　　　　　C. 隔离后单独饲养
  D. 免疫接种后饲养　　　　　E. 扑杀后无害化处理

47. 猪传染性萎缩性鼻炎最易感的是(　　)。
  A. 哺乳仔猪　　　　　　　　B. 断奶仔猪　　　　　　　　C. 育肥猪
  D. 成年公猪　　　　　　　　E. 妊娠母猪

48. 某规模化猪场中100头90日龄以上猪,部分猪突然发生咳嗽,呼吸困难,体温达41℃以上,急性死亡,死亡率为15%。死前口鼻流出带有血色的液体,剖检见肺与胸壁粘连,肺充血、出血、坏死,用巧克力琼脂培养基从患猪病料中分离出了病原菌,最可能的疾病是(　　)。
  A. 猪肺疫　　　　　　　　　B. 猪支原体肺炎　　　　　　C. 猪2型链球菌病
  D. 副猪嗜血杆菌病　　　　　E. 猪传染性胸膜炎

(49~51题共用题干)

某猪场的一批5月龄育肥猪,体温和食欲正常,但生长缓慢,个体大小不一;经常出现咳嗽、气喘等症状。剖检见肺部尖叶、心叶、膈叶前缘呈双侧对称性肉变,其他器官未见异常。

49. 该病最可能的病原是(　　)。
  A. 巴氏杆菌　　　　　　　　B. 布鲁菌　　　　　　　　　C. 链球菌
  D. 肺炎支原体　　　　　　　E. 副猪嗜血杆菌

50. 诊断隐性感染猪的快速方法是(　　)。
  A. X射线检查　　　　　　　B. PCR检查　　　　　　　　C. 病原分离
  D. 白细胞计数　　　　　　　E. 免疫荧光检查

51. 预防该病不宜采用的措施是(　　)。
  A. 全进全出　　　　　　　　B. 接种疫苗　　　　　　　　C. 降低饲养密度
  D. 早期隔离断奶　　　　　　E. 饲料中添加氨苄西林

52. 猪瘟的特征性病理变化是脾脏出现(　　)。
  A. 肿大　　　　　　　　　　B. 萎缩　　　　　　　　　　C. 梗死
  D. 出血　　　　　　　　　　E. 坏死灶

53. 急性猪瘟的典型淋巴结病理变化是(　　)。
  A. 水肿　　　　　　　　　　B. 萎缩　　　　　　　　　　C. 干性坏死
  D. 大理石样变　　　　　　　E. 肿瘤结节

54. 常用于诊断猪水疱病的实验动物是(　　)。
  A. 家兔　　　　　　　　　　B. 犬　　　　　　　　　　　C. 大鼠
  D. 小鼠　　　　　　　　　　E. 豚鼠

55. 某猪场,3~4日龄仔猪群在1月突然出现呕吐,水样腹泻含未消化的凝乳块,产病死仔猪的母猪泌乳力下降,但无其他症状。用于荧光抗体染色检查最适宜的组织是(　　)。
  A. 胃　　　　　　　　　　　B. 十二指肠　　　　　　　　C. 空肠和回肠
  D. 盲肠　　　　　　　　　　E. 直肠

（56～58 题共用题干）

某育肥猪群出现咳嗽，打喷嚏，腹式呼吸等，病猪消瘦，取鼻和气管分泌物作常规细菌分离，结果为阴性。

56. 进一步对无明显症状的猪作 X 射线检查，可见其肺野内有云絮状密影，该病可能是（　　）。

    A. 猪瘟　　　　　　　　　　B. 弓形虫病　　　　　　　　C. 猪支原体肺炎

    D. 猪多发性浆膜炎与关节炎　E. 猪传染性胸膜炎

57. 预防和治疗该病无效的药物是（　　）。

    A. 土霉素　　　　　　　　　B. 青霉素　　　　　　　　　C. 喹诺酮

    D. 替米考星　　　　　　　　E. 泰乐菌素

58. 诊断该病耗时最长的方法是（　　）。

    A. PCR　　　　　　　　　　B. ELISA　　　　　　　　　C. 病原分离

    D. 荧光抗体实验　　　　　　E. 间接血凝试验

59. 与猪传染性胸膜肺炎流行病学相关的正确描述是（　　）。

    A. 保育阶段猪多发　　　　　　　　B. 主要经污染饲料传播

    C. 主要经吸血昆虫传播　　　　　　D. 优势血清为 9 型和 15 型

    E. 生长阶段和育肥阶段多发

60. 某群保育猪体温升高，耳尖皮肤发紫，呼吸困难，剖检病猪肺脏见间质性肺炎。肺匀浆接种 Marc - 145 细胞后出现细胞病变。该病最可能是（　　）。

    A. 猪瘟　　　　　　　　　　B. 猪支原体肺炎　　　　　　C. 伪狂犬病

    D. 猪圆环病毒病　　　　　　E. 猪繁殖与呼吸综合征

61. 某猪场部分初产母猪发生流产，产死胎和木乃伊胎，其他性别和年龄猪无明显症状。可能的疾病是（　　）。

    A. 猪细小病毒病　　　　　　B. 弓形虫病　　　　　　　　C. 布鲁菌病

    D. 伪狂犬病　　　　　　　　E. 猪繁殖与呼吸综合征

62. 某种猪群遇寒潮，出现咳嗽和气喘等呼吸道症状，剖检病猪见双侧肺有对称性肉变。如需快速检测猪群中隐性感染猪，首选方法是（　　）。

    A. 病原分离　　　　　　　　B. ELISA　　　　　　　　　C. X 射线检查

    D. 免疫荧光法　　　　　　　E. 补体结合试验

（63～65 题共用题干）

某猪场哺乳猪和保育猪体温升高，耳部和臀部皮肤发紫且有出血点等，病情很快蔓延，部分猪迅速死亡，死亡率达 30%。剖检病猪可见喉头和膀胱出血，脾脏边缘梗死，扁桃体有坏死灶。

63. 为防止该病在猪场内扩散，对未发病猪采取的最适当措施是（　　）。

    A. 环境消毒　　　　　　　　B. 加强营养　　　　　　　　C. 停止引种

    D. 淘汰病猪　　　　　　　　E. 全群紧急免疫接种

64. 进一步检查，发现部分新生仔猪出现先天震颤。该病可能是（　　）。

    A. 猪瘟　　　　　　　　　　B. 伪狂犬病　　　　　　　　C. 猪乙型脑炎

    D. 猪细小病毒病　　　　　　E. 猪圆环病毒病

65. 快速确认该病扁桃体中病毒的方法是(　　)。

  A. 接种细胞　　　　　　　B. 血凝试验　　　　　　　C. 病料接种家兔

  D. 病料接种小鼠　　　　　E. 免疫荧光试验

66. 某保育猪群出现咳嗽，打喷嚏，眼睛肿胀，体温 41～42℃，全身皮肤发红。剖检可见间质性肺炎和支气管淋巴结充血、肿大。磺胺和抗生素治疗无效。该病可能是(　　)。

  A. 猪传染性胸膜炎　　　　B. 猪繁殖与呼吸综合征　　C. 猪巴氏杆菌病

  D. 弓形虫病　　　　　　　E. 副猪嗜血杆菌病

67. 病猪尸体脱水明显，胃内充满乳凝块，胃底黏膜充血、出血。肠内充满水样粪便，肠壁变薄，半透明状，病猪粪便样品经处理后电镜观察，病原呈冠状结构，该病可能是(　　)。

  A. 仔猪黄痢　　　　　　　B. 仔猪白痢　　　　　　　C. 仔猪副伤寒

  D. 猪传染性胃肠炎　　　　E. 轮状病毒感染

68. 某猪场 4 月龄猪，出现咳嗽、气喘等症状，气候骤变和驱赶时症状加重，死后剖检可见双侧肺有对称性肉变。该病可能是(　　)。

  A. 猪传染性胸膜肺炎　　　B. 副猪嗜血杆菌病　　　　C. 猪肺疫

  D. 猪支原体肺炎　　　　　E. 伪狂犬病

(69～71 题共用题干)

  某育肥猪群，体温 41℃ 左右，食欲减退，眼结膜发炎，剖检可见多器官广泛性出血，脾脏边缘梗死，淋巴结肿大出血，部分仔猪出生后全身震颤。

69. 发生震颤的仔猪感染途径是(　　)。

  A. 呼吸道　　　　　　　　B. 消化道　　　　　　　　C. 胎盘传播

  D. 精液传播　　　　　　　E. 创伤皮肤

70. 如需快速确诊，选用的方法是(　　)。

  A. 病毒分离　　　　　　　B. 本动物接种　　　　　　C. 家兔接种

  D. 荧光抗体试验　　　　　E. 琼脂扩散试验

71. 具有示病意义的病变是(　　)。

  A. 脾脏边缘梗死　　　　　B. 肺脏出血　　　　　　　C. 心肌出血

  D. 肾脏出血　　　　　　　E. 淋巴结肿大

72. 某猪场 2 月龄左右仔猪出现发病，体温略为升高，被毛粗乱，消瘦，食少，主要表现腹泻，粪便呈红色或黑色，恶臭，含有肠黏膜碎片或无色胶冻样液体，主要表现大肠纤维素性、出血性、坏死性肠炎，该病可能是(　　)。

  A. 仔猪副伤寒　　　　　　B. 猪肺疫　　　　　　　　C. 猪痢疾

  D. 猪丹毒　　　　　　　　E. 仔猪红痢

(73～75 题共用题干)

  某猪场母猪发热，发生流产，产死胎和弱仔，新生仔猪出现败血症、死亡，公猪精液质量下降。剖检可见仔猪喉头出血，扁桃体坏死，脾脏边缘梗死，肾脏表面和肾乳头有出血点。

73. 该病最可能是(　　)。

  A. 猪瘟　　　　　　　　　B. 猪链球菌病　　　　　　C. 伪狂犬病

D. 猪乙型脑炎 E. 猪繁殖与呼吸综合征

74. 活体检测母猪是否带毒，应采集母猪的样品是( )。

    A. 关节液   B. 皮肤   C. 扁桃体

    D. 口腔分泌物   E. 鼻拭子

75. 分离鉴定病原常用的细胞是( )。

    A. PK-15 细胞   B. 肺泡巨噬细胞   C. Marc-145 细胞

    D. Vero 细胞   E. BHK-21 细胞

(76～78 题共用题干)

冬季，某 100 日龄猪群，生长缓慢，打喷嚏，流浆液性鼻液，剧烈咳嗽时鼻孔流出多量血液，部分病猪颜面变形，有泪斑。

76. 该病最可能的病原是( )。

    A. 肺炎支原体   B. 链球菌

    C. 产毒多杀性巴氏杆菌   D. 胸膜肺炎放线杆菌

    E. 副猪嗜血杆菌

77. 对该病具有示病意义的病变是( )。

    A. 鼻黏膜溃疡   B. 鼻甲骨萎缩   C. 肺脏肉变

    D. 肺脏脓肿   E. 间质性肺炎

78. **【假设信息】**如部分病猪剖检后发现两侧肺心叶和尖叶出现肉样实变，该猪群并发或继发的疾病是( )。

    A. 副猪嗜血杆菌病   B. 猪肺疫   C. 猪支原体肺炎

    D. 猪肺线虫病   E. 传染性胸膜肺炎

(79～81 题共用题干)

某猪场 70 日龄猪。个别猪突然死亡，随后部分猪发病，精神沉郁，食欲下降，腹泻，粪便色黄稀软或水样，严重的含有血液和黏液。病猪迅速消瘦，起立无力，极度衰弱，最后死亡。剖检见大肠黏膜肿胀增厚，覆盖黏液和带血块的纤维素，其他脏器无病变。

79. 该病毒最可能的诊断是( )。

    A. 仔猪红痢   B. 猪流行性腹泻   C. 猪痢疾

    D. 猪轮状病毒病   E. 猪瘟

80. 用肠黏膜涂片染色镜检，最可能观察到的病原体形态是( )。

    A. 螺旋形   B. 短链状   C. 球形

    D. 梭形   E. 两极着色球杆状

81. 预防该病可用的药物是( )。

    A. 乙酰甲喹   B. 灰黄霉素   C. 三氮脒

    D. 两性霉素 B   E. 马杜米星

(82～84 题共用题干)

冬季，某 500 头保育猪群，出现体温升高，被毛粗乱。部分猪喜卧，不愿运动，强行驱赶可见跛行，仔细检查发现后肢关节肿大。部分猪出现心包炎和腹膜炎。死亡率约 3%。将关节液接种 TSA 培养基，病原生长严格依赖 NAD。

82. 该病最可能的诊断是( )。

A. 猪链球菌病   B. 副猪嗜血杆菌病

C. 猪滑液囊支原体感染   D. 猪丹毒

E. 结核病

83. 我国现阶段预防该病的疫苗是( )。

A. 多价灭活疫苗   B. 弱毒疫苗   C. 亚单位疫苗

D. DNA 疫苗   E. 基因缺失疫苗

84. 【假设信息】如将关节液接种含脱纤绵羊血培养基，长出的菌落周围有溶血环，该病最可能的诊断是( )。

A. 猪链球菌病   B. 副猪嗜血杆菌病

C. 猪滑液囊支原体感染   D. 猪丹毒

E. 结核病

(85～86 题共用题干)

某猪场，个别猪突发间歇性神经症状，呈犬坐姿势；抽搐时四肢划动，呈游泳样。

85. 首先可排除的疾病是( )。

A. 破伤风   B. 食盐中毒   C. 链球菌病

D. 猪繁殖与呼吸综合征   E. 副猪嗜血杆菌病

86. 【假设信息】若剖检见心包炎、腹膜炎，最可能的诊断是( )。

A. 破伤风   B. 食盐中毒   C. 链球菌病

D. 猪繁殖与呼吸综合征   E. 副猪嗜血杆菌病

(87～88 题共用题干)

某规模猪场，初产母猪流产，产死胎、木乃伊胎，或产出病弱仔猪；死胎皮肤充血、出血、水肿或脱水；经产母猪未见流产。

87. 防控该病最有效的疫苗接种时间是( )。

A. 后备母猪配种前 2 个月   B. 经产母猪产前 2 个月

C. 在蚊虫活动季节开始前   D. 春季和秋季

E. 母猪产前 1 个月

88. 该病最可能的诊断是( )。

A. 猪繁殖与呼吸综合征   B. 布鲁菌病   C. 猪圆环病毒病

D. 猪细小病毒病   E. 猪乙型脑炎

(89～91 题共用题干)

3 日龄，仔猪，突发呕吐，继而水样腹泻，粪便呈黄色或灰白色，并含有未消化的乳凝块。病猪脱水、死亡，无菌采取病死猪肝脏组织进行细菌培养，无菌落生长。

89. 对症治疗，有效措施是( )。

A. 仔猪口服抗生素   B. 母猪免疫   C. 仔猪免疫

D. 仔猪口服补液盐   E. 仔猪口服抗血清

90. 电镜下的病原体形态是( )。

A. 杆状   B. 星状   C. 细丝状

D. 子弹状   E. 冠状

91. 该病最可能的诊断是( )。

A. 伪狂犬病　　　　　　　B. 猪传染性胃肠炎　　　　C. 猪细小病毒感染

D. 猪瘟　　　　　　　　　E. 猪圆环病毒病

(92～94 题共用题干)

育肥猪，消化功能紊乱，消瘦，结膜苍白，生长缓慢，病程持续时间较长。

92.【假设信息】若该病由消化道线虫引起，则贫血的类型是（　　）。

　　A. 失血性贫血　　　　　B. 溶血性贫血　　　　　C. 营养性贫血

　　D. 遗传性贫血　　　　　E. 再生障碍性贫血

93.【假设信息】若该病由吸虫引起，适宜的粪便检查方法是（　　）。

　　A. 直接涂片法　　　　　B. 虫卵漂浮法　　　　　C. 虫卵沉淀法

　　D. 幼虫分离法　　　　　E. 幼虫培养法

94.【假设信息】若该病由球虫引起，适宜的粪便检查方法是（　　）。

　　A. 肉眼观察　　　　　　B. 卵囊漂浮法　　　　　C. 幼虫培养法

　　D. 幼虫分离法　　　　　E. 毛蚴孵化法

95. 猪感染旋毛虫主要是因为食入（　　）。

　　A. 螺　　　　　　　　　B. 鼠　　　　　　　　　C. 蚯蚓

　　D. 甲虫　　　　　　　　E. 剑水蚤

(96～97 题共用题干)

某猪群，部分 3～4 月龄育肥猪出现消瘦，顽固性腹泻，用抗生素治疗效果不佳，剖检死亡猪在结肠壁上见到大量结节，肠腔内检获长为 8～11 mm 的线状虫体。

96. 可能发生的寄生虫病是（　　）。

　　A. 蛔虫病　　　　　　　B. 肾虫病　　　　　　　C. 旋毛虫病

　　D. 后圆线虫病　　　　　E. 食道口线虫病

97. 治疗该病可选用的药物是（　　）。

　　A. 三氮脒　　　　　　　B. 吡喹酮　　　　　　　C. 左旋咪唑

　　D. 地克珠利　　　　　　E. 拉沙里菌素

98. 诊断猪蛔虫幼虫引起的疾病时，应检查的组织器官是（　　）。

　　A. 肺脏　　　　　　　　B. 肾脏　　　　　　　　C. 脾脏

　　D. 胰脏　　　　　　　　E. 脊髓

99. 猪冠尾线虫的主要感染途径是（　　）。

　　A. 经口和皮肤　　　　　B. 经生殖道　　　　　　C. 经呼吸道

　　D. 经吸血昆虫　　　　　E. 经胎盘

(100～101 题共用题干)

南方某猪场，猪皮肤出现丘疹，食欲缺乏，贫血，消瘦，个别猪后肢无力，尿液带有白色絮状物和脓液，虫卵呈长椭圆形，较大，灰白色，内含多个胚细胞。

100. 该猪场流行的是（　　）。

　　A. 猪蛔虫病　　　　　　B. 旋毛虫病　　　　　　C. 毛尾线虫病

　　D. 冠尾线虫病　　　　　E. 食道口线虫病

101. 常用确诊该病的方法是（　　）。

　　A. 粪便漂浮法　　　　　B. 尿液沉淀法　　　　　C. 粪便沉淀法

    D. 皮屑检查法   E. 血液涂片检查法

(102～103题共用题干)

某3～4月龄育肥猪群出现消瘦,异嗜,有的成为僵猪。剖检见小肠内有大量淡黄色、圆柱形、体长为15～30cm的虫体,有的虫体尾端弯曲呈钩状。

102. 该猪群感染的是( )。

    A. 蛔虫   B. 棘头虫   C. 毛尾线虫

    D. 食道口线虫   E. 毛细线虫

103. 该病原感染猪的主要途径是( )。

    A. 经口   B. 经皮肤   C. 经节肢动物

    D. 经胎盘   E. 经呼吸道

(104～105题共用题干)

母猪群,高热稽留,腹泻,呼吸困难,耳部及腹下皮肤有较大面积发绀,部分孕猪发生流产、死胎,取淋巴结染色镜检,发现香蕉形虫体。

104. 该疾病可能是( )。

    A. 棘头虫病   B. 旋毛虫病   C. 肾虫病

    D. 球虫病   E. 弓形虫病

105. 治疗该病的有效药物是( )。

    A. 吡喹酮   B. 阿苯达唑   C. 盐霉素

    D. 氯霉素   E. 磺胺六甲氧嘧啶

106. 蛭形巨吻棘头虫在猪体内的寄生部位是( )。

    A. 胃   B. 食道   C. 小肠

    D. 大肠   E. 肾脏

107. 蛭型巨吻棘头虫的中间宿主是( )。

    A. 淡水螺   B. 陆地螺   C. 蚯蚓

    D. 金龟子   E. 剑水蚤

(108～110题共用题干)

某猪群病猪出现剧痒,皮肤损伤、脱毛、结痂、增厚乃至皲裂,以及消瘦等症状。

108. 该病最可能的诊断是( )。

    A. 螨感染   B. 疥螨病   C. 痒螨病

    D. 蠕形螨病   E. 血虱感染

109. 确诊时,采集病料应该选择( )。

    A. 健康皮肤   B. 病灶中央   C. 病灶边缘

    D. 皮肤皲裂处   E. 健康与病变皮肤交界处

110. 治疗该病可用( )。

    A. 吡喹酮   B. 盐霉素   C. 阿苯达唑

    D. 左旋咪唑   E. 阿维菌素

111. 猪等孢球虫病的主要发病日龄是( )。

    A. 7～21   B. 25～35   C. 36～45

    D. 46～55   E. 56～65

112. 猪球虫的感染途径是(   )。

    A. 经口   B. 经皮肤   C. 经节肢动物

    D. 经胎盘   E. 经呼吸道

(113～114题共用题干)

某猪群精神不振，食欲废绝，起卧不安，腹部膨大，频做排粪动作，但没有粪便排出，听诊肠音减弱。

113. 如本病是原发病，病因不可能是(   )。

    A. 饲料含泥沙过多   B. 粗饲料过多   C. 青饲料过多

    D. 精饲料过多   E. 饮水过少

114. 应用硫酸钠缓泻，正确的做法是(   )。

    A. 肌内注射   B. 静脉注射   C. 皮下注射

    D. 溶于少量水内服   E. 溶于大量水内服

115. 某后备母猪，表现排粪费力，粪便干结、色深。根据症状，不宜采取的治疗措施是(   )。

    A. 深部灌肠   B. 静脉输液   C. 驱赶运动

    D. 注射阿托品   E. 人工盐灌服

(116～118题共用题干)

猪，30日龄发病，表现结膜潮红、呼吸增快，体温39℃，食欲缺乏、喜饮，起卧不安，频频做排粪动作，粪便干硬带有少量血丝。

116. 该病可能是(   )。

    A. 胃炎   B. 肠炎   C. 肠便秘

    D. 肠扭转   E. 肠套叠

117. 治疗该病的药物是(   )。

    A. 阿托品   B. 活性炭   C. 硫酸镁

    D. 庆大霉素   E. 碱式硝酸铋

118. 预防该病的有效措施是(   )。

    A. 限制运动   B. 充分饮水   C. 限制饮水

    D. 增加干饲料   E. 增加精饲料

119. 仔猪群，30日龄，部分猪精神沉郁，腹泻，粪便有酸臭味，混有未消化的饲料，但体重未减轻，呼吸无明显变化。该病可能是(   )。

    A. 仔猪消化不良   B. 猪流行性腹泻   C. 仔猪副伤寒

    D. 仔猪白痢   E. 猪传染性胃肠炎

120. 以下仔畜中，新生仔畜溶血病多发生于(   )。

    A. 犊牛   B. 羔羊   C. 仔兔

    D. 仔猪   E. 仔犬

121. 某猪场，部分4日龄仔猪逐渐出现精神委顿，食欲废绝，站立不稳，吮乳无力，皮肤冷湿，体温36℃，可视黏膜淡红，脱水。剖检见胃内容物少，肝脏小而硬。同场其他猪舍同龄仔猪无类似症状病例。治疗该病应注射(   )。

    A. 青霉素   B. 葡萄糖   C. 甘露醇

D. 维生素 E   E. 硫酸亚铁

(122～124 题共用题干)

某猪场少数育成猪食欲减少，反复腹泻，脱水，消瘦，营养不良，其他症状不太明显。

122. 该病最可能的诊断是(   )。
　　A. 急性胃炎   B. 急性肠炎   C. 慢性胃炎
　　D. 慢性肠炎   E. 胰腺炎

123. 如果粪便呈绿色或黑红色，病变部位最可能是(   )。
　　A. 直肠   B. 胰腺   C. 十二指肠
　　D. 盲肠   E. 结肠

124. 如果进行血气分析，病猪最可能出现的异常是(   )。
　　A. 代谢性酸中毒   B. 代谢性碱中毒   C. 呼吸性酸中毒
　　D. 呼吸性碱中毒   E. 混合性碱中毒

(125～127 题共用题干)

猪，2 月龄，食欲减退，不安，弓腰，里急后重，粪便腥臭，稀软。体温 40.2℃，脉搏 100 次/min。

125. 该病最可能导致(   )。
　　A. 脱水   B. 黄疸   C. 水肿
　　D. 贫血   E. 碱中毒

126. 该病最适宜的护理措施是(   )。
　　A. 大量饮水   B. 少量多次饮水   C. 禁止饮水
　　D. 增加饲喂量   E. 增加饲喂次数

127. 该病最可能的诊断是(   )。
　　A. 肠嵌闭   B. 肠痉挛   C. 肠扭转
　　D. 肠梗阻   E. 肠炎

128. 猪，20kg，发病 2d，见发热、咳嗽、气喘；X 射线检查肺纹理增粗，膈叶云絮状影，未见其他异常，肺后区叩诊出现半浊音，听诊非浊音区常可发现(   )。
　　A. 空瓮音   B. 胸膜拍水音   C. 支气管呼吸音
　　D. 肺泡呼吸音增强   E. 胸膜摩擦音

(129～131 题共用题干)

一病猪体温升高，咳嗽，流黏性鼻液。死后剖检见肺部病灶形状不规则，呈岛屿状，肺病灶组织切块投入水中呈半沉浮状。

129. 该病猪肺部病理变化是(   )。
　　A. 肺水肿   B. 肺气肿   C. 支气管肺炎
　　D. 间质性肺炎   E. 大叶性肺炎

130. 肺部病灶常发生的部位是(   )。
　　A. 肺背侧缘   B. 肺腹侧缘
　　C. 肺心叶、尖叶及膈叶前上缘   D. 肺纵侧缘
　　E. 肺心叶、尖叶及膈叶前下缘

131. 该病灶的始发部位是(   )。

A. 细支气管   B. 肺间质淋巴管   C. 肺泡壁

D. 肺小叶间质   E. 支气管周围血管

132. 种公猪，3岁，精神沉郁，减食，脊背拱起，行动困难，腰部敏感、疼痛，尿量少，尿沉渣中含有大量肾上皮细胞、白细胞、红细胞，可能的疾病是(　　　)。

A. 间质肾炎   B. 急性肾炎   C. 膀胱麻痹

D. 膀胱炎   E. 尿道炎

133. 猪低钾血症时，血浆钾浓度是(　　　)mmol/L。

A. 1～3   B. 4～5   C. 6～7

D. 8～9   E. >10

134. 2周龄仔猪，精神沉郁，吮乳减少，结膜苍白。应用铁制剂治疗后痊愈。该仔猪所患疾病可能为(　　　)。

A. 贫血   B. 心力衰竭   C. 低血糖症

D. 出血性紫癜   E. 仔猪水肿病

(135～137题共用题干)

某猪场断奶仔猪，饲喂自配料，生长较快的猪发生运动障碍，出现顽固性腹泻、心率快、心律不齐、眼睑明显水肿等症状，剖检骨骼肌色淡，呈煮肉状。

135. 该猪场仔猪所患疾病可能是(　　　)。

A. 硒缺乏症   B. 硼缺乏症   C. 锌缺乏症

D. 铜缺乏症   E. 铁缺乏症

136. 剖检还可见到的病理变化是(　　　)。

A. 血液凝固不良   B. 桑葚心   C. 甲状腺肿

D. 管状骨弯曲   E. 皮肤角化不全

137. 治疗该病首选药物是(　　　)。

A. 碘化钾   B. 亚硒酸钠   C. 葡萄糖铁

D. 甘氨酸铜   E. 硫酸亚铁

138. 猪维生素 B_2 缺乏症不包括(　　　)。

A. 结膜炎   B. 脂溢性皮炎   C. 鬃毛脱落

D. 步态强拘   E. 小红细胞性低色素贫血

(139～140题共用题干)

妊娠母猪，精神沉郁，食欲未见异常，体温 38.5℃，生长缓慢，皮肤粗糙，呈脂溢性皮炎，口唇发炎，继而共济失调，轻瘫，鬃毛脱落，流产、早产，所产仔猪孱弱、秃毛、皮炎、结膜炎。

139. 该病可诊断为(　　　)。

A. 维生素 K 缺乏症   B. 维生素 B_1 缺乏症   C. 维生素 B_2 缺乏症

D. 维生素 B_6 缺乏症   E. 维生素 D 缺乏症

140. 治疗该病首选药物是(　　　)。

A. 烟酸   B. 硫胺素   C. 核黄素

D. 生物素   E. 钴胺素

141. 仔猪铁缺乏症，可视黏膜变化是(　　　)。

    A. 鲜红   B. 发绀   C. 苍白

    D. 出血   E. 黄染

142. 某猪群，饲喂焖煮的菜叶后不久生病，表现为呼吸困难，心跳加快，全身发绀。剖检见血液呈黑褐色，凝固不良。治疗该病的特效药是(　　)。

    A. 亚硝酸钠   B. 硫代硫酸钠   C. 阿托品

    D. 亚甲蓝   E. 硫酸镁

143. 猪亚硝酸盐中毒的特效解毒药是(　　)。

    A. 硫代硫酸钠   B. 碳酸氢钠   C. 葡萄糖

    D. 甲苯胺蓝   E. 阿托品

144. 某猪群在多雨季节，因饲喂存储不当的配合饲料而发生中毒性疾病。该病最可能是(　　)。

    A. 氢氰酸中毒   B. 棉籽饼中毒   C. 菜籽饼中毒

    D. 亚硝酸盐中毒   E. 黄曲霉毒素中毒

145. 育肥猪群，采食霉变饲料后陆续发病，可视黏膜先苍白后黄染，口渴，粪便干硬呈球状、表面覆有黏液和血液，后躯无力，走路不稳。剖检见广泛性出血、黄染、肝脏肿大。该病猪血常规检查最可能出现的变化是(　　)。

    A. 白细胞增多，淋巴细胞减少   B. 白细胞增多，淋巴细胞增多

    C. 白细胞减少，淋巴细胞减少   D. 白细胞减少，淋巴细胞增多

    E. 白细胞减少，中性粒细胞减少

146. 猪食盐中毒的发作期应(　　)。

    A. 禁止饮水   B. 少量饮水   C. 大量饮水

    D. 多次饮水   E. 自由饮水

147. 猪，长期采食含有酱渣的饲料。身体震颤，不断咀嚼，口渴，口角挂少量白色泡沫，该病猪最可能的表现是(　　)。

    A. 兴奋   B. 沉郁   C. 昏睡

    D. 昏迷   E. 正常

148. 猪食盐中毒时，临诊常表现(　　)。

    A. 颅内压降低   B. 腹内压降低   C. 颅内压升高

    D. 腹内压升高   E. 颅内压不变

149. 猪食盐中毒出现神经症状时，治疗应(　　)。

    A. 禁止饮水   B. 大量灌水   C. 少量多次饮水

    D. 少量服用生理盐水   E. 自由饮水

(150~152题共用题干)

    猪场部分育成猪在饲喂一种新的添加剂后，食欲减少，呕吐，粪及呕吐物中含绿色至蓝色黏液，呼吸增快，脉搏频数，有的病猪在几天后死亡。在日粮中添加钼酸铵，病猪逐渐好转。

150. 该病最可能的诊断是(　　)。

    A. 铜中毒   B. 硒中毒   C. 锌中毒

    D. 铁中毒   E. 汞中毒

151. 粪及呕吐物中含绿色至蓝色黏液的原因是（ ）。
    A. 直肠出血   B. 添加剂颜色   C. 十二指肠出血
    D. 盲肠出血   E. 结肠出血

152. 呼吸增快、脉搏频数的原因是（ ）。
    A. 红细胞变性   B. 心力衰竭   C. 肺损伤
    D. 支气管损伤   E. 组织利用氧障碍

153. 猪应激综合征导致肌肉呈现（ ）。
    A. 苍白、松软、汁液渗出   B. 苍白、坚硬、汁液渗出
    C. 暗黑色、松软、汁液渗出   D. 苍白、坚硬、干燥
    E. 暗黑色、松软、干燥

154. 手术治疗仔猪脐疝，常采用的麻醉方法是（ ）。
    A. 表面麻醉   B. 传导麻醉   C. 硬膜外麻醉
    D. 局部浸润麻醉   E. 蛛网膜下腔麻醉

155. 猪阴道脱出发生的主要机制是（ ）。
    A. 子宫弛缓   B. 会阴松弛   C. 骨盆松弛
    D. 阴门松弛   E. 固定阴道的组织松弛

156. 母猪，妊娠已115d，第3胎，分娩启动后持续努责20min不见胎儿排出，阴道检查发现阴道柔软而有弹性，子宫颈管轮廓明显，胎儿鼻端和两前蹄位于子宫颈管中，出现这种现象的主要原因是（ ）。
    A. 孕酮分泌不足   B. 雌激素分泌不足   C. 雌激素分泌过多
    D. 前列腺素分泌不足   E. 前列腺素分泌过多

157. 经产母猪，分娩时排出4个胎儿停止努责，30min后仍无努责迹象。产道检查发现有一胎儿位于盆腔入口处，两蹄部和鼻端位于子宫颈处。该猪最可能发生的疾病是（ ）。
    A. 继发性子宫弛缓   B. 原发性子宫弛缓   C. 子宫颈狭窄
    D. 骨盆腔狭窄   E. 胎势异常

（158～160题共用题干）
母猪难产，注射催产素后，产出仔猪软弱无力、可视黏膜发绀或苍白、呼吸极度微弱。

158. 对仔猪采取的首要措施是（ ）。
    A. 擦干体表胎水，诱发呼吸反射   B. 擦干体表胎水，保温
    C. 擦净鼻孔、口腔内的胎水，诱发呼吸反射   D. 立即进行人工呼吸
    E. 腹腔注射葡萄糖溶液

159. 与该病无关的因素是（ ）。
    A. 阵缩与努责异常   B. 胎盘类型   C. 胎儿数目
    D. 胎儿过大   E. 胎儿产出时间过长

160. 除猪外，常见发生该病的动物是（ ）。
    A. 牛   B. 羊   C. 马
    D. 犬   E. 猫

161. 母猪，产后2d体温升高，食欲下降，从阴门流出灰褐色液体，内含胎衣碎片，治

疗应选择的药物组合是( )。

    A. 抗生素、雌激素与催产素   B. 人工盐与前列腺素   C. 抗生素与孕酮

    D. 孕酮与催产素   E. 雌二醇与孕酮

(162~164 题共用题干)

某猪场，经产母猪发情正常，连续 2 个发情周期配种未孕，最近呈现发情表现，阴户肿胀、潮红，从阴道分泌出少量黏稠混浊的黏液。

162. 该母猪最可能的疾病是( )。

    A. 排卵延迟   B. 隐性子宫内膜炎

    C. 慢性卡他性子宫内膜炎   D. 慢性卡他性脓性子宫内膜炎

    E. 慢性脓性子宫内膜炎

163. 该病的原因是( )。

    A. LH 分泌不足   B. 雌激素分泌过多   C. GnRH 分泌不足

    D. 病原微生物感染   E. 缺乏维生素 A 和维生素 E

164. 有助于该病治疗的激素是( )。

    A. 促性腺激素释放激素   B. 人绒毛膜促性腺激素

    C. 马绒毛膜促性腺激素   D. 孕酮

    E. 催产素

(165~167 题共用题干)

某后备母猪，适配月龄时未见发情；体重显著超过同龄母猪，腰粗壮，臀部发达，检查生殖系统发育未见异常。

165. 导致该母猪不孕最可能的原因是( )。

    A. 先天因素   B. 营养因素   C. 配种技术因素

    D. 环境气候因素   E. 疾病感染因素

166. 治疗该病最适宜的措施是( )。

    A. 注射马绒毛膜促性腺激素   B. 注射氯前列醇   C. 控料、加强运动

    D. 给予优质可消化全价饲料   E. 补加精料，增加营养

167. 该猪卵巢最可能呈现的变化是( )。

    A. 既有卵泡又有黄体   B. 有多个黄体   C. 有多个卵泡

    D. 脂肪浸润   E. 萎缩、结缔组织化

168. 猪隐睾常发生的部位位于( )。

    A. 腰区的肾后方   B. 腰区的肾前方   C. 盆腔内的膀胱下

    D. 腹股沟管内环处的皮下   E. 腹股沟管外环处的皮下

169. 猪患有隐睾时，除触诊检查外，还可以通过下列哪些特点来判断?( )

    A. 性欲弱，生长快，肉质好   B. 性欲弱，生长慢，肉质好

    C. 性欲弱，生长快，肉质差   D. 性欲强，生长慢，肉质好

    E. 性欲强，生长慢，肉质差

170. 新生仔猪溶血病的典型症状是( )。

    A. 腹泻   B. 排尿困难   C. 神经症状

    D. 血红蛋白尿   E. 畏寒、震颤

171. 仔猪，哺乳后出现震颤、畏寒、粪便稀薄，检查发现结膜和齿龈黄染，体温正常，呼吸与心跳加快，尿液红色。对该仔猪首选的处置措施是( )。

    A. 肌内注射抗生素   B. 尽快让仔猪充分吮食母乳

    C. 肌内注射铁钴注射液   D. 肌内注射亚硒酸钠注射液

    E. 立即停食母乳，实行代养或人工哺乳

模拟题参考答案

题号	1	2	3	4	5	6	7	8	9	10	11	12	13	14	15	16	17	18	19	20
答案	D	E	E	B	A	D	D	B	C	D	B	A	B	D	A	A	D	E	C	D
题号	21	22	23	24	25	26	27	28	29	30	31	32	33	34	35	36	37	38	39	40
答案	A	C	D	D	A	C	D	B	D	B	C	E	D	C	D	D	D	E	A	B
题号	41	42	43	44	45	46	47	48	49	50	51	52	53	54	55	56	57	58	59	60
答案	B	E	D	A	A	E	A	E	D	A	E	C	D	D	C	C	B	C	E	E
题号	61	62	63	64	65	66	67	68	69	70	71	72	73	74	75	76	77	78	79	80
答案	A	C	E	A	E	B	D	D	C	D	A	C	A	C	A	C	B	C	C	A
题号	81	82	83	84	85	86	87	88	89	90	91	92	93	94	95	96	97	98	99	100
答案	A	B	A	A	A	E	A	D	E	B	C	C	B	B	E	C	A	A	A	D
题号	101	102	103	104	105	106	107	108	109	110	111	112	113	114	115	116	117	118	119	120
答案	B	A	A	E	E	C	D	B	E	A	A	C	E	C	C	C	C	B	A	D
题号	121	122	123	124	125	126	127	128	129	130	131	132	133	134	135	136	137	138	139	140
答案	B	D	C	A	A	B	E	D	C	E	A	B	A	A	A	B	B	E	C	C
题号	141	142	143	144	145	146	147	148	149	150	151	152	153	154	155	156	157	158	159	160
答案	C	D	D	E	A	A	A	C	A	A	B	A	A	D	E	B	A	C	B	A
题号	161	162	163	164	165	166	167	168	169	170	171									
答案	A	B	D	E	B	C	D	A	E	D	E									

第二篇

牛、羊病

■ 备考指南

学科特点

1. 牛、羊病是一门综合性较强的课程。
2. 应用性很强。
3. 知识面广，涉及解剖、病理、药理、内科、外科、产科、传染病、寄生虫等科目。
4. 知识点琐碎，需要较强的基础知识储备。

学习方法

最核心的方法：预习环—上课环—复习环—作业环—小组环，这五环如奥运五环旗上的五环，环环相扣，缺一不可。方法不对，越学越累；方法如对，事半功倍。如果把学习任务看成是过河，那么学习方法就是桥和船，不讲究方法，过河就不可能。

历年分值分布

年份	牛、羊疫病	牛、羊寄生虫病	牛、羊内科病	牛、羊外产科病	合计
2018	4	7	1	1	13
2019	2	5	3	3	13
2020	1	3	3	3	10
2021	9	3	3	10	25

（续）

年份	牛、羊疫病	牛、羊寄生虫病	牛、羊内科病	牛、羊外产科病	合计
2022	7	3	9	5	24
合计	23	21	19	25	85

<<< 第一单元 牛、羊疫病 >>>

一、考试大纲

单元	细目	要点
牛、羊疫病	1. 牛传染病	（1）口蹄疫 （2）疯牛病 （3）牛流行热 （4）牛传染性鼻气管炎 （5）牛病毒性腹泻
	2. 羊传染病	（1）小反刍兽疫 （2）绵羊痘 （3）山羊病毒性关节炎-脑炎 （4）蓝舌病

二、重要知识点

（一）牛传染病

1. 口蹄疫

（1）病原：口蹄疫病毒（FMDV）是目前所知最小的动物 RNA 病毒，有 A、O、C、SAT1、SAT2、SAT3（即南非 1、2、3 型）和 Asia（亚洲 1 型）共 7 个主型。我国口蹄疫的病毒型为 O、A 型和亚洲 1 型。FMDV 具有多型性、易变性的特点。

（2）易感动物：偶蹄兽，牛最易感，其次是猪。病畜的水疱液、乳汁、尿液、口涎、泪液和粪便中均含有病毒，其中水疱皮内及淋巴液中含毒量最多。

（3）症状：流涎，体温升高；齿龈、舌面、唇内面可见水疱，水疱约经一昼夜破裂，形成溃疡。趾间及蹄冠皮肤也发生水疱、溃疡。有时在乳头皮肤上也可见到水疱。

（4）病变：除口腔和蹄部的水疱和烂斑外，还可在咽喉、气管、支气管、食道和瘤胃黏膜见到圆形烂斑和溃疡，真胃和小肠黏膜有出血性炎症。恶性口蹄疫可在心肌切面上见到灰白色或淡黄色条纹与正常心肌相伴而行，如同虎皮状斑纹，俗称"虎斑心"。

（5）诊断：①发病急、流行快、传播广、发病率高，但病死率低，且多呈良性经过。②大量流涎，呈引缕状。③口蹄疫定位明确（口腔黏膜、蹄部和乳头皮肤），病变特异（水疱、糜烂）。④恶性口蹄疫时可见虎斑心。

（6）防治：发生口蹄疫后，应迅速报告疫情，划定疫点、疫区、受威胁区，及时严格封锁。疫点中的易感动物应隔离急宰，同时对畜舍及污染场所和用具等彻底消毒。对疫区和受威胁区内的健康易感畜进行紧急接种，所用疫苗必须与当地流行的病毒型、亚型相同。还应在受威胁区的周围建立免疫带以防疫情扩散。在最后一头病畜痊愈或屠宰后 14d 内，未再出现新的病例，经大消毒后可解除封锁。

2. 牛流行热

（1）病原：由牛流行热病毒引起的一种急性热性传染病。感染该病的大部分病牛经 2～3d 即恢复正常，故又称三日热或暂时热。该病病势迅猛，但多为良性经过。

（2）传播途径：吸血昆虫（蚊、蠓、蝇）叮咬病牛后再叮咬易感健康牛而传播，多在蚊蝇滋生的 8—10 月发生。

（3）易感动物：奶牛和黄牛多发。3～5 岁多发，1～2 岁及 6～8 岁牛次之，犊牛及 9 岁以上牛少发。

（4）症状：①呼吸型：病初，病畜震颤，恶寒战栗，接着体温升高到 41℃ 以上，稽留 2～3d 后体温恢复正常。在体温升高的同时，可见流泪，眼睑与结膜充血、水肿。呼吸促迫，呼吸次数每分钟可达 80 次以上，呼吸困难，患畜因发生间质性肺气肿，而发出呻吟声，呈苦闷状。有时可由窒息而死亡。②胃肠型：食欲废绝，反刍停止。第一胃蠕动停止，出现臌胀或者缺乏水分，胃内容物干涸，粪便干燥，有时腹泻。③瘫痪型：四肢关节浮肿疼痛，病牛呆立，跛行，以后起立困难而俯卧。

（5）病变：可见气管和支气管黏膜充血和点状出血，黏膜肿胀，气管内充满大量泡沫黏液。肺显著肿大，有程度不同的水肿和间质气肿，压之有捻发音。全身淋巴结充血、肿胀或出血。直肠、小肠和盲肠黏膜呈卡他性炎和出血。其他实质脏器可见混浊、肿胀。

3. 牛病毒性腹泻

（1）病原：由牛病毒性腹泻病毒（BVDV）引起牛的一种急性、热性传染病，其临诊特征为黏膜发炎、糜烂、坏死和腹泻，又称黏膜病。

（2）传播途径：直接或间接接触传播，主要通过消化道和呼吸道传播，也可通过胎盘传播。

（3）易感动物：各种年龄的牛都易感染，以幼龄牛易感性最高，也可以感染绵羊、山羊、猪、鹿等。

（4）症状：急性型（腹泻）多见于幼犊。表现高热，持续 2～3d，有的呈双相热。大量流涎，流泪，腹泻，粪便呈水样、恶臭，含有黏液或血液。

（5）病变：口腔黏膜（唇内、齿龈和硬腭）和鼻黏膜糜烂或溃疡，严重者整个口腔覆有灰白色的坏死上皮，像被煮熟样。蹄叶发炎及趾间皮肤糜烂坏死，致使病畜跛行。

4. 牛传染性鼻气管炎

（1）病原：牛传染性鼻气管炎又称坏死性鼻炎、红鼻病，是Ⅰ型牛疱疹病毒（BHV-1，又称牛传染性鼻气管炎病毒，IBRV）引起的一种牛呼吸道接触性传染病。临诊表现形式多样，以呼吸道为主，伴有结膜炎、流产、乳腺炎，有时诱发小牛脑炎等。

（2）传播途径：空气、飞沫、精液和接触传播，也可以通过胎盘传播。

（3）易感动物：肉牛最易感，其中 20～60 日龄犊牛最为易感，其次是奶牛。

（4）临诊症状及病理变化：①呼吸道型：最常见。病初高热（40～42℃），精神委顿，厌食，流泪，流涎，流黏脓性鼻液。鼻黏膜高度充血，呈火红色，并出现浅表坏死。呼吸高度困难，呼出气体恶臭。②生殖道型：病初轻度发热，食欲无影响，产奶量无明显改变。病牛表现不安，频尿，排尿时因疼痛而尾部高举。外阴和阴道黏膜充血潮红，有时黏膜上面散在有灰黄色、粟粒大的脓疱，阴道内见有多量黏脓性分泌物。重症病例，阴道黏膜被覆伪膜，并见有溃疡。③脑膜脑炎型：主要发生于犊牛，表现共济失调，精神沉郁、兴奋、惊厥，角弓反张，口吐白沫等。④眼炎型：多与上呼吸道炎症合并发生，病初眼睑水肿，眼结膜高度充血，流泪，角膜轻度混浊。重症病眼结膜形成灰黄色、针头大颗粒，致使眼睑黏着和眼结膜外翻。眼、鼻流浆性或脓性分泌物。⑤流产型：常于怀孕的第5~8个月发生流产，多无前驱症状，约有50％流产牛见有胎衣滞留，流产胎儿不见有特征性肉眼病变。

（5）防控：无特效疗法。严格检疫；疫苗无法阻止野毒感染，需扑杀净化。

（二）羊传染病

1. 小反刍兽疫

（1）病原：小反刍兽疫俗称羊瘟，又名小反刍兽假性牛瘟、肺肠炎、口炎肺肠炎综合征，是由小反刍兽疫病毒引起的一种急性病毒性传染病，主要感染小反刍动物，以发热、口炎、腹泻、肺炎为特征。

（2）传播途径：直接接触传染。

（3）易感动物：本病主要感染山羊、绵羊等小反刍动物。多雨季节和寒冷季节多发。

（4）症状：潜伏期为4~5d，最长21d。仅见于山羊和绵羊。山羊发病严重。症状与牛瘟病牛相似。急性型体温可上升至41℃，并持续3~5d。感染动物烦躁不安，背毛无光，口鼻干燥，食欲减退。流黏液脓性鼻漏，呼出恶臭气体。后期出现带血水样腹泻，严重脱水，消瘦，随之体温下降。咳嗽，呼吸异常。发病率高达100％，在严重暴发时，死亡率为100％。幼年动物发病严重，发病率和死亡率都很高，为我国划定的一类疾病。

（5）病变：尸体剖检病变与牛瘟病牛相似。病变从口腔直到瘤-网胃口。患畜可见结膜炎、坏死性口炎等肉眼病变，严重病例可蔓延到硬腭及咽喉部。皱胃常出现病变，而瘤胃、网胃、瓣胃很少出现病变，病变部常出现有规则、有轮廓的糜烂，创面红色、出血。肠可见糜烂或出血，特征性出血或斑马条纹常见于大肠，特别在结肠与直肠结合处。淋巴结肿大。脾有坏死性病变。在鼻甲、喉、气管等处有出血斑。

（6）诊断：根据本病的流行病学、临诊表现及病理变化可以做出初步诊断，但确诊必须通过实验室诊断。

（7）防控：牛瘟弱毒疫苗免疫；加强检疫，防止传入。

2. 山羊病毒性关节炎-脑炎

（1）病原：由山羊关节炎-脑炎病毒引起的，以成年羊呈现慢性多发性关节炎、伴发间质性肺炎或间质性乳腺炎，羔羊呈脑脊髓炎为临诊特征的传染病。

（2）传播途径：乳汁、污染的饲料和饮水为本病的传播媒介。

（3）易感动物：山羊。脑脊髓炎型：2~4月龄羔羊；关节炎型：1岁以上成年山羊。

（4）病变：小脑和脊髓灰质在前庭核部位将小脑与延脑横断，可见一侧脑白质有一棕色区；关节周围软组织肿胀波动，皮下浆液渗出，关节囊肥厚，滑膜常与关节软骨粘连；肺脏轻度肿大，质地硬，呈灰色，表面散在灰白色小点，切面有大叶性或斑块状实变区。

（5）诊断：根据病史、临诊症状和病理变化可做出初步诊断，确诊需进行实验室诊断。

3. 蓝舌病

（1）病原：蓝舌病是由蓝舌病病毒引起反刍动物的一种严重传染病。以口腔、鼻腔和胃肠道黏膜发生溃疡性炎症变化为特征。主要侵害绵羊。

（2）传播途径：经库蠓叮咬传播。病畜与健畜直接接触不传染，但是胎儿在母畜子宫内可被直接感染。病毒主要存在于动物的红细胞内，并能从精液排毒。绵羊虱也能机械传播。

（3）易感动物：绵羊最易感，并表现出特有症状，纯种美利奴羊更为敏感。牛易感，但以隐性感染为主。

（4）症状：典型症状是以体温升高和白细胞显著减少开始，病畜体温升高达 40～42℃，稽留 2～6d；厌食，流涎，呼吸障碍，口腔糜烂，舌发绀，胃溃疡；鼻腔分泌大量浆液性分泌物，后期为黏液脓性分泌物；跛行，蹄叶炎。

（5）病变：主要在口腔、瘤胃、心脏、肌肉、皮肤和蹄部，呈现糜烂出血点、溃疡和坏死。唇内侧、牙床、舌侧、舌尖、舌面表皮脱落。皮下组织充血及胶样浸润。乳房和蹄冠等部位上皮脱落但不发生水疱，蹄部有蹄叶炎变化，并常溃烂。肺泡和肺间质严重水肿，肺严重充血。

三、例题及解析

1. 牛传染性鼻气管炎临诊类型不包括（　　）。

A. 皮肤型　　　　　　　　B. 流产型　　　　　　　　C. 呼吸道型
D. 脑膜脑炎型　　　　　　E. 生殖道感染型

【解析】A。牛传染性鼻气管炎根据临诊症状可分为：呼吸道型、生殖道感染型、脑膜脑炎型、眼炎型、流产型。

2. 以食道黏膜糜烂并呈线状排列为病理特征的牛传染病是（　　）。

A. 口蹄疫　　　　　　　　B. 牛流行热　　　　　　　C. 牛病毒性腹泻
D. 牛出血性败血病　　　　E. 牛传染性鼻气管炎

【解析】C。牛病毒性腹泻又称黏膜病，食道黏膜糜烂，形状与大小不等并呈直线排列。

3. 某牛场发病奶牛，呼吸困难，鼻流无色或带血色泡沫液体。取鼻腔分泌物经瑞氏染色，镜检见两极着色的球杆菌。该病例最可能的致病病原是（　　）。

A. 牛支原体　　　　　　　B. 牛分枝杆菌　　　　　　C. 多杀性巴氏杆菌
D. 支气管败血波氏菌　　　E. 胸膜肺炎放线杆菌

【解析】C。多杀性巴氏杆菌是引起多种畜禽巴氏杆菌病的病原体，主要使动物发生出血性败血病或传染性肺炎。细菌呈细小球杆状，为革兰氏阴性菌，两端钝圆；经瑞氏染色或美蓝染色呈明显的两极着色；无鞭毛，不形成芽孢。

4. 绵羊，体温 41℃，眼周围、唇、鼻、四肢、乳房等处出现痘疹。取病料电镜观察可见卵圆形或砖形病毒粒子。该病例最可能的病原是（　　）。

A. 朊病毒　　　　　　　　B. 蓝舌病病毒　　　　　　C. 绵羊痘病毒
D. 伪狂犬病病毒　　　　　E. 小反刍兽疫病毒

【解析】C。根据绵羊皮肤和黏膜上发生特异性的痘疹，结合病毒粒子特点，诊断为绵羊痘。本病是由痘病毒引起的一种急性、热性共患性传染病。其典型特征是体温升高达41～42℃，在眼周围、唇、鼻、颊、四肢、尾内面及阴唇、乳房、阴囊和包皮上形成痘疹。

5. 某牛场饲养员协助接产一奶牛后，奶牛出现低热，全身乏力，关节痛等症状。采集分泌物涂片镜检，可见革兰氏阴性，柯兹洛夫斯基鉴别染色为红色的球杆菌。该病原可能是（　　）。

A. 支原体　　　　　　　　B. 螺旋体　　　　　　　　C. 分枝杆菌

D. 布鲁菌   E. 巴氏杆菌

【解析】D。布鲁菌感染后主要表现为流产、睾丸炎、附睾炎、乳腺炎、子宫炎、关节炎、后肢麻痹或跛行等。

6. 初冬，某群奶牛发病，体温升高，大量流泪，有脓性鼻漏，鼻黏膜、鼻镜高度充血，犊牛发病，口吐白沫，共济失调，阵发性痉挛，角弓反张，病程 4～5d。该病可能为（   ）。

A. 牛流行热   B. 牛黏膜病   C. 牛出血性败血病

D. 牛传染性胸膜肺炎   E. 牛传染性鼻气管炎

【解析】E。牛传染性鼻气管炎又称红鼻病，是由 1 型牛疱疹病毒引起的一种牛呼吸道接触性传染病。呼吸道型表现为咳嗽，呼吸困难，流泪，流涎，流黏液脓性鼻液。鼻黏膜高度充血，鼻镜发炎充血，故有"红鼻病"之称。脑膜脑炎型仅见于犊牛，临诊表现沉郁或兴奋，共济失调，甚至倒地，惊厥抽搐，角弓反张。因此根据病牛的临诊特征，可以诊断为牛传染性鼻气管炎。

<<< 第二单元 寄生虫病 >>>

一、考试大纲

单元	细目	要点
牛、羊寄生虫病	蠕虫病	（1）肝片吸虫病　（2）绦虫病　（3）捻转血矛线虫病　（4）仰口线虫病
	蜘蛛昆虫病	（1）牛皮蝇蛆病　（2）羊狂蝇蛆病　（3）硬蜱
	原虫病	（1）牛巴贝斯虫病　（2）牛、羊泰勒虫病
	呼吸系统疾病	（1）支气管肺炎　（2）纤维素性肺炎　（3）胸膜炎
	心血管疾病	（1）创伤性心包炎　（2）心力衰竭
	泌尿系统疾病	（1）肾病　（2）膀胱炎

二、重要知识点

1. 肝片吸虫病

（1）病原：成虫虫体扁平呈柳叶状，虫卵为椭圆形，黄褐色，窄端有不明显的卵盖，卵内充满卵黄细胞和一个卵胚细胞。

（2）流行病学：中间宿主为椎实螺科的淡水螺。

（3）诊断：粪便用水洗沉淀法检查虫卵或动物死后剖检即可确诊。

（4）治疗：可选用阿苯达唑、三氯苯唑、碘硝柳胺等。

2. 绦虫病

（1）病原：病原体有莫尼茨属、曲子宫属和无卵黄腺属的绦虫。莫尼茨绦虫为乳白色，扁平带状。

(2)症状：严重感染时，幼畜消化不良，便秘，腹泻。慢性胀气，贫血，消瘦。神经症状，呈现抽搐、痉挛及回旋病样症状。有的由于大量虫体聚集成团，引起肠阻塞、肠套叠、肠扭转，甚至肠破裂。

(3)诊断：可取粪便用饱和盐水浮集法检查虫卵。虫卵呈不正圆形、四角形、三角形，卵内有梨形器。

(4)治疗：可选用阿苯达唑、吡喹酮等药物。

3. 捻转血矛线虫病

(1)发育史：本病病原体生活史无需中间宿主。

(2)症状：病畜被毛粗乱，消瘦，贫血，精神委顿，放牧时离群。严重感染时出现腹泻，多黏液，有时混有血液。

(3)诊断：本病无特征性症状，如果根据流行病学和慢性消耗性症状怀疑为寄生虫病时，应采取粪便检查虫卵来确诊。

(4)治疗：可选用左旋咪唑、丙硫苯咪唑、伊维菌素等药物。

4. 仰口线虫病

(1)病原：仰口线虫。成虫寄生于牛、羊。

(2)流行特点：经皮肤感染，经口感染。秋季感染，春季发病。

(3)症状与病变：渐进性贫血，严重消瘦，下颌水肿，顽固性腹泻，皮下有浆液性浸润，粪便带血。肺脏有淤血性出血和小点出血。

(4)诊断：粪便检查。

(5)防治：阿苯达唑、伊维菌素、左旋咪唑。

5. 牛皮蝇蛆病

(1)病原：纹皮蝇、牛皮蝇的幼虫。

(2)发育史：完全变态发育，经卵、幼虫、蛹、成蝇4个阶段。整个发育期为一年。

(3)症状与病变：寄生于牛背部皮下组织引起牛皮蝇蛆病。雌蝇产卵时引起牛强烈不安。幼虫钻入皮肤引起痛痒、精神不安。第三期幼虫在牛背部皮下，引起局部结缔组织增生和皮下蜂窝织炎，背部皮肤留有瘢痕和小孔。

(4)诊断：用力挤压背部肿块可见虫体。

(5)防治：消灭幼虫药物包括有机磷杀虫药、伊维菌素或阿维菌素。

6. 羊狂蝇蛆病

(1)病原：羊狂蝇幼虫。

(2)发育史：完全变态发育，经幼虫、蛹、成虫3个阶段。

(3)症状与病变：寄生于羊的鼻腔和额窦内。病羊打喷嚏，流脓性鼻涕，呼吸困难。出现旋转等神经症状。

(4)诊断：早期诊断，可用药液喷入鼻腔，收集用药后的鼻腔喷出物，发现死亡幼虫。

(5)防治：伊维菌素、敌百虫、氯硝柳胺。

7. 硬蜱

(1)发育史：硬蜱的发育属不完全变态，要依次经过卵、幼虫、若虫、成虫4个阶段。

(2)症状：直接危害牛、羊，可导致贫血、皮肤炎症；肌肉麻痹，可导致呼吸衰竭而死亡；间接危害可传播多种疾病，如布鲁菌病、泰勒虫病。

（3）防治：畜体灭蜱，如3％马拉硫磷、2％害虫敌；畜舍灭蜱可用菊酯类、石灰粉、敌百虫水等。

8. 牛巴贝斯虫病

（1）病原：巴贝斯属梨形虫（旧称焦虫或血孢子虫）。寄生于牛红细胞内。

（2）发育史：由蜱传播，6—9月多发。

（3）症状与病变：以内脏器官黄染，血液稀薄，肝、脾、肾肿大及血红蛋白尿为特征。

（4）诊断：血液涂片检出虫体是确诊的主要依据。

（5）防治：血虫净（水牛敏感），黄色素（锥黄素、吖啶黄）。灭蜱。药物预防。

9. 牛、羊泰勒虫病

（1）病原：环形泰勒虫（圆环形和卵圆形），瑟氏泰勒虫（杆形和梨子形寄生于巨噬细胞、淋巴细胞、红细胞）。

（2）发育史：环形泰勒虫病的传播者是璃眼蜱属的蜱，传播期间，主要寄生在牛。瑟氏泰勒虫病的传播者是血蜱属的蜱。

（3）症状与病变：急性型病期常为10～15d，牛、羊贫血，消瘦。慢性型腹泻和贫血症状持续存在。

（4）诊断：穿刺淋巴结，涂片染色后镜检石榴体，或血液涂片检查虫体。

（5）防治：血虫净、三氮脒。

三、例题及解析

1. 泰勒虫的"石榴体"阶段见于牛、羊的（　　）。

　　A. 红细胞　　　　　　　　B. 淋巴细胞　　　　　　　C. 中性粒细胞

　　D. 嗜酸性粒细胞　　　　　E. 嗜碱性粒细胞

【解析】B。牛、羊泰勒虫病是由泰勒科、泰勒属虫体寄生于牛、羊红细胞和单核巨噬细胞系统内引起的一种寄生虫病。石榴体呈圆形、椭圆形或肾形，位于淋巴细胞或巨噬细胞胞质内。因此，泰勒虫的"石榴体"阶段主要见于牛、羊的淋巴细胞。

2. 夏季，某放牧绵羊群出现食欲减退、体温升高、可视黏膜苍白等症状。剖检见肝脏肿大，有出血点，在肝脏中发现大量呈扁平叶状的虫体。该病可能是（　　）。

　　A. 细粒棘球蚴病　　　　　B. 莫尼茨绦虫病　　　　　C. 捻转血矛线虫病

　　D. 肝片形吸虫病　　　　　E. 日本分体吸虫病

【解析】D。肝片吸虫病是指肝片形吸虫寄生于牛、羊、骆驼和鹿等各种反刍动物的肝脏胆管中而引起的寄生虫病。肝片吸虫呈扁平叶状；病畜临诊表现为营养障碍贫血和消瘦。

3. 治疗牛、羊东毕吸虫病的药物是（　　）。

　　A. 左旋咪唑　　　　　　　B. 伊维菌素　　　　　　　C. 吡喹酮

　　D. 氯苯胍　　　　　　　　E. 氨丙啉

【解析】C。牛、羊东毕吸虫的主要治疗药物是吡喹酮和硝硫氰胺。其中吡喹酮剂量为每千克体重60～80mg，分两次内服。

4. 我国南方放牧犊牛群发病，表现精神沉郁，食欲废绝，严重贫血，腹泻，粪便带血，最后死亡。剖检见门静脉和肠系膜静脉内有多量线状虫体。该病最可能的诊断是( )。

    A. 肝片吸虫病   B. 歧腔吸虫病   C. 阔盘吸虫病

    D. 大片形吸虫病   E. 日本分体吸虫病

【解析】E。据该牛群的表现,诊断为日本分体吸虫病。犊牛大量感染时,常呈现急性经过,表现食量减少、精神萎靡、行动迟缓、呆立不动。同时,体温升高,呈不规则间歇热,继而消化不良,腹泻或便血,消瘦,发育迟缓,贫血,严重时全身衰竭而死。日本分体吸虫体呈长圆柱状,外观呈线状。

5. 我国南方放牧犊牛群发病,表现精神沉郁,食欲废绝。严重贫血,腹泻。粪便带血,最后死亡,剖检见门静脉和肠系膜静脉内有多量线状虫体,该病肝脏的特征性病变是( )。

    A. 充血   B. 出血   C. 肿胀

    D. 萎缩   E. 虫卵结节

【解析】E。日本分体吸虫病的基本病变是由虫卵沉着在组织中所引起的虫卵结节。初期结节中央为虫卵,周围聚集大量嗜酸性粒细胞,并有坏死,外围有新生肉芽组织与各种细胞浸润。之后,卵内毛蚴死亡,虫卵破裂或钙化,外围围绕上皮细胞、巨细胞和淋巴细胞,以后肉芽组织长入结节内部。最后结节发生纤维化。

6. 绵羊群放牧于潮湿的天然草场,春季发病,表现为流鼻液,群发性咳嗽,运动时和夜间咳嗽加重,咳出的黏膜中见有乳白色、长丝状活动物。病羊体温不高,贫血,水肿,被毛粗乱。逐渐消瘦,严重者呼吸困难,体温升高,多死于肺炎。死亡的12只中有羔羊10只。确诊该病需要检查的病料是( )。

    A. 粪便   B. 尿液   C. 皮屑

    D. 血液   E. 淋巴结穿刺物

【解析】A。肺线虫病的确诊,需检查粪便中的虫卵或幼虫。

7. 防控牛、羊球虫病的药物是( )。

    A. 莫能菌素   B. 伊维菌素   C. 三氮脒

    D. 阿苯达唑   E. 左旋咪唑

【解析】A。防控牛、羊球虫病的药物是莫能菌素、氨丙啉、磺胺二甲基嘧啶。

<<< 第三单元　内　科　病　>>>

一、考试大纲

单元	细目	要点
普通病	营养代谢病	(1) 酮病　(2) 产后瘫痪　(3) 骨软症　(4) 佝偻病
	中毒病	(1) 氢氰酸中毒　(2) 有机磷农药中毒
	消化系统疾病	(1) 瘤胃积食　(2) 前胃弛缓　(3) 瘤胃鼓气　(4) 创伤性网胃炎

二、重要知识点

1. 酮病

(1) 特征：呈现酮血、酮尿、酮乳，出现低血糖、消化功能紊乱、乳产量下降，间有神经症状。

(2) 病因：碳水化合物饲料不足、糖类缺乏。

(3) 治疗：①替代疗法：即葡萄糖疗法，静脉注射50％葡萄糖。②激素疗法：应用促肾上腺皮质激素（ACTH）、可的松。③对症治疗。

2. 产后瘫痪

(1) 特征：也称乳热和临诊分娩低钙血症。其特征是精神沉郁、全身肌肉无力、昏迷、瘫痪、卧地不起，伏卧的牛，四肢缩于腹下，颈部常弯向外侧，呈S状。

(2) 病因：血钙下降为其主要原因。

(3) 治疗方法：钙剂疗法。常用的是葡萄糖酸钙液，还可采用乳房充气法、牛奶疗法及对症治疗。

3. 骨软症

(1) 特征：骨软症是成年动物钙、磷代谢障碍的一种慢性全身性疾病。病理特征是软骨内骨化完全，骨质疏松和形成过量的未钙化的骨基质。临诊特征是消化紊乱，异嗜癖，骨质变软，肢势异常（两后肢膝关节呈X形），蹄变形，尾椎吸收及跛行。

(2) 治疗：静脉注射葡萄糖酸钙；维生素A、维生素D肌内注射。

4. 佝偻病

(1) 特征：佝偻病指犊牛由于矿物质钙、磷和维生素D缺乏所致的疾病。临诊特征是消化不良、长骨弯曲（两前肢腕关节外展呈O形；两后肢膝关节向内收呈X状）和跛行。

(2) 治疗：可用维生素D_2、维丁胶性钙。

5. 氢氰酸中毒

(1) 特征：是指动物采食富含氰苷糖苷的饲料（如木薯、高粱及玉米的新鲜幼苗、亚麻子、豆类）引起的疾病。以呼吸困难、黏膜鲜红、肌肉震颤、全身惊厥等组织性缺氧为特征。

(2) 防治：发病后立即用5％的亚硝酸钠溶液静脉注射，随后注射5％～10％硫代硫酸钠溶液。

6. 有机磷农药中毒

(1) 特征：以腹泻，流涎，肌群震颤、瞳孔缩小为特征。经消化道中毒者，可嗅到胃肠内容物呈蒜臭味。

(2) 治疗：目前常用的解毒药有两种，一种是抗M受体拮抗剂，如阿托品；另一种为胆碱酯酶复活剂，如解磷定、氯解磷定和双复磷。

7. 瘤胃积食

(1) 病因：瘤胃积食的主要原因是饲养不当；采食过量劣质、粗硬的饲料；采食多量干料后饮水不足；偷食大量精料等。

（2）症状：左侧下腹部轻度膨大、左欣窝部变为平坦。触诊瘤胃，瘤胃内容物黏硬或坚硬，叩诊呈浊音，听诊蠕动音减弱或消失。

（3）防治：①排除瘤胃内容物，内服泻剂，并配合使用止酵剂。可用硫酸钠或液体石蜡（或植物油）、鱼石脂 20g、酒精 50mL、温水，内服。②兴奋瘤胃蠕动。③经上述措施治疗无效时，可行瘤胃切开术。

8. 前胃弛缓

（1）病因：饲养不当；管理不当：过度使役或运动不足。

（2）症状：饮食欲减退、废绝，反刍无力，次数减少或停止。瘤胃蠕动音减弱或消失。触诊内容物松软。瘤胃内容物 pH 下降到 6.5～5.5，纤毛虫活性降低，数量减少，甚至消失。

（3）防治：①缓泻制酵常用硫酸镁或硫酸钠。②兴奋瘤胃可用 10％氯化钠液、10％氯化钙液、20％安钠咖液静脉注射。③移植健康牛的瘤胃内容物。

9. 瘤胃臌气

（1）病因：原发性者多见于大量采食易发酵的草料，以及舍饲的牛。

（2）症状：①原发性：视诊左腹围迅速膨大、肷窝凸出；触诊紧张而有弹性；叩诊鼓音区范围扩大；听诊瘤胃蠕动音先增强后减弱或消失。呼吸高度困难，黏膜呈蓝紫色。常因窒息或心脏麻痹而死亡。②继发性：一般发生发展缓慢，对症施治后症状暂时减轻，但原病不愈，不久又可复发。

（3）防治：①放气减压：这种方法仅对非泡沫性臌胀有效。②止酵消沫：非泡沫性臌胀可用鱼石脂、95％酒精；泡沫性臌胀可用二甲基硅油。③排除胃内容物：可用盐类或油类泻剂；同时使用瘤胃兴奋药。

10. 创伤性网胃炎

（1）病因：采食时吞下尖锐的金属异物，进入网胃内损伤网胃壁而引起。

（2）症状：顽固的前胃弛缓症状和触压网胃表现疼痛；站立时肘头外展，上下坡运动时愿上坡而不愿下坡；鬐甲反射阳性。

（3）治疗：保守疗法，一般可应用抗生素或磺胺类药物，以控制炎症发展，但不能根治。根本疗法在于早期施行手术，摘除异物。

11. 支气管肺炎

（1）特征：临床上以出现弛张热型、咳嗽，叩诊有散在的局灶性浊音区，听诊有干啰音等为特征。

（2）X 射线检查：斑片状或斑点状的渗出性阴影，大小和形状不规则，密度不均匀。当病灶发生融合时，则形成较大片的云絮状阴影，但密度多不均匀。

12. 纤维素性肺炎

（1）特征：大多由病原微生物引起，以肺泡内纤维蛋白渗出为主要特征。高热稽留、流铁锈色鼻液、大片肺浊音区。

（2）X 射线检查：充血期可见肺纹理增重，肝变期发现肺脏有大片均匀的浓密阴影。

13. 胸膜炎　特征：叩诊时胸部疼痛，渗出期叩诊呈水平浊音区，听诊摩擦音消失。渗出的初期和渗出物被吸收的后期均可听到明显的胸膜摩擦音；胸腔积液时，心音减弱。胸腔穿刺，可流出黄色或含有脓汁的液体（化脓性胸膜炎），含大量纤维蛋白，易凝固。

14. 创伤性心包炎　特征：创伤性心包炎一般是由于牛吞食尖锐异物刺伤网胃进而损伤心包而引起。严重心包炎可出现呼吸困难，结膜发绀。叩诊心区有疼痛反应，浊音区增大。听诊心音，出现心包摩擦音或心包拍水音。心包穿刺液暗黄色、混浊，有时为血性、脓性。

15. 心力衰竭

（1）急性心力衰竭：可视黏膜高度发绀，体表静脉怒张，呼吸高度困难，往往伴发肺水肿，胸部听诊有广泛的湿啰音；两侧鼻孔流出多量无色细小泡沫状鼻液。

（2）慢性心力衰竭（充血性心力衰竭）：黏膜发绀，体表静脉怒张。垂皮、腹下和四肢下端水肿，触诊有捏粉样感。心脏叩诊浊音区扩大，常出现相对闭锁不全性心内杂音和节律不齐。

16. 肾炎　肾小球、肾小管或肾间质组织发生炎症的统称。临诊上以肾区敏感与疼痛，尿量减少，尿液中出现多量肾上皮细胞和各种管型，严重时伴有全身水肿为特征。

17. 膀胱炎　指膀胱黏膜及其黏膜下层的炎症。临诊上以疼痛性频尿和尿中出现较多的膀胱上皮细胞、炎性细胞、血液和磷酸镁结晶为特征。多发于母畜，以卡他性膀胱炎多见。

三、例题及解析

1. 牛群在夏季放牧过程中，突然陆续出现兴奋不安，第三眼睑突出，倒地，口吐白沫，有抽搐的表现。此时，兽医首先需要（　　）。

　　A. 检查腹围　　　　　　　B. 检查反刍活动　　　　　C. 检查神经功能

　　D. 调查牧草情况　　　　　E. 调查病史，迅速抢救

【解析】E。根据牛群出现的上述情况，初步诊断为有机磷农药中毒。因此兽医首先需要调查病史，迅速抢救。

2. 乳牛出现食欲减少，口腔干臭，鼻镜干燥，反刍停止，肠蠕动音减弱，排粪停止，两后肢交替踏地或踢腹等症状，该牛所患的疾病是（　　）。

　　A. 肠炎　　　　　　　　　B. 口炎　　　　　　　　　C. 酮病

　　D. 肠便秘　　　　　　　　E. 前胃弛缓

【解析】D。肠便秘临诊上多呈现剧烈或中等腹痛，排粪停止，肠音不整，以后逐渐减弱或消失，病牛两后肢交替踏地或后肢踢腹。

3. 奶牛长期饲喂干玉米秸，反刍停止，喜卧，每次仅排出少量粪便。体温38.4℃，脉搏85次/min，精神沉郁，眼窝凹陷，触诊瘤胃内容物坚实，拳压留痕，听诊瘤胃蠕动音消失，该病可诊断为（　　）。

　　A. 瘤胃炎　　　　　　　　B. 瓣胃阻塞　　　　　　　C. 瘤胃积食

　　D. 瘤胃鼓气　　　　　　　E. 皱胃变位

【解析】C。瘤胃积食病牛表现食欲减退甚至拒食，反刍缓慢、稀少，以后反刍、嗳气均停止，鼻镜干燥，病畜背腰拱起，后肢踢腹，摇尾。触诊瘤胃表现疼痛，瘤胃内容物黏硬或坚硬。叩诊呈浊音。初期蠕动音增强，后期减弱或消失。排粪迟滞，粪便干少、色暗，有

时排少量恶臭的粪便。一般体温不高。

4. 黄牛在田间放牧时突然发病，精神沉郁，流涎，磨牙，后肢踢腹，腹泻，骨骼肌震颤，严重者瞳孔缩小，死亡2头。该病最可能的诊断是(　　)。

    A. 尿素中毒   B. 有机磷中毒   C. 有机氟中毒

    D. 抗凝血灭鼠药中毒   E. 氨中毒

【解析】B。有机磷农药主要表现为胃肠运动过度、腺体分泌过多而导致腹痛，患病动物回顾腹部，肠音高亢，腹泻，粪尿失禁，大量流涎，流泪，鼻孔和口角有白色泡沫，瞳孔缩小呈线状，食欲废绝，可视黏膜苍白等。

5. 牛群采食后陆续出现呕吐，呼吸困难，口吐白沫，站立不稳等症状，检查见可视黏膜发绀，末梢部位冰冷，体温36.5℃，调查发现病牛发病前曾饱食久置菜叶。治疗该病的特效药物是(　　)。

    A. 亚甲蓝   B. 乙醛   C. 阿托品

    D. 亚硝酸钠   E. 二巯基丙硫酸钠

【解析】A。亚硝酸盐中毒特效解毒剂是美蓝（亚甲蓝），加生理盐水或葡萄糖溶液，制成1‰溶液，静脉注射。

6. 黄牛，采食过程中被惊吓，突然躁动不安，伸颈，空嚼吞咽，大量流涎，咳嗽，呼吸困难。该病可能为(　　)。

    A. 口炎   B. 咽炎   C. 唾液腺炎

    D. 食道阻塞   E. 肠胃胀气

【解析】D。该牛在采食过程中被惊吓后出现空嚼吞咽，大量流涎，咳嗽，呼吸困难等表现，应考虑食道阻塞。

7. 牛，5岁，分娩后2周，食欲减退，兴奋不安，前胃弛缓，产奶量减少，渐进性消瘦，呼出气有烂苹果味。该病最可能的诊断是(　　)。

    A. 生产瘫痪   B. 酮病   C. 真胃变位

    D. 前胃弛缓   E. 创伤性网胃炎

【解析】B。奶牛酮病临诊表现为食欲减退，便秘，粪便上覆有黏液，迅速消瘦等；严重者的乳汁、尿液及呼出的气体有酮体气味（烂苹果味）。

<<< 第四单元 外产科病 >>>

一、考试大纲

单元	细目	要点
牛、羊外产科病	1. 外科疾病	（1）黏液囊炎　（2）蹄变形　（3）指（趾）间皮肤赘生　（4）脓肿　（5）蜂窝织炎　（6）脐疝
	2. 产科病	（1）卵巢囊肿　（2）持久黄体　（3）阴道脱出　（4）子宫脱出　（5）乳腺炎

二、重要知识点

1. 黏液囊炎 指黏液囊由于机械作用引起的浆液性、浆液纤维素性及化脓性炎症。临诊上家畜四肢的皮下黏液囊炎较多见，牛的腕前皮下黏液囊炎最多发，并常取慢性经过。

2. 蹄变形 指由于各种不良因素的作用，致使蹄角质异常生长，蹄外形发生改变而不同于正常奶牛的蹄形，又称变形蹄。

3. 指（趾）间皮肤赘生 即指（趾）间皮肤增生，为指（趾）间皮肤（表皮和真皮）组织的慢性增殖性疾病。

4. 脓肿 指在任何组织或器官内形成外有脓肿膜包裹、内有脓汁潴留的局限性肿胀。如果解剖腔（鼻窦、喉囊、胸膜腔及关节腔）内有脓汁滞留时称为蓄脓。根据脓肿发生部位的深度不同，分浅在脓肿和深在脓肿。

5. 蜂窝织炎 指发生于疏松结缔组织的急性弥漫性化脓性炎症。多发生于皮下、筋膜下及肌肉间的疏松结缔组织内。

6. 脐疝 脐疝发生时脐部呈球形肿胀，内容物是小肠和网膜。发生主要原因是脐孔没有闭锁或腹壁发生缺陷。脐疝主要发生于犊牛。

7. 卵巢囊肿 包括卵泡囊肿和黄体囊肿两种。卵泡囊肿呈单个或多个存在于一侧或两侧卵巢上，壁较薄。黄体囊肿一般为单个，存在于一侧卵巢上，壁较厚。

8. 持久黄体 是指母牛在分娩后或性周期排卵后，妊娠黄体或发情性周期黄体及其功能长期存在而不消失。

9. 阴道脱出 阴道的一部分或全部脱出于阴门之外，分为阴道上壁脱出和下壁脱出，以下壁脱出为多见。本病多发生于妊娠中后期，年老体弱的母畜发病率较高。

10. 子宫脱出 指子宫角的一部分或全部翻转于阴道内（子宫内翻），或子宫翻转并垂脱于阴门之外（完全脱出）。常在分娩后1d之内子宫颈尚未缩小和胎膜还未排出时发病。

11. 乳腺炎 指由各种病因引起的乳腺炎症，其主要特点是乳汁发生理化性质及细菌学变化，乳腺组织发生病理学变化。乳汁最重要的变化是颜色发生改变，乳汁中有凝块及大量白细胞。许多病例乳腺肿大及疼痛，但大多数病例，用手触诊乳腺难于发现异常。乳腺炎是奶牛最常见的疾病之一，凡饲养奶牛的地方均有此病发生。

三、例题及解析

1. 奶牛，跛行，精神沉郁，体温40.5℃左右，肢蹄部肿胀，触诊有热痛，蹄底有窦道，趾间皮肤有溃疡，并覆盖有恶臭坏死物。最有效的治疗方法是（   ）。

    A. 冷敷　　　　　　　　　　B. 热敷　　　　　　　　　　C. 手术疗法

    D. 激素疗法　　　　　　　　E. 输液疗法

【解析】C。患牛红肿热痛的炎症表现非常明显，并有窦道和恶臭坏死物覆盖，表明细菌性感染已严重到不能仅仅靠单纯抗生素治疗来解决，故最有效的治疗当为手术疗法。

2. 因子宫捻转导致的奶牛难产属于（   ）。

A. 产道性难产　　　　　　B. 产力性难产　　　　　　C. 胎位性难产

D. 胎向性难产　　　　　　E. 胎势性难产

【解析】 A。产道性难产是指由于母体的软产道及硬产道异常而引起的难产。常见的软产道异常有子宫捻转、子宫颈开张不全等。

3. 奶牛妊娠后期,体温39.2℃,乳房下半部皮肤发红,指压留痕,热痛不明显。对该牛合理的处理措施是(　　)。

A. 注射氯前列烯醇　　　　　　B. 乳头内注射抗生素

C. 减少精料和多汁饲料　　　　D. 在乳房基部注射抗生素

E. 乳房皮下穿刺放液消肿

【解析】 C。乳房浮肿,产前乳房出现的肿胀一般在产后逐渐消肿,不需治疗。适当增加运动,每天3次按摩乳房和冷热水交替擦洗,减少精料和多汁饲料,适量减少饮水等,都有助于水肿的消退。

4. 奶牛,3岁,发情表现正常,食欲体温正常,但常从阴道排出一些混浊黏液,发情时排出量较多,屡配不孕,冲洗子宫的回流液像淘米水。该牛最可能患的疾病是(　　)。

A. 子宫积液　　　　　　　　　B. 隐性子宫内膜炎

C. 慢性脓性子宫内膜炎　　　　D. 慢性卡他性脓性子宫内膜炎

E. 慢性卡他性子宫内膜炎

【解析】 E。根据冲洗子宫的回流液像淘米水,结合奶牛的临诊表现,可以诊断为慢性卡他性子宫内膜炎。

5. 一养牛户,为治疗奶牛乳房炎,将某种禁用药物注入奶牛乳房中治疗数日,导致乳中大量残留该物,可引起食用者骨髓造血功能受到抑制,发生再生障碍性贫血。牛奶中最可能残留的禁用药物是(　　)。

A. 孔雀石绿　　　　　　　　B. 己烯雌酚　　　　　　　　C. 氯霉素

D. 克仑特罗　　　　　　　　E. 呋喃唑酮

【解析】 C。氯霉素主要是抑制骨髓造血功能,引起再生障碍性贫血,因此目前大多数国家(包括中国)均禁止氯霉素用于所有食品源性动物。因此答案选C。

6. 奶牛难产,产道检查胎儿呈正生,判断胎儿是否死亡最常用的方法是(　　)。

A. 观察胎儿瞳孔反应　　　　　　B. 测定胎儿体温是否下降

C. 针刺前肢,观察有无疼痛反应　　D. 手指伸入胎儿肛门内,检查有无胎粪

E. 手指伸入胎儿口腔,检查有无吞咽和舌回缩反应

【解析】 E。判断胎儿是否死亡的方法:①如果正生,可以将手指塞入胎儿口内,观察有无吞咽或吸吮动作;牵拉舌头,观察有无活动;牵拉前肢,感觉有无回缩反应;压迫眼球,观察眼球有无转动。②如果为倒生,将手指伸入肛门,感觉是否收缩,或触诊股动脉是否有搏动。因此答案选E。

考点速记

1. 国际贸易中用于**确诊**牛、羊布鲁菌病的方法是**补体结合试验**;布鲁菌病**隐性感染**牛群的主要检疫方法是**血清凝集试验**。

2. 牛海绵状脑病俗称疯牛病。

3. 对炭疽杆菌最易感的动物是牛。

4. 奶牛副结核病的潜伏期通常是 6～12 月；疑似牛副结核病病料涂片镜检常用的染色方法是抗酸染色；牛副结核病引起肠系膜淋巴结的主要病理变化是肿大。

5. 犊牛和仔猪口蹄疫的主要病理变化是心肌炎。

6. 牛流行热按临诊表现分三型：呼吸型（分为最急性型和急性型）、胃肠型和瘫痪型。

7. 牛传染性鼻气管炎临诊类型包括呼吸道型、生殖道感染型、脑膜脑炎型、眼炎型、流产型。

8. 分离培养牛出血性败血病病原的常用培养基是鲜血琼脂。

9. 以食道黏膜糜烂并呈线状排列为病理特征的牛传染病是牛病毒性腹泻。

10. 牛重度瘤胃臌气时，眼结膜表现为发绀。牛急性瘤胃臌气导致极度呼吸困难时首先要采取的措施是穿刺放气。

11. 牛顽固性瓣胃阻塞的适宜治疗方法是瘤胃切开，冲洗瓣胃。

12. 牛皱胃右方变位可出现低血钾。

13. 牛创伤性心包炎后期的典型临诊症状是心包拍水音。

14. 引起牛创伤性心包炎的异物主要来自网胃。

15. 牛发生软骨症时血清生化检测可能降低的指标是无机磷；为预防奶牛骨软症，饲料中最适的钙、磷比例为 1.5∶1。

16. 牛产后血红蛋白尿病的主要病理变化是低磷酸盐血症。

17. 牛慢性蕨中毒的典型症状是血尿。

18. 引起牛黑斑病甘薯中毒的甘薯酮是肺脏毒。

19. 黄牛栎树叶中毒时，其粪便常呈现念珠样。

20. 牛角神经传导麻醉的注射部位是额骨外侧嵴的下方。

21. 牛硬膜外麻醉注射部位多为第一、二尾椎之间。

22. 牛皱胃左方变位整复手术常用的保定方法是站立保定。

23. 奶牛产后子宫复旧的时间一般为30～45d。

24. 对奶牛启动分娩起决定作用的是胎儿的丘脑下部-垂体-肾上腺轴系。

25. 牛分娩时正常的胎位、胎向是上位、纵向。

26. 母牛产后 40d 时，生殖器官的正常变化是子宫大小和形状基本恢复原状。

27. 日本分体吸虫侵入人和牛、羊等终末宿主皮肤的发育阶段是尾蚴。

28. 肝片形吸虫对牛、羊等动物的感染性阶段是囊蚴。

29. 防控羊梭菌性疾病的关键措施是定期进行免疫接种。

30. 羊肠毒血症的流行病学特点是以2～12月龄羊最易感。

31. 绵羊蓝舌病的主要传播媒介是库蠓；非疫区羊群一旦发生蓝舌病，应采取的防控措施是扑杀发病羊群。

32. 山羊关节炎-脑炎除了常见的脑脊髓炎型和关节炎型外，还有间质性肺炎型。

33. 羊群发生小反刍兽疫，正确的防控措施是全群扑杀并无害化处理。

34. 寄生于绵羊盲肠，形似鞭子的线虫是毛尾线虫。

35. 寄生于羊的大型肺线虫是丝状网尾线虫；丝状网尾线虫寄生于羊的肺脏。

36. 捻转血矛线虫寄生于牛、羊的真胃。

37. 羊仰口线虫的主要致病作用是吸食血液。

38. 某绵羊出现流产，其他症状不明显，取流产胎儿脑组织镜检见香蕉形虫体，该病是弓形虫病。

高频题练习

1. 夏末秋初，某牛场个别牛突然发病，很快波及全群。部分病牛体温正常，但四肢关节肿胀，疼痛，体躯僵硬。少数牛卧地不起、瘫痪。现场调查发现该场卫生条件差，蚊虫滋生。该病可能是( )。

A. 口蹄疫　　　　　　　B. 牛流行热　　　　　　C. 牛病毒性腹泻
D. 牛李氏杆菌病　　　　E. 牛传染性胸膜肺炎

2. 10月龄牛，体温41℃，口腔黏膜溃烂，伴有严重腹泻，取病料接种牛胎肾细胞，电镜观察可见有囊膜的球形粒子。该牛感染的病原可能是( )。

A. 朊病毒　　　　　　　B. 牛暂时热病毒　　　　C. 小反刍兽疫病毒
D. 牛病毒性腹泻病毒　　E. 牛传染性鼻气管炎病毒

3. 某群羊发病，口鼻有脓性分泌物，呼吸急促，剖检见胃黏膜糜烂，结肠和直肠结合处有条纹状出血，死亡率50%。该羊群发生的是( )。

A. 蓝舌病　　　　　　　B. 小反刍兽疫　　　　　C. 羊痘
D. 羊快疫　　　　　　　E. 口蹄疫

4. 长江流域某地牛群出现严重贫血、消瘦，剖检见肝脏肿大、有虫卵结节。流行病学调查该牛群有湖滩放牧史。该病可能是( )。

A. 弓形虫病　　　　　　B. 日本分体吸虫病　　　C. 旋毛虫病
D. 棘球蚴病　　　　　　E. 片形吸虫病

5. 治疗耕牛血吸虫病的特效药物是( )。

A. 阿苯达唑　　　　　　B. 左旋咪唑　　　　　　C. 吡喹酮
D. 伊维菌素　　　　　　E. 环丙氨嗪

6. 奶牛，干咳，渐瘦，贫血，体表淋巴结肿大，取鼻腔分泌物涂片，抗酸染色镜检见成丛排列的红色短杆菌，该病原可能是( )。

A. 炭疽杆菌　　　　　　B. 牛支原体　　　　　　C. 产气荚膜梭菌
D. 牛分枝杆菌　　　　　E. 布鲁菌

7. 某牛群妊娠中后期流产，流产后可见阴道黏膜发生粟粒大小红色结节，阴道流出黏液和血样分泌物。最可能的疫病是( )。

A. 牛流行热　　　　　　　　　　B. 牛传染性鼻气管炎
C. 牛病毒性腹泻/黏膜病　　　　　D. 牛布鲁菌病
E. 蓝舌病

8. 黑白花奶牛，3岁，采食后突然发病。反刍停止，喜卧，呻吟，磨牙，排便量减少，精神沉郁，腹部膨胀，左肷窝扁平，听诊瘤胃蠕动音消失。该病最可能是( )。

A. 瘤胃积食　　　　　　B. 瘤胃臌气　　　　　　C. 创伤性网胃炎

D. 瓣胃阻塞   E. 皱胃阻塞

9. 引起牛创伤性心包炎的异物主要来自（   ）。

     A. 瓣胃   B. 皱胃   C. 网胃

     D. 胸腔   E. 肺脏

10. 奶牛，5 岁，日产奶量 20kg，肥胖，喜躺卧，站立时两后肢向前伸至腹下。触诊趾动脉搏动明显，蹄壁增温。轻叩蹄壁时病牛迅速躲闪。粪便气味酸臭，有少许未消化的精料。该牛最可能患的疾病是（   ）。

     A. 蹄叶炎   B. 腐蹄病   C. 消化不良

     D. 急性瘤胃酸中毒   E. 酮病

11. 初夏，南方某绵羊群发病，以 1 岁左右多发。病羊精神沉郁，体温 41℃ 左右，流涎，口腔黏膜充血、发绀，呈青紫色，重症病例口腔、唇、齿龈和舌黏膜糜烂。部分病羊发生蹄叶炎。该病最可能的诊断是（   ）。

     A. 小反刍兽疫   B. 蓝舌病   C. 羊痘

     D. 羊口疮   E. 巴氏杆菌病

12. 5 日龄羔羊腹泻，粪便带血，剖检见小肠黏膜充血、溃疡，回肠外观红色。病料接种普通琼脂，厌氧培养长出的菌落接种庖肉培养基，产生大量气体，该病最可能的病原是（   ）。

     A. 沙门菌   B. 产气荚膜梭菌   C. 巴氏杆菌

     D. 李氏杆菌   E. 炭疽杆菌

13. 牛弓首蛔虫成虫寄生于犊牛的（   ）。

     A. 真胃   B. 小肠   C. 大肠

     D. 肝脏   E. 肺脏

14. 牛乳头状瘤的病原是（   ）。

     A. 寄生虫   B. 霉菌   C. 病毒

     D. 需氧菌   E. 厌氧菌

15. 某奶牛，1 月前曾发生急性乳腺炎，经治疗已无临诊症状，乳汁也无肉眼可见变化，但产奶量一直未恢复，奶汁检测结果体细胞计数 55 万个/mL。对该牛的诊断是（   ）。

     A. 已恢复正常   B. 有乳腺增生   C. 有乳腺肿瘤

     D. 有慢性乳腺炎   E. 有急性乳腺炎

16. 牛临产时发生子宫捻转不宜采用的方法是（   ）。

     A. 翻转母体   B. 剖腹矫正   C. 产道内矫正

     D. 直肠内矫正   E. 牵引术矫正

17. 在环形泰勒虫发育的"石榴体"阶段，虫体见于牛、羊的（   ）。

     A. 红细胞   B. 嗜酸性粒细胞   C. 淋巴细胞

     D. 中性粒细胞   E. 嗜碱性粒细胞

18. 牛发生副结核病时的肠炎属于（   ）。

     A. 出血性肠炎   B. 坏死性肠炎   C. 增生性肠炎

     D. 慢性卡他性肠炎   E. 纤维素性坏死性肠炎

19. 某牛场 10% 的牛发生畏光、流泪、痉挛，有浆液性或脓性分泌物，角膜混浊，血管增生，有的病牛出现角膜溃疡，体温 40.5～41.5℃，精神沉郁，食欲缺乏。最可能发生的疾病是( )。

  A. 外伤性角膜炎   B. 传染性角膜炎   C. 化学性角膜炎

  D. 结膜炎   E. 青光眼

20. 奶牛，4岁，右侧膝关节肿胀明显，站立时不敢负重，跛行，体温 40℃，肿胀部发热，有波动感，穿刺有混浊灰黄色的黏稠液体流出。该病最可能是( )。

  A. 急性浆液性滑膜炎   B. 慢性浆液性滑膜炎   C. 化脓性滑膜炎

  D. 浆液性黏液囊炎   E. 化脓性黏液囊炎

21. 某奶牛场多头妊娠6～8月母牛流产，阴道流出灰白色分泌物，胎衣滞留并有黄色胶冻样浸润，胎水混浊，有纤维素样絮片，同群公牛睾丸红肿，疼痛明显，该病最可能是( )。

  A. 蓝舌病   B. 布鲁菌病   C. 弓形虫病

  D. 沙门菌病   E. 牛传染性鼻气管炎

(22～23题共用备选题干)

奶牛，5岁，产后4周，反刍停止，产奶下降，对症治疗无效。视诊左肋弓部隆起，触压有弹性，叩诊听到钢管音。左侧肷部外可见半月状隆起。

22. 诊断该病可能是( )。

  A. 皱胃左变位   B. 前胃弛缓   C. 盲肠臌气

  D. 皱胃阻塞   E. 瘤胃积食

23. 确诊该病需进行( )。

  A. 细菌学检查   B. 心电图检查   C. 血生化检查

  D. 血常规检查   E. 穿刺检查

24. 某地一群山羊在3月突然发病，高热，呼吸困难，口鼻有脓性分泌物，口腔黏膜先红肿，后破溃，腹泻、血便，病死率75%。剖检见皱胃有糜烂病灶，结肠和直肠结合处有条纹状出血。该病最可能是( )。

  A. 口蹄疫   B. 山羊痘   C. 羊快疫

  D. 小反刍兽疫   E. 羊肠毒血症

(25～27题共用备选答案)

  A. 朊病毒   **B. 蓝舌病病毒**   **C. 绵羊痘病毒**

  D. 伪狂犬病病毒   **E. 小反刍兽疫病毒**

25. 山羊，高热稽留，口、鼻流黏液性分泌物。取该分泌物接种 Vero 细胞，6d 后出现多核巨细胞病变。该病例最可能的病原是( )。

26. 绵羊，体温41℃，眼周围、唇、鼻、四肢、乳房等处出现痘疹。取病料电镜观察可见卵圆形或砖形病毒粒子。该病例最可能的病原是( )。

27. 绵羊，体温41℃，口唇肿胀、糜烂，舌部青紫色，跛行。取该病羊全血，经裂解后接种鸡胚，分离到的病原能凝集绵羊及人 O 型血细胞。该病例可能的病原是( )。

(28～30题共用备选答案)

  A. 肝片形吸虫   **B. 莫尼茨绦虫**   **C. 丝状网尾线虫**

  D. 粗纹食道口线虫   **E. 仰口线虫**

28. 一绵羊群在春季出现消瘦、严重贫血、颌下和胸腹下水肿等临诊症状，剖检可见胆管显著增粗，其中有多量柳叶状虫体。可能感染的寄生虫是(　　)。

29. 某羊出现渐进性消瘦、腹泻和便秘交替等临诊症状。剖检可在结肠腔内发现多量15mm左右的乳白色线状虫体，并在肠壁有多量结节病变。可能感染的寄生虫是(　　)。

30. 某羊发生以咳嗽、呼吸困难、消瘦为主要症状的疾病。采用幼虫分离法在新鲜粪便中检测到多量一期幼虫。幼虫头端较粗，有一扣状突出。可能感染的寄生虫是(　　)。

31. 确诊羊疥螨病主要根据(　　)。
   A. 血液嗜碱性粒细胞增加　　　　　　B. 血液涂片镜检见有虫体
   C. 皮肤病料镜检见大量虫卵　　　　　D. 血液嗜酸性粒细胞增加
   E. 时常擦痒，皮肤表面形成痂块，大面积脱毛

(32~34 题共用备选题干)

夏末秋初，某牛场个别牛突然发病，很快波及全群。部分病牛体温正常，但四肢关节肿胀，疼痛，体躯僵硬。少数牛卧地不起、瘫痪。现场调查发现该场卫生条件差，蚊虫滋生。

32. 该病可能是(　　)。
   A. 口蹄疫　　　　　　　　B. 牛流行热　　　　　　C. 牛病毒性腹泻
   D. 牛李氏杆菌病　　　　　E. 牛传染性胸膜肺炎

33. 若多数病牛高热，流泪，有泡沫样流涎，呼吸急促。该病可能是(　　)。
   A. 脑脊髓炎型　　　　　　B. 败血症　　　　　　　C. 呼吸型
   D. 繁殖障碍型　　　　　　E. 水肿型

34. 如分离病原，应采取的样品是(　　)。
   A. 关节液　　　　　　　　B. 红细胞　　　　　　　C. 白细胞
   D. 血浆　　　　　　　　　E. 血清

35. 公羊，4岁，体温 39.5℃，精神沉郁，频作排尿姿势，未见有尿液排出，尿道探诊有碰撞异物感。腹围增大，腹腔穿刺放出多量棕黄色液体。治疗本病应采取的方法是(　　)。
   A. 尿道插管、膀胱冲洗　　　　　　　B. 膀胱插管、尿道切开
   C. 膀胱修补、尿道切开　　　　　　　D. 腹腔冲洗、尿道切开
   E. 膀胱插管、腹腔冲洗

36. 某牛乳房硬结，乳汁稀薄，乳腺区淋巴结肿大；取乳汁用罗杰二代培养基培养，15d 后长出花菜状、米黄色的粗糙菌落。该牛感染的病原可能是(　　)。
   A. 结核分枝杆菌　　　　　B. 牛分枝杆菌　　　　　C. 炭疽芽孢杆菌
   D. 产单核细胞李氏杆菌　　E. 产气荚膜梭菌

37. 牛海绵状脑病俗称(　　)。
   A. 库鲁病　　　　　　　　B. 痒病　　　　　　　　C. 疯牛病
   D. 克-雅病　　　　　　　E. 蓝舌病

(38~39 题共用备选答案)
   A. 牛传染性胸膜肺炎　　　B. 牛结核病　　　　　　C. 牛出血性败血病
   D. 牛流行热　　　　　　　E. 牛病毒性腹泻黏膜病

38. 从国外引进的某牛群，在隔离期间急性发病，体温升高达 40℃ 以上，头前伸，肘外

展。剖检见肺呈大理石样外观，组织学检查为支气管肺炎。病料接种培养基，病原菌落呈圆形煎蛋状，中央突起。该病可能是(   )。

39. 一群奶牛突然发病，体温达 41～42℃，呼吸困难，鼻流带血泡沫，24h 后死亡，取心血涂片瑞氏染色，镜检可见两极染色的球杆菌。该病可能是(   )。

40. 奶牛，6 岁，产犊后 3 周出现食欲减退，精神沉郁，凝视。呼出气体及尿液有烂苹果味，体温 37.5℃，产奶量下降，迅速消瘦。血液学检查最可能降低的指标是(   )。

    A. 血清钠   B. 血清氯   C. 血清钾

    D. 血糖   E. 血清总蛋白

高频题参考答案

题号	1	2	3	4	5	6	7	8	9	10	11	12	13	14	15	16	17	18	19	20
答案	B	D	B	B	C	D	E	A	C	A	B	B	B	D	E	C	C	B	C
题号	21	22	23	24	25	26	27	28	29	30	31	32	33	34	35	36	37	38	39	40
答案	B	A	E	D	E	C	B	A	D	C	C	B	C	C	C	B	C	A	B

模拟题练习

1. 绵羊，妊娠 138d，离群呆立，视力下降，反应淡漠，2d 后出现衰竭、卧地不起；后期发生昏迷，呼出气体有烂苹果味。确诊该病的方法首选(   )。

    A. 鼻液检查   B. 血液生化检查   C. 阴道检查

    D. 血常规检查   E. 直肠检查

2. 多头犊牛突发畏光、流泪，巩膜周边有新生血管形成。眼睑痉挛，局部增温，1～2d 内角膜中央出现微黄色混浊，继而出现圆形溃疡。该病的病原为(   )。

    A. 大肠杆菌   B. 葡萄球菌   C. 巴氏杆菌

    D. 绿脓杆菌   E. 莫拉杆菌

3. 奶牛场，11 月 2—15 日，1～3 岁奶牛近 1/2 陆续发病，流涎呈牵缕状并带有泡沫，口腔黏膜有蚕豆大的溃疡灶，食欲缺乏，产奶量下降，前肢跛行明显。对该牛群适宜的处理措施是(   )。

    A. 扑杀，无害化处理   B. 隔离治疗患病动物，禁止新进动物

    C. 注射灭活疫苗   D. 注射高免血清

    E. 用碘酊清洗病灶，肌内注射青霉素

4. 妊娠 4 个月的初产羊出现流产。流产前精神、食欲下降，口渴，阴道流出黄色黏液，部分病羊出现乳腺炎和关节炎。同场种公羊出现睾丸炎和附睾炎。若该病由动物传至人，对人群致病性最强的病原来自(   )。

    A. 鸡   B. 羊   C. 牛

    D. 猪   E. 鸭

5. 牛可视黏膜苍白可见于(   )。

    A. 贫血   B. 一氧化碳中毒   C. 心力衰竭

D. 胆管堵塞 　　　　　　　　　　E. 氢氰酸中毒

6. 妊娠 4 个月的初产羊出现流产。流产前精神、食欲下降，口渴，阴道流出黄色黏液，部分病羊出现乳腺炎和关节炎。同场种公羊出现睾丸炎和附睾炎。该病最可能是(　　)。

  A. 结核病 　　　　　　　　B. 小反刍兽疫 　　　　　　　C. 布鲁菌病

  D. 破伤风 　　　　　　　　E. 口蹄疫

7. 奶牛，10～15 日龄，体温突然升高，数小时后开始腹泻，粪便呈水样、灰白色，混有血丝和未消化的凝乳块，有酸臭味。该病最可能出现的病理变化是(　　)。

  A. 肾坏死 　　　　　　　　B. 脾梗死 　　　　　　　　C. 皱胃充血、水肿

  D. 肝肿大、黄染 　　　　　　E. 心肌肥大、苍白

8. 某奶牛群，4～5 岁，发情期无明显异常，流产多发生于妊娠 6～8 个月，母牛胎衣不下，胎盘呈黄色胶冻样浸润；流产胎儿皮下有出血性浆液性浸润，胃肠和膀胱浆膜下出血。牛场根除该病的措施是(　　)。

  A. 淘汰检疫阳性牛 　　　　　　　　B. 及时治疗发病牛

  C. 阳性牛与阴性牛分栏饲养 　　　　D. 紧急预防接种

  E. 大批引进健康牛

9. 某羊场 4 月龄绵羊发病，体温 41℃，流泪，流涎，吞咽困难，部分羊做转圈运动，颈项强硬。血液涂片镜检发现呈 V 形排列的革兰氏阳性小杆菌。该病最可能的诊断是(　　)。

  A. 羔羊大肠杆菌病 　　　　B. 羊猝狙 　　　　　　　　C. 羊肠毒血症

  D. 羔羊痢疾 　　　　　　　　E. 羊李氏杆菌病

10. 某绵羊群表现为消瘦、脱毛、咳嗽、卧地不起、呼吸困难，剖检见肝脏、肺脏等器官有粟粒大小包囊，囊壁厚，不透明，囊内有多个头，该羊群可能感染的寄生虫为(　　)。

  A. 猪囊尾蚴 　　　　　　　B. 猪棘球蚴 　　　　　　　C. 猪蛔虫

  D. 细颈囊尾蚴 　　　　　　E. 旋毛虫

11. 牛肩后局部肿胀，界限不明显，触压时柔软易变形，且有捻发音，提示肿胀是(　　)。

  A. 炎性肿胀 　　　　　　　B. 浮肿 　　　　　　　　　C. 皮下气肿

  D. 脓肿 　　　　　　　　　E. 疝

12. 奶牛乳房局部肿胀，红、肿、热、痛，提示是(　　)。

  A. 炎性肿胀 　　　　　　　B. 浮肿 　　　　　　　　　C. 皮下气肿

  D. 脓肿 　　　　　　　　　E. 疝

13. 300 头奶牛群，陆续出现精神沉郁，体温 41℃，采食及反刍停止，产奶量下降，流涎增多并呈白色泡沫状。检查发现病牛齿龈、舌面、唇内面有蚕豆至核桃大的水疱，水疱破裂处形成溃疡。有的病牛乳房、蹄部亦出现水疱。病牛死亡 5 头，其余 1 周后症状逐渐消失。对该病不易感的动物是(　　)。

  A. 猪 　　　　　　　　　　B. 马 　　　　　　　　　　C. 绵羊

  D. 山羊 　　　　　　　　　E. 骆驼

14. 奶牛右侧腹壁局部肿胀，穿刺有粪水流出，提示是(　　)。

  A. 炎性肿胀 　　　　　　　B. 浮肿 　　　　　　　　　C. 皮下气肿

        D. 脓肿   E. 疝

15. 牛呼出气体、皮肤、乳汁及尿液带有似烂苹果散发出的丙酮味，常提示牛可能发生了(   )。
        A. 酮病   B. 尿毒症   C. 有机磷中毒
        D. 子宫蓄脓或胎衣滞留   E. 细菌性痢疾

16. 若成年牛发生骨软病，大多是因为缺乏(   )。
        A. 铁   B. 钙   C. 磷
        D. 镁   E. 锰

17. 奶牛发生酮病时，出现的临诊症状不包括(   )。
        A. 高血钙   B. 低血糖   C. 高血脂
        D. 低血钙   E. 高血酮

18. 患牛，稽留热，胸部叩诊有广泛的浊音区。精神沉郁，食欲废绝，心率加快，呼吸困难。其呼吸困难的类型属于(   )。
        A. 肺原性   B. 心原性   C. 血原性
        D. 中毒性   E. 中枢性

19. 与牛缪勒氏管发育不全有关的因素是(   )。
        A. 白色被毛   B. 黄色被毛   C. 黑色被毛
        D. 营养不足   E. 使役过度

20. 入冬，某地绵羊发病并迅速传播，羔羊发病率和死亡率较成年羊高。当地猪、牛亦大批发病死亡。病羔体温升高，食欲减退，口腔黏膜和蹄部皮肤出现水疱。后期腹泻带血，心律不齐，死亡，剖检见咽喉、气管和前胃黏膜烂斑或溃疡，心肌松软，切面有淡黄色斑点和条纹。该病最可能的诊断是(   )。
        A. 羊痘   B. 羊传染性脓疱   C. 坏死杆菌病
        D. 小反刍兽疫   E. 口蹄疫

21. 多头犊牛突发畏光，流泪，周边有新生血管形成。眼睑痉挛，局部增温，1~2d内角膜中央出现微黄色混浊，继而出现圆形溃疡，该病的特征性病变是(   )。
        A. 黏液脓性分泌物   B. 椭圆形角膜溃疡   C. 形成圆锥形角膜
        D. 致密的瘢痕组织   E. 鼻镜发红

22. 奶牛出现以下哪种情况不需要检查及助产？(   )
        A. 开张期后超过6h无进展
        B. 胎儿排出期2~3h进展缓慢或无进展
        C. 胎囊已悬挂或露出于阴门，在2h内胎儿仍难以娩出
        D. 随时观察有无难产症状，观察时间不少于3h
        E. 开张期后3h无进展

23. 绵羊，流涎，蹄部、乳房皮肤有水疱。剖检见肠黏膜出血，心肌表面有灰白色条。病料接种BHK21细胞，分离出无荚膜的单股RNA病毒。该病最可能的病原是(   )。
        A. 蓝舌病病毒   B. 口蹄疫病毒   C. 小反刍兽疫病毒
        D. 伪狂犬病病毒   E. 传染性脓疱病毒

24. 羔羊，腹泻，粪便带血，很快死亡。剖检见回肠黏膜充血，内容物呈血色。病原检

查为革兰阳性杆菌，接种牛乳培养基出现"暴烈发酵"。该病原最可能是（　　）。

    A. 布鲁菌　　　　　　　　B. 炭疽杆菌　　　　　　　　C. 大肠杆菌

    D. 产气荚膜梭菌　　　　　E. 巴氏杆菌

25. 当羊患铜缺乏症时，可以口服用来补充铜的是（　　）。

    A. 甘氨酸铜　　　　　　　B. 硫酸铜　　　　　　　　　C. 硫化铜

    D. 氢氧化铜　　　　　　　E. 碱式硫酸铜

26. 绵羊，突发腹痛，瘤胃鼓气，磨牙，痉挛，于发病后 2h 死亡。病死羊尸体迅速腹部膨胀，尸体剖检见皮下组织胶冻样，真胃底和幽门部可见出血斑、溃疡和坏死；肝脏土黄色，有坏死灶；肠道黏膜充血、出血；心脏内、外膜见出血点、斑。该病主要感染途径是（　　）。

    A. 消化道　　　　　　　　B. 呼吸道　　　　　　　　　C. 泌尿道

    D. 生殖道　　　　　　　　E. 皮肤

27. 对羊胃肠道线虫、肝片吸虫和绦虫均有效的药物是（　　）。

    A. 阿维菌素　　　　　　　B. 阿苯达唑　　　　　　　　C. 氯硝柳胺

    D. 吡喹酮　　　　　　　　E. 三氯苯达唑

28. 捻转血矛线虫寄生于牛、羊的（　　）。

    A. 真胃　　　　　　　　　B. 瘤胃　　　　　　　　　　C. 结肠

    D. 盲肠　　　　　　　　　E. 肺脏

29. 可用于治疗牛泰勒虫病的药物是（　　）。

    A. 左旋咪唑　　　　　　　B. 三氮脒　　　　　　　　　C. 吡喹酮

    D. 阿维菌素　　　　　　　E. 溴氰菊酯

30. 山羊，3 岁，昨日放牧时，由于道路湿滑摔倒，右侧腹壁受伤，今晨发现其腹部出现一局限性扁平、柔软肿胀，触诊疼痛，肿胀大小偶有变化，2d 后皮下水肿，指压留痕，肿胀逐渐增大，听诊存在清晰肠蠕动音，无其他明显全身症状，该羊所患的疾病是（　　）。

    A. 血肿　　　　　　　　　B. 淋巴外渗　　　　　　　　C. 脓肿

    D. 腹壁疝　　　　　　　　E. 蜂窝织炎

31. 公牛，配种后，髋关节变形，隆起，他动运动时可听到捻发音。站立时，患肢外展，运步强拘，患肢拖曳而行，该牛可能发生了（　　）。

    A. 髋关节前方脱位　　　　B. 髋关节外方脱位　　　　　C. 膝关节内方脱位

    D. 髋关节内方脱位　　　　E. 髋关节后方脱位

32. 羊，腕关节肿大，有热痛反应和波动感，X 射线检查未见关节骨异常，该病不宜采用的治疗方法为（　　）。

    A. 外敷 2% 醋酸铅　　　　B. 肌内注射抗生素　　　　　C. 关节内注射碘酊

    D. 静脉注射氯化钙溶液　　E. 静脉注射水杨酸钠溶液

33. 绵羊，体温 41℃，口唇肿胀、糜烂，舌部青紫色，跛行。取该病羊全血，经裂解后接种鸡胚，分离到的病原能凝集绵羊及人 O 型血细胞。该病例可能的病原是（　　）。

    A. 朊病毒　　　　　　　　B. 蓝舌病病毒　　　　　　　C. 绵羊痘病毒

    D. 伪狂犬病病毒　　　　　E. 小反刍兽疫病毒

34. 某羔羊群食欲减退，消瘦，贫血，腹泻，死前数日排水样血色便，并有脱落的黏膜。粪检见大量腰鼓形棕黄色虫卵,两端有卵塞,该病例最可能的致病病原是(   )。

    A. 蛔虫   B. 隐孢子虫   C. 类圆线虫

    D. 毛尾线虫   E. 食道口线虫

35. 牦牛放牧后出现咳嗽,初为干咳,后为湿咳,次数逐渐频繁,有的发生气喘或阵发性咳嗽,流淡黄黏液性鼻涕,消瘦,贫血,呼吸困难,叩诊有湿性啰音。该病最可能是(   )。

    A. 钩虫病   B. 牛肺线虫病   C. 日本血吸虫病

    D. 肝片吸虫病   E. 莫尼茨绦虫病

36. 一奶牛长期患病,临诊表现咳嗽、呼吸困难、消瘦和贫血等。死后剖检可见其多种器官组织,尤其是肺、淋巴结和乳房等处有散在大小不等的结节性病变,切面有似豆腐渣样、质地松软的灰白色或黄白色物。似豆腐渣样病理变化属于(   )。

    A. 蜡样坏死   B. 湿性坏死   C. 干酪样坏死

    D. 液化性坏死   E. 贫血性梗死

(37~39 题共用题干)

某牛群体温升高,呈现高稽留热型,精神沉郁,食欲减退,呼吸脉搏加快,轻度腹泻,反刍停止,黏膜苍白并逐渐发展为黄染,出现血红蛋白尿,血液检查发现有小于红细胞半径的虫体。

37. 下列不可以用于该病治疗的药物是(   )。

    A. 三氮脒   B. 吖啶黄   C. 咪唑苯脲

    D. 台盼蓝   E. 硫酸喹啉脲

38. 该寄生虫病的传播媒介为(   )。

    A. 微小牛蜱   B. 镰形扇头蜱   C. 残缘璃眼蜱

    D. 长角血蜱   E. 青海血蜱

39. 该牛群感染的寄生虫为(   )。

    A. 驽巴贝斯虫   B. 马巴贝斯虫   C. 双芽巴贝斯虫

    D. 牛巴贝斯虫   E. 卵形巴贝斯虫

(40~42 题共用题干)

某病羊进行性贫血、严重消瘦、下颌水肿、顽固性腹泻、粪便带血、皮肤发痒发炎,剖检见小肠内有头部向背侧弯曲的线性虫体。

40. 下列不可以用于该病治疗的药物是(   )。

    A. 氯硝柳胺   B. 伊维菌素   C. 左旋咪唑

    D. 甲苯咪唑   E. 阿苯达唑

41. 该寄生虫病的主要感染途径为(   )。

    A. 经眼结膜感染   B. 经皮肤感染   C. 接触感染

    D. 经节肢动物感染   E. 经胎盘感染

42. 该羊感染的寄生虫为(   )。

    A. 捻转血矛线虫   B. 食道口线虫   C. 仰口线虫

    D. 胎生网尾线虫   E. 丝状网尾线虫

（43～46题共用题干）

某羔羊群食欲减退、消瘦、高度贫血、下颌及四肢水肿、腹泻与便秘交替，剖检见真胃内有多量淡红色虫体，镜检见部分虫体有 Y 形背肋交合伞。

43. 下列不可以用于该病治疗的药物是（　　）。
　　A. 氯硝柳胺　　　　　　　　B. 伊维菌素　　　　　　　C. 左旋咪唑
　　D. 甲苯咪唑　　　　　　　　E. 阿苯达唑

44. 该寄生虫的感染性阶段为（　　）。
　　A. 第 1 期幼虫　　　　　　　B. 第 2 期幼虫　　　　　　C. 第 3 期幼虫
　　D. 尾蚴　　　　　　　　　　E. 囊蚴

45. 该寄生虫病的感染途径为（　　）。
　　A. 经口感染　　　　　　　　B. 经皮肤感染　　　　　　C. 接触感染
　　D. 经节肢动物感染　　　　　E. 经胎盘感染

46. 该羊群感染的寄生虫为（　　）。
　　A. 捻转血矛线虫　　　　　　B. 食道口线虫　　　　　　C. 仰口线虫
　　D. 胎生网尾线虫　　　　　　E. 丝状网尾线虫

（47～49题共用题干）

某羔羊群食欲减退、消瘦、贫血、腹泻、粪便中发现绦虫孕节、抽搐、出现回旋运动等神经症状，剖检见破裂小肠内有白色绦虫。

47. 下列不可以用于该病治疗的药物是（　　）。
　　A. 氯硝柳胺　　　　　　　　B. 伊维菌素　　　　　　　C. 吡喹酮
　　D. 甲苯咪唑　　　　　　　　E. 阿苯达唑

48. 该寄生虫的感染性阶段为（　　）。
　　A. 六钩蚴　　　　　　　　　B. 囊蚴　　　　　　　　　C. 胞蚴
　　D. 尾蚴　　　　　　　　　　E. 似囊尾蚴

49. 该寄生虫的中间宿主为（　　）。
　　A. 麦穗鱼　　　　　　　　　B. 草螽　　　　　　　　　C. 蚂蚁
　　D. 扁卷螺　　　　　　　　　E. 地螨

50. 牛创伤性心包炎心脏听诊可能出现的异常是（　　）。
　　A. 奔马音　　　　　　　　　B. 拍水音　　　　　　　　C. 射血音
　　D. 狭窄音　　　　　　　　　E. 胎性心音

51. 奶牛，已妊娠245d，近日出现烦躁不安、乳房肿大等症状。临诊检查心率 90 次/min，呼吸 30 次/min，阴唇稍肿，阴门有清亮黏液流出。治疗该病首选的药物是（　　）。
　　A. 雌激素　　　　　　　　　B. 垂体后叶素　　　　　　C. 孕酮
　　D. 前列腺素　　　　　　　　E. 促卵泡素

52. 牛皱胃穿刺的正确部位是（　　）。
　　A. 左侧第 8 肋间肋弓下方　　　　　　　B. 右侧第 8 肋间肋弓下方
　　C. 左侧第 10 肋间肋弓下方　　　　　　 D. 右侧第 10 肋间肋弓下方
　　E. 右侧第 12 肋间肋弓下方

53. 奶牛产后65d内未见明显的发情表现，直肠检查卵巢上有一小的黄体遗迹，但无卵泡发育，卵巢的质地和形状无明显变化。该牛可能患有的疾病是（　　）。

    A. 卵泡萎缩   B. 卵巢萎缩   C. 持久黄体

    D. 卵巢机能减退   E. 卵巢发育不良

54. 奶牛妊娠后期，体温 39.2℃，乳房下半部皮肤发红，指压留痕，热痛不明显。对该牛合理的处理措施是（　　）。

    A. 注射氯前列烯醇   B. 乳头内注射抗生素

    C. 减少精料和多汁饲料   D. 乳房基部注射抗生素

    E. 乳房皮下穿刺放液消肿

55. 奶牛，跛行，精神沉郁，体温 40.5℃，左后肢蹄部肿胀，触诊有热痛，蹄底有窦道，趾间皮肤有溃疡，并覆盖有恶臭坏死物。最有效的治疗方法是（　　）。

    A. 冷敷   B. 热敷   C. 手术疗法

    D. 激素疗法   E. 输液疗法

56. 放牧羊群，消瘦、贫血、腹下水肿。粪便水洗沉淀法检查，见有无卵盖虫卵，两端各有一个附属物，一端较尖，一端较圆钝。该病的病原是（　　）。

    A. 肝片吸虫   B. 阔盘吸虫   C. 东毕吸虫

    D. 分体吸虫   E. 前后盘吸虫

57. 某牛场遭受洪灾后，有一头牛体温升高至 42℃，全身抽搐，可视黏膜发绀，5h 后死亡，口腔、鼻孔等流血且凝固不全。对该病死牛正确的生物安全处理方法是（　　）。

    A. 盐腌   B. 化制   C. 焚毁

    D. 高温   E. 药物消毒

58. 某牛群突然发病，体温 40～42℃，白细胞减少。鼻、眼有浆液性分泌物。2～3d 鼻镜及口腔黏膜糜烂，舌面上皮坏死，流涎，呼气恶臭。口腔黏膜损害之后严重腹泻，带有黏液和血液。初步诊断该病为（　　）。

    A. 口蹄疫   B. 牛流行热   C. 牛沙门菌病

    D. 牛巴氏杆菌病   E. 牛病毒性腹泻

59. 山羊群，2～3 岁，更换饲料后许多羊剧烈腹痛，惨叫，体温正常或偏低，频频排出水样粪便，结膜苍白，尿淡红色。该病最可能的诊断是（　　）。

    A. 食盐中毒   B. 硒中毒   C. 无机氟化物中毒

    D. 铜中毒   E. 钼中毒

60. 健康牛肺叩诊区后界线应经过肩关节水平线与（　　）。

    A. 第 7 肋间的交叉点   B. 第 8 肋间的交叉点

    C. 第 9 肋间的交叉点   D. 第 10 肋间的交叉点

    E. 第 11 肋间的交叉点

61. 某奶牛场部分奶牛产犊 1 周后，只采食少量粗饲料，病初粪干，后腹泻，迅速消瘦，乳汁呈浅黄色，易起泡沫；奶、尿液和呼出气有烂苹果味。病牛血液生化检测可能出现（　　）。

    A. 血糖含量升高   B. 血酮含量升高   C. 血酮含量降低

    D. 血清尿酸含量升高   E. 血清非蛋白氮含量升高

62. 奶牛，2.5 岁，产后已经 18h，仍表现弓背和努责，时有污红色带异味液体自阴门流出。治疗原则为（　　　）。

  A. 增加营养和运动量   B. 剥离胎衣，增加营养

  C. 抗菌消炎和增加运动量   D. 促进子宫收缩和抗菌消炎

  E. 促进子宫收缩和增加运动量

63. 患牛，稽留热，胸部叩诊有广泛的浊音区。精神沉郁，食欲废绝，心率加快，呼吸困难。其呼吸困难的类型属于（　　　）。

  A. 肺源性   B. 心源性   C. 血源性

  D. 中毒性   E. 中枢性

64. 奶牛，5岁，右侧腹壁有一直径约30cm的肿胀物，触诊局部柔软，用力推压内容物可还纳腹腔，并可摸到腹壁有一直径约10cm的破裂孔，最佳治疗方案是（　　　）。

  A. 热敷   B. 手术修补   C. 封闭疗法

  D. 涂擦刺激剂   E. 安置压迫绷带

65. 奶牛滑倒后出现轻度跛行，应用跛行诊断法确定患肢，首选方法是（　　　）。

  A. 问诊   B. 听诊   C. 触诊

  D. 叩诊   E. 视诊

66. 一头奶牛，精神沉郁，食欲减少，颈静脉怒张，体温41.5℃，触诊剑状软骨区疼痛、敏感，白细胞总数升高，心音模糊不清，心率120次/min，心区穿刺放出脓性液体。手术治疗正确的操作步骤之一是（　　　）。

  A. 网胃切开   B. 膈肌破裂口间断缝合

  C. 左侧第8肋骨部分截除   D. 右侧第8肋骨部分截除

  E. 心包切口边缘与皮肤创缘连续缝合

67. 一头成年奶牛，乏情，直肠检查子宫大小与妊娠2个月相似，子宫壁薄，波动极其明显，两侧子宫角容积大小可变动。本病初步诊断为（　　　）。

  A. 子宫积脓   B. 子宫积液   C. 卵巢功能不全

  D. 隐性子宫内膜炎   E. 慢性子宫内膜炎

68. 奶牛隐性乳腺炎的特点是（　　　）。

  A. 乳房肿胀，乳汁稀薄   B. 乳房有触痛，乳汁稀薄

  C. 乳房无异常，乳汁含絮状物 D. 乳房无异常，乳汁含凝乳块

  E. 乳房和乳汁无肉眼可见异常

69. 最有可能引起奶牛创伤性心包炎的异物是（　　　）。

  A. 碎石块   B. 碎铁块   C. 塑料片

  D. 螺丝帽   E. 细长金属物

70. 奶牛难产做产科检查时，发现进入产道的胎儿背部与母体背部不一致是属于（　　　）。

  A. 胎儿过大   B. 胎向异常   C. 胎位异常

  D. 胎势异常   E. 产道异常

71. 奶牛剖宫产术侧卧保定合理的切口是（　　　）。

  A. 左胁部前切口   B. 右胁前切口   C. 左肋弓下斜切口

  D. 右肋弓下斜切口   E. 平行左乳静脉白线旁切口

72. 牛出现下列哪种情况仍可经鼻腔使用胃导管进行给药?(　　)
    A. 气喘　　　　　　　　B. 瘤胃酸中毒　　　　　　C. 鼻炎
    D. 咽炎　　　　　　　　E. 喉炎

73. 一母牛阴门近旁出现一无热、无痛、柔软的肿胀,可初步诊断为(　　)。
    A. 会阴疝　　　　　　　B. 膀胱脱垂　　　　　　　C. 会阴脓肿
    D. 淋巴外渗　　　　　　E. 会阴肿瘤

74. 预防牛皮蝇蛆病,可在皮蝇飞翔季节对牛体喷洒的药物是(　　)。
    A. 乙醇　　　　　　　　B. 苯酚　　　　　　　　　C. 过氧乙酸
    D. 福尔马林　　　　　　E. 拟除虫菊酯

75. 3月龄牛,连续数日体温42.1~42.5℃,反复咳嗽,呼吸困难。胸部叩诊出现大片浊音区。该牛最可能患的疾病是(　　)。
    A. 肺结核　　　　　　　B. 支气管炎　　　　　　　C. 大叶性肺炎
    D. 小叶性肺炎　　　　　E. 肺充血和肺水肿

76. 乳牛,食欲减少,口腔干臭,鼻镜干燥,反刍停止,肠蠕动音减弱,排粪停止。两后肢交替踏地或蹴腹。该牛所患的疾病是(　　)。
    A. 肠炎　　　　　　　　B. 口炎　　　　　　　　　C. 酮病
    D. 肠便秘　　　　　　　E. 前胃弛缓

77. 夏季,某绵羊群放牧后出现食欲减退、体温升高、可视黏膜苍白等症状。剖检见肝脏肿大、出血,在肝胆管中发现扁平叶状虫体。该病可能是(　　)。
    A. 绵羊球虫病　　　　　B. 棘球蚴病　　　　　　　C. 莫尼茨绦虫病
    D. 片形吸虫病　　　　　E. 血矛线虫病

78. 我国南方某放牧牛群食欲减退,体温升高,精神不振,腹泻便血,严重贫血,衰竭死亡。剖检见肝脾肿大,肝组织内有大量虫卵结节。该病的病原最可能是(　　)。
    A. 肝片吸虫　　　　　　B. 矛形歧腔吸虫　　　　　C. 胰阔盘吸虫
    D. 日本分体吸虫　　　　E. 大片形吸虫

79. 高产奶牛,6岁。分娩后第2天出现精神沉郁。站立时后肢交替负重,后躯摇摆,继而卧地,四肢屈于躯干下,头向后弯向胸一侧,肢体末端冰凉。知觉丧失,针刺无反应,瞳孔散大、反射微弱。对该病有效的治疗措施是静脉注射(　　)。
    A. 10%葡萄糖酸钙　　　B. 碳酸钙　　　　　　　　C. 5%碳酸氢钠
    D. 10%氯化钠　　　　　E. 林格氏液

80. 黄牛,5岁,反刍停止,食欲废绝,鼻镜干燥,体温38.6℃,左肷窝平坦,触诊坚硬,叩诊呈浊音,听诊瘤胃蠕动音减弱。该牛发病前饲喂了大量半干的甘薯蔓。该病最可能的诊断是(　　)。
    A. 真胃左方变位　　　　B. 瓣胃阻塞　　　　　　　C. 前胃弛缓
    D. 瘤胃臌气　　　　　　E. 瘤胃积食

81. 牛重度瘤胃臌气时,眼结膜表现为(　　)。
    A. 黄染　　　　　　　　B. 发绀　　　　　　　　　C. 潮红
    D. 苍白　　　　　　　　E. 脱水

82. 2岁奶牛,突然发病,腹围迅速增大,左肷窝明显突出,隆起高于髋结节。触诊左腹壁紧张而富有弹性，听诊瘤胃蠕动音消失。呼吸高度困难，张口喘气，每分钟呼吸数达83次。病牛惊恐不安，时而回头顾腹，时而后肢踢腹，起卧不安。很快出现眼结膜发绀，行走摇晃。该病最可能的诊断是(　　)。

    A. 前胃弛缓   B. 急性瘤胃臌气   C. 创伤性网胃炎

    D. 瘤胃积食   E. 急性肺炎

83. 病牛运步小心谨慎，不愿下坡，站多卧少，病情时好时坏，在吸气、排粪、起卧过程中出现呻吟等疼痛表现。触诊剑状软骨后表现痛苦、躲闪，鬐甲反射阳性。提示本病是(　　)。

    A. 创伤性网胃炎   B. 瓣胃阻塞   C. 瘤胃积食

    D. 皱胃变位   E. 皱胃阻塞

84. 牛，过度使役，突然出现呼吸困难、皮下气肿、伸舌、惊恐不安。该病可能是(　　)。

    A. 肺充血   B. 肺水肿   C. 大叶性肺炎

    D. 小叶性肺炎   E. 间质性肺气肿

85. 黄牛，3岁，出现流涎，嘴角挂有大量泡沫，有食欲但采食后咀嚼缓慢、吐草。诊断本病需进一步进行(　　)。

    A. 饲料分析   B. 口腔检查   C. 腹部听诊

    D. 腹部叩诊   E. 粪便检查

86. 奶牛，6岁，产后3周出现红尿，继而尿呈棕褐色，排尿次数增加，每次排尿量相对较少，尿液检查未见红细胞。血液凝固不良，红细胞数 2×10^{12} 个/L，血红蛋白含量130g/L，可视黏膜苍白、黄染。最可能降低的是(　　)。

    A. 血清镁   B. 血清磷   C. 血清钠

    D. 血清钾   E. 血清氯

87. 奶牛，6岁，近期表现舔食泥土、墙壁、牛槽等，运步强拘，走路后躯摇摆。临诊生化检查最可能发现(　　)。

    A. 高血钙   B. 高血镁   C. 低血磷

    D. 低血氯   E. 低血钾

(88~90题共用题干)

牛，流出脓性鼻液，黄白色、有臭味，随着病情加重，发生呼吸困难，鼻窦区敏感、潮湿。

88. 该病可能的诊断是(　　)。

    A. 副鼻窦炎   B. 放线菌病   C. 恶性肿瘤

    D. 鼻蝇蛆病   E. 恶性卡他热

89. 该病的病因不包括(　　)。

    A. 脑包虫   B. 上颌齿瘘   C. 异物流入

    D. 恶性卡他热   E. 低位角折

90. 治疗该病的首选方法是(　　)。

    A. 圆锯术   B. 放射疗法   C. 肌内注射抗生素

    D. 静脉注射抗生素   E. 温热法

(91～93 题共用题干)

某牛预产期尚有 10d,步态强拘,食欲减退。腹部至前胸和后肢皮下水肿,质地如面团,指压留痕。精神、体温未见异常。

91. 该牛最可能发生的是( )。

    A. 肾功能不全   B. 腹壁蜂窝织炎   C. 孕畜浮肿

    D. 心功能衰竭   E. 食盐中毒

92. 与该病发生无直接关系的因素是( )。

    A. 腹内压增高   B. 饲料蛋白质不足

    C. 机体衰弱,运动不足   D. 雌激素、醛固酮等分泌较多

    E. 钠盐、钾盐摄入不足

93. 预防该病的措施之一是( )。

    A. 给予富含蛋白质的饲料   B. 减少饲料中蛋白质的用量

    C. 增加青绿饲料   D. 补充盐分

    E. 限制运动

(94～96 题共用题干)

黄牛,1 岁,眼部和耳部皮肤出现结节状与菜花状突起,并在面部、颈部、肩部和下唇部逐渐增多,其表面无毛、凹凸不平,表面摩擦脱落后常见角化现象。

94. 此皮肤突起物为( )。

    A. 脓疹   B. 丘疹   C. 脓癣

    D. 结节   E. 乳头状瘤

95. 本病的病因是( )。

    A. 病毒   B. 细菌   C. 真菌

    D. 支原体   E. 衣原体

96. 本病适宜的治疗方法是( )。

    A. 手术摘除   B. 注射链霉素   C. 外用酮康唑乳膏

    D. 口服特比萘酚   E. 注射林可霉素

(97～99 题共用题干)

某牛场 10% 的牛发生畏光、流泪、痉挛,眼睛有浆液性或脓性分泌物,角膜混浊,血管增生,有的病牛出现角膜溃疡,体温 40.5～41.5℃,精神沉郁,食欲缺乏。

97. 最可能发生的疾病是( )。

    A. 外伤性角膜炎   B. 传染性角膜炎   C. 化学性角膜炎

    D. 结膜炎   E. 青光眼

98. 该病的主要病因是( )。

    A. 舍内氨气刺激   B. 紫外线照射   C. 异物刺激

    D. 细菌感染   E. 病毒感染

99. 治疗该病不宜使用的药物是( )。

    A. 金霉素眼膏   B. 四环素眼膏   C. 左氧氟沙星滴眼液

    D. 醋酸氢化可的松滴眼液   E. 硫酸新霉素滴眼液

100. 以食管黏膜糜烂并呈线状排列为病理特征的牛传染病是( )。

A. 口蹄疫   B. 牛流行热   C. 牛病毒性腹泻

D. 牛出血性败血病   E. 牛传染性鼻气管炎

101. 牛、羊蠕形螨主要寄生于牛、羊的（　　）。

    A. 皮下组织   B. 毛囊和皮脂腺   C. 真皮

    D. 表皮   E. 肝脏

102. 牛创伤性心包炎后期的典型临诊症状是（　　）。

    A. 弛张热   B. 精神沉郁   C. 胸壁敏感

    D. 呼吸困难   E. 心包拍水音

（103～104题共用备选答案）

    A. 口蹄疫   **B. 布鲁菌病**   **C. 乙型脑炎**

    D. 细小病毒病   **E. 传染性胸膜肺炎**

103. 经产母牛发情频繁，性欲亢进，体温39.2℃，从阴道流出脓性分泌物，取分泌物进行细菌分离培养，分离菌革兰氏染色阳性，抗酸染色菌体为红色，形态平直或微弯，最可能发生的传染病是（　　）。

104. 青年母牛怀孕至4个月，发生流产，体温39.3℃，阴道流出黏液样灰色分泌物，取流产胎儿的肝和脾直接涂片，革兰氏染色和柯兹洛夫斯基鉴别染色后，镜检见菌体呈红色、球杆状，最可能发生的传染病是（　　）。

105. 奶牛，5岁，右侧腹壁有一直径约30cm的肿胀物，触诊局部柔软，用力推压内容物可还纳腹腔，并可摸到腹壁有一直径约10cm的破裂孔，最佳治疗方案是（　　）。

    A. 热敷   B. 手术修补   C. 封闭疗法

    D. 涂擦刺激剂   E. 安置压迫绷带

106. 奶牛妊娠后期，体温39.2℃，乳房下半部皮肤发红，指压留痕，热痛不明显。对该牛合理的处理措施是（　　）。

    A. 注射氯前列烯醇   B. 乳头内注射抗生素

    C. 减少精料和多汁饲料   D. 在乳房基部注射抗生素

    E. 乳房皮下穿刺放液消肿

（107～109题共用题干）

乳牛群中病牛体温41℃以上，沉郁，拒食，呼吸困难，呼出气常有臭味，有多量黏脓性鼻液，鼻黏膜高度充血、有浅溃疡，鼻窦及鼻镜充血、发红。病牛可见带血腹泻，产乳量减少。

107. 该病最可能是（　　）。

    A. 牛传染性胸膜肺炎   B. 牛出血性败血病

    C. 牛传染性鼻气管炎   D. 牛病毒性腹泻/黏膜病

    E. 牛流行热

108. 进一步确诊本病应（　　）。

    A. 采取病料进行病毒分离鉴定   B. 采集血液进行生化试验

    C. 采取血液进行细菌分离培养   D. 采取血液做血常规检查

    E. 采集尿液进行尿常规检查

109. 发生本病后，最好的防控措施是（　　）。

A. 隔离封锁，扑杀病牛，对所有牛接种弱毒疫苗

B. 病牛隔离治疗，并进行紧急接种

C. 隔离封锁，扑杀病牛，对孕牛以外的所有牛接种弱毒疫苗

D. 扑杀疫场周围 3km 内所有牛

E. 隔离封锁，扑杀病牛

(110～112 题共用题干)

夏季，羊群转移到潮湿的池塘边自由采食水草，部分羔羊出现被毛粗乱，食欲缺乏，眼睑、颌下、胸下、腹下等处水肿，而成年羊症状较轻。剖检死亡的羔羊发现，肝脏肿大、变硬，内含呈棕红色叶片状虫体，大小为 2～3cm。

110. 羊群最有可能感染的寄生虫病是( )。
    A. 卫氏并殖吸虫病   B. 后圆线虫病   C. 捻转血矛线虫病
    D. 日本血吸虫病   E. 肝片吸虫病

111. 确诊该病采用的可靠方法是( )。
    A. 贝尔曼法   B. 粪便水洗沉淀法   C. 斯氏虫卵计数法
    D. 粪便饱和食盐水漂浮法   E. 粪便直接涂片法

112. 对病羊进行治疗，应选用的药物是( )。
    A. 庆大霉素   B. 林可霉素   C. 甲硝唑
    D. 贝尼尔   E. 三氯苯唑

113. 绵羊痒病的特征性病变是( )。
    A. 呼吸道出血   B. 消化道出血   C. 神经元空泡变性
    D. 大脑充血与出血   E. 无特殊病变

114. 牛心脏检查的首选方法是( )。
    A. 视诊   B. 听诊   C. 触诊
    D. 叩诊   E. 问诊

115. 最有可能引起奶牛创伤性心包炎的异物是( )。
    A. 碎石块   B. 碎铁块   C. 塑料片
    D. 螺丝帽   E. 细长金属物

116. 奶牛产后恶露排出时间异常的是( )。
    A. 3～5d   B. 6～7d   C. 8～9d
    D. 10～12d   E. 20d 以上

117. 奶牛难产做产科检查时，发现进入产道的胎儿背部与母体背部不一致是属于( )。
    A. 胎儿过大   B. 胎向异常   C. 胎位异常
    D. 胎势异常   E. 产道异常

(118～119 题共用备选答案)
    A. 结核病   **B. 衣原体病**   **C. 布鲁菌病**
    D. 李氏杆菌病   **E. 沙门菌病**

118. 经产母牛发情频繁，性欲亢进，体温 39.2℃，从阴道流出脓性分泌物，取分泌物进行细菌分离培养，分离菌革兰氏染色阳性，抗酸染色菌体为红色，形态平直或微弯，最可

能发生的传染病是( )。

119. 青年母牛怀孕至 4 个月，发生流产，体温 39.3℃，阴道流出黏液样灰色分泌物，取流产胎儿的肝和脾直接涂片，革兰氏染色和柯兹洛夫斯基鉴别染色后，镜检见菌体呈红色、球杆状，最可能发生的传染病是( )。

(120～121 题共用备选答案)

    A. 蹄叶炎   **B. 腐蹄病**   **C. 局限性蹄皮炎**

    D. 指（趾）间皮炎   **E. 指（趾）间皮肤增生**

120. 奶牛，跛行，体温 40.5℃，四肢蹄部肿胀，触诊有热痛，右后肢蹄底有窦道，内有恶臭坏死物；病原检查发现坏死杆菌，最可能的蹄病是( )。

121. 奶牛，处于泌乳高峰期，长期饲喂精料和青贮饲料；跛行，站立时弓背，后肢向前伸达于腹下；指（趾）动脉搏动明显，蹄冠皮肤发红、增温，蹄壁叩击敏感，最可能的蹄病是( )。

122. 一头奶牛偷食了大量玉米，随后食欲废绝，反刍停止，精神沉郁，鼻镜干燥，喜饮水，临诊检查时重点诊断部位是( )。

    A. 瘤胃   B. 网胃   C. 瓣胃

    D. 真胃   E. 盲肠

123. 一头奶牛下颌及腹下轻度水肿，排尿减少，弓腰，肾区触诊敏感，尿液检查未见红细胞，如进一步检查血液，应重点检测血液中的( )。

    A. 酮体   B. 尿素   C. 胆固醇

    D. 胆红素   E. 葡萄糖

124. 奶牛食入大量刚收割的青绿饲料，突然出现流涎，腹泻，腹痛，肌肉震颤，瞳孔缩小，据此症状，最有可能发生的疾病是( )。

    A. 有机磷中毒   B. 有机氟中毒   C. 有机氯中毒

    D. 氢氰酸中毒   E. 亚硝酸盐中毒

125. 奶牛，跛行，精神沉郁，体温 40.5℃。左后肢蹄部肿胀，触诊有热痛，蹄底有窦道，趾间皮肤有溃疡，并覆盖有恶臭坏死物。最有效的治疗方法是( )。

    A. 冷敷   B. 热敷   C. 手术疗法

    D. 激素疗法   E. 输液疗法

126. 奶牛妊娠后期，体温 39.2℃，乳房下半部皮肤发红，指压留痕，热痛不明显。对该牛合理的处理措施是( )。

    A. 注射氯前列烯醇   B. 乳头内注射抗生素

    C. 减少精料和多汁饲料   D. 在乳房基部注射抗生素

    E. 乳房皮下穿刺放液消肿

(127～129 题共用题干)

奶牛产后 65d 内未见明显的发情表现，直肠检查发现卵巢上有一小的黄体遗迹，但无卵泡发育，卵巢的质地和形状无明显变化。

127. 该牛可能患有的疾病是( )。

    A. 卵泡萎缩   B. 卵巢萎缩   C. 持久黄体

    D. 卵巢功能减退   E. 卵巢发育不良

128. 治疗该病最适宜药物是（　　）。
    A. 孕酮
    B. 丙酸睾酮
    C. 地塞米松
    D. 前列腺素
    E. 促卵泡素（FSH）

129. 与该病无关的病因是（　　）。
    A. 子宫疾病
    B. 急性乳腺炎
    C. 气候不适应
    D. 饲养管理不当
    E. 维生素A缺乏

130. 绵羊蓝舌病的主要传播媒介是（　　）。
    A. 蜱
    B. 虱
    C. 蚊
    D. 蝇
    E. 库蠓

模拟题参考答案

题号	1	2	3	4	5	6	7	8	9	10	11	12	13	14	15	16	17	18	19	20
答案	B	E	A	B	A	C	C	A	E	B	C	A	B	E	A	C	A	A	A	E
题号	21	22	23	24	25	26	27	28	29	30	31	32	33	34	35	36	37	38	39	40
答案	C	E	B	D	B	D	C	D	A	A	D	A	C	B	D	B	C	D	A	D
题号	41	42	43	44	45	46	47	48	49	50	51	52	53	54	55	56	57	58	59	60
答案	B	C	A	C	A	A	B	E	E	C	D	C	C	C	C	C	C	E	D	B
题号	61	62	63	64	65	66	67	68	69	70	71	72	73	74	75	76	77	78	79	80
答案	B	C	B	B	E	E	C	E	E	C	E	B	A	E	C	D	D	D	A	E
题号	81	82	83	84	85	86	87	88	89	90	91	92	93	94	95	96	97	98	99	100
答案	B	B	A	E	B	B	C	A	A	A	C	E	A	E	B	A	B	D	D	C
题号	101	102	103	104	105	106	107	108	109	110	111	112	113	114	115	116	117	118	119	120
答案	B	E	A	C	B	C	A	E	E	B	E	C	B	E	E	C	A	C	B
题号	121	122	123	124	125	126	127	128	129	130										
答案	A	A	B	B	A	C	C	D	E	B										

第三篇

禽　病

■ 备考指南

学科特点

1. 禽病学是一门重要的综合课程，也是一门理论联系实际的学科。
2. 理论性很强，应用性同样也很强。
3. 知识面广，涉及兽医传染病学、兽医寄生虫学、兽医内科学、兽医外科学、兽医产科学以及中兽医学等。

学习方法

最核心的方法：理论联系实际。理论：学习好前期预防科目与临诊科目！实际：将理论知识应用到实际，加深对理论知识的理解与巩固。

历年分值分布

年份	传染病			寄生虫病			营养与代谢障碍				中毒病		普通病		合计
	病毒性传染病	细菌性传染病	真菌性传染病	蠕虫病	原虫病	外寄生虫病	糖、脂肪、蛋白质代谢障碍	维生素缺乏症	矿物质(无机元素)代谢障碍	其他代谢病	饲料和毒素中毒	农药及化学药物中毒	饲养管理不当引起的生理疾病	外部刺激引起的疾病	
2018	9	3	2			3		1	3	1					22
2019	9			3	5			3							20
2020	12	12			6					2					32
2021	3	3			3		3			2	3				20
2022	9	3								6	2				20
合计	42	21	2	3	14	3	3	4	6	11	5				114

<<< 第一单元 传染病 >>>

一、考试大纲

单元	细目	要点
传染病	1. 病毒病	(1)禽流感 (2)新城疫 (3)鸡传染性支气管炎 (4)鸡传染性喉气管炎 (5)鸡传染性法氏囊病 (6)禽传染性脑脊髓炎 (7)鸡产蛋下降综合征 (8)禽痘 (9)禽呼肠孤病毒感染 (10)鸡传染性贫血 (11)鸡马立克病 (12)禽白血病 (13)禽网状内皮组织增殖症 (14)鸭瘟 (15)鸭病毒性肝炎 (16)小鹅瘟 (17)雏番鸭细小病毒病
	2. 细菌病	(1)沙门菌病 (2)亚利桑那菌病 (3)大肠杆菌病 (4)禽霍乱 (5)传染性鼻炎 (6)弯曲杆菌病 (7)链球菌病 (8)葡萄球菌病 (9)李氏杆菌病 (10)溃疡性肠炎 (11)坏死性肠炎 (12)坏疽性皮炎 (13)鸭浆膜炎 (14)支原体病 (15)衣原体病
	3. 真菌病	(1)曲霉菌病 (2)念珠菌病

二、重要知识点

（一）病毒病

1. 禽流感 ①由正黏病毒科 A 型流感病毒引起，为 WOAH 报告病，在我国高致病性禽流感被列入一类动物疫病。②主要传染源：病禽和带毒禽。③症状：寒冷季节多发，产蛋停止，发绀，呼吸困难，排黄色稀粪，腺胃交界处有血带，小肠壁枣核样坏死。④诊断：取鸡胚尿囊液做血凝试验；或用 RT - PCR 技术。⑤防治：免疫范围必须达 100%，合格率达 70%以上，感染和可疑禽一律扑杀、焚烧。

2. 新城疫 ①即亚洲鸡瘟；幼雏和中雏最易感；春秋多发，发病率和死亡率均可高达 90%以上。②临诊特征：呼吸困难，腹泻，神经功能紊乱，黏膜和浆膜显著出血，尤以消化道和呼吸道最明显。急性型表现咳嗽，发出咯咯鸣声，嗉囊积液，倒提时有大量酸臭液体从口流出，排黄绿色稀粪。③特征性病理变化：嗉囊内充满黄色酸臭液体或气体，腺胃黏膜水肿，其乳头有出血点溃疡和坏死。④本病暴发标准为：1 日龄雏鸡脑内接种致病指数大于 0.7；或该病毒 F_1 蛋白的 N 端为苯丙氨酸，而 F_2 蛋白的 C 端有多个碱性氨基酸。⑤诊断：病料接种尿囊腔，24h 后取尿囊液进行 HA 和 HI 试验鉴定病毒。⑥鉴别：禽流感为皮下水肿和黄色胶样浸润；禽霍乱为肝脏有白色坏死点，但无神经症状。⑦防治：发病后，应进行紧急接种。

3. 鸡传染性支气管炎 ①特征：病鸡咳嗽，打喷嚏，气管发出啰音。肾型表现为肾炎综合征和尿酸盐沉积。②雏鸡发病最为严重，症状分为呼吸型、肾型、腺胃型。③诊断：病料接种于尿囊腔，产生卷曲胚、僵化胚、侏儒胚等典型变化。④防控：疫苗免疫，常用 M_{41} 型弱毒苗，如 H_{120}/H_{52} 及灭活苗。

4. 鸡传染性喉气管炎 ①病原为疱疹病毒，成年鸡多发，寒冷时多发，感染率 90%，死亡率 20%。②临诊特征：病鸡呼吸困难，咳嗽，咳出含有血液的渗出物，喉部和气管黏膜肿胀、出血并形成糜烂。③流行特点：突然发病，迅速传播。④临诊分为两个型：喉气管炎型、结膜炎型。⑤诊断：病料接种鸡胚绒毛尿囊膜，见细胞核内有嗜酸性包涵体。⑥防控：关键是禁止病鸡及被污染物的移动。⑦常用鸡胚干扰试验鉴定。

5. 鸡传染性法氏囊病 ①病毒耐酸不耐碱，以 3～6 周龄鸡最易感。②特征性病理变化：病鸡法氏囊充血、肿大，严重者呈紫葡萄状；肾因尿酸盐沉积而呈花斑肾；腿肌和胸肌出血，腺胃和肌胃交界处条状出血。③诊断：依据突然发病、传播迅速、发病率高、有明显高峰死亡曲线和迅速康复、法氏囊肿大、出血等做出诊断。④防控：免疫接种。

6. 鸡产蛋下降综合征 ①由禽腺病毒引起；主要侵害 26～32 周龄的鸡。②主要经垂直传播。③特征：病鸡产蛋率急剧下降可达 50%，软壳蛋、畸形蛋增多，褐色蛋壳颜色变浅，受精率和孵化率下降。④诊断：该病毒能凝集鸡红细胞，但不能凝集家兔红细胞。HI 方法最为常用。鸡群 HI 效价在 1∶8 以上，证明已感染。⑤防控：给 110～130 日龄鸡接种油佐剂灭活苗。

7. 鸡马立克病 ①为疱疹病毒引起的淋巴组织增生性疾病；2～5 月龄鸡最易发，8～9 周龄发病严重，种鸡 16～20 周龄出现症状。②特征：外周神经、性腺、虹膜、内脏器官、肌肉和皮肤出现单核细胞性浸润和形成肿瘤。可分为三种类型：神经型（古典型）、内脏型

（急性型）和眼型。形成肿瘤的细胞为 T 细胞。③防控：疫苗接种，防止在出雏室和育雏室的早期感染。

8. 禽白血病 ①病原为反转录病毒。此病为多种肿瘤性疾病的统称；淋巴细胞白血病是最常见的经典型白血病肿瘤。②特征：性成熟前后发生肿瘤死亡。死亡率可达 20%。③垂直传播途径：通常以性成熟时发病率最高；先天性感染的免疫耐受鸡是重要传染源。④病理特征：肿瘤是由成熟髓细胞所组成。⑤防控：建立无该病的种鸡群。

9. 鸭瘟 ①本病即鸭病毒性肠炎，为急性败血性高度接触性疾病。春秋多发，主要经消化道传播。②临诊特点：病鸭体温升高，流泪，部分病鸭头颈部肿大（大头瘟），两腿麻痹，排绿色稀粪。③病理变化：食道和泄殖腔黏膜出血、水肿、坏死，并有黄褐色伪膜覆盖，肝有灰白色坏死点。④流行特征：流行广泛，传播迅速，发病率和病死率高。⑤诊断：病料接种鸭胚尿囊膜，胚体出现典型出血病变；肝和脑是最佳取材部位。⑥防控：接种弱毒苗；消毒；注射高免血清。

10. 鸭病毒性肝炎 ①病理变化：肝脏肿大并有出血斑点。②特征：神经症状，角弓反张。Ⅰ型病毒危害最大，仅发生于雏鸭，一周内发病率 100%，病死率 95%。③诊断：取肝脏病料接种鸡胚尿囊腔，观察死亡情况。电镜下，肝细胞核变性、浓缩，存在"核小体"结构。④防控：种鸭产前免疫两次；雏鸭 1 日龄口服免疫；发病鸭可用高免血清。

11. 小鹅瘟 ①本病即鹅细小病毒感染、雏鸭病毒性肠炎。3～7 日龄最易感，病死率可达 100%。②临诊特征：传染快，发病率和死亡率高，严重腹泻，死前两腿麻痹。③病理特征：出血性、纤维素性、坏死性肠炎，死前小肠内出现凝固性栓子。④诊断：病料接种鹅胚尿囊腔分离病毒，再用中和试验鉴定。⑤防控：种鹅产前 1 个月免疫，小鹅 1 日龄免疫，高免血清治愈率达 50%。

（二）细菌病

1. 沙门菌病 ①雏鸡白痢：经卵垂直感染，2～3 周龄为发病和死亡高峰，可见卵黄性腹膜炎，肝、肾肿大充血。②防控：以全血平板凝集试验检测，淘汰阳性鸡和可疑鸡。

2. 大肠杆菌病 ①以急性败血症（心包炎、肝周炎、气囊炎）和卵黄性腹膜炎（卵泡掉入腹腔）最为常见。②防控：预防投药。

3. 禽霍乱 ①即禽巴氏杆菌病、禽出败。发病率和病死率很高，成年高产蛋鸡多发。②主要经消化道传染，高温高湿季节多发。③急性型：病禽呼吸困难，口鼻流泡沫黏液，腹泻，皮下有出血点；肝肿大、质脆，呈棕红色，表面有坏死点。④诊断：取病死鸡心血、肝、脾，经瑞氏染色，镜检见两极浓染的短杆菌。⑤防控：接种疫苗，注射青霉素、磺胺。

4. 鸭浆膜炎 ①即鸭疫里默氏杆菌病。2～3 周龄雏鸭最易感，是我国南方地区最严重的疫病之一。低温高湿的季节多发。库蚊是最重要的传播媒介。②临诊特点：败血症、眼鼻流泪、神经症状、腹泻。③病理特点：雏鸭"三炎"（心包、肝和气囊纤维素性渗出性炎症）、干酪性输卵管炎、脑膜炎。④防控：生物安全措施和疫苗免疫。⑤该病呈现典型疫点流行特征。

5. 支原体病 ①即鸡毒支原体感染或鸡慢性呼吸道病。4～8 周龄易感。寒冷季节严重。②特征：病鸡出现气管炎、气囊炎，以咳嗽、气喘、流鼻液和呼吸啰音为特征。③病理特征：鼻道、气管与支气管、气囊内含有混浊的黏稠渗出物。④诊断：成鸡采用平板凝集试验。⑤防控：接种疫苗，种蛋药浴。

（三）真菌病

1. 曲霉菌病 ①多发生于1～3周龄以下雏鸡。②临诊上主要表现为严重的呼吸困难，张口喘气，无啰音，很少采食，急性暴发时死亡率可达50%。曲霉菌侵入眼部时眼皮下蓄有豆渣样物质，眼皮鼓起，角膜溃疡，像"白眼珠"。③剖检可见肺部和气管变为黑紫、灰白色，质地变硬，切面坏死，气囊混浊，有霉菌结节。

2. 念珠菌病 ①本病是由白色念珠菌引起的禽类上消化道的一种霉菌病。②特征：上消化道黏膜出现白色伪膜和溃疡。③不会发生大规模的死亡。

三、例题及解析

（1～3题共用题干）

某鸡场15日龄的海兰褐雏鸡，排白色糊糊状粪便。剖检见肝脏肿大，表面有大小不等的灰白色坏死点。肝脏病料接种麦康凯培养基有菌落生长。

1. 此病最可能的诊断是（　　）。
    A. 禽霍乱　　　　　　　　　B. 雏鸡白痢　　　　　　　　C. 大肠杆菌病
    D. 鸡传染性鼻炎　　　　　　E. 鸡毒支原体感染
2. 该鸡群感染的病原可能是（　　）。
    A. 埃希菌　　　　　　　　　B. 沙门菌　　　　　　　　　C. 巴氏杆菌
    D. 副鸡嗜血杆菌　　　　　　E. 鸡毒支原体
3. 祖代鸡场对该病的防控措施是（　　）。
    A. 鸡群消毒　　　　　　　　B. 抗生素治疗　　　　　　　C. 加强饲养管理
    D. 高免血清治疗　　　　　　E. 净化

【解析】 B、B、E。雏鸡沙门菌病又称鸡白痢，典型特征是排白色稀粪，肝脏出现灶性坏死点。可用凝集试验进行诊断，以全血平板凝集试验较为常用。沙门菌接种在麦康凯培养基上，可长出无色透明菌落。沙门菌可通过垂直传播，因而祖代鸡场应采取净化控制措施，一旦感染，子代难以净化。

（4～6题共用题干）

某1 500只150日龄蛋鸡群突然发生腹泻，排绿色或黄绿色粪便，发病率50%，病死率70%。剖检见肠道出血，腺胃黏膜水肿、乳头出血。

4. 确诊该病的快速诊断方法为（　　）。
    A. 细菌培养　　　　　　　　B. 血凝与血凝抑制试验　　　C. 病毒中和试验
    D. 涂片染色镜检　　　　　　E. 粪便虫卵检查
5. 该鸡群所发疾病最需要的鉴别诊断是（　　）。
    A. 禽流感与禽霍乱　　　　　B. 禽霍乱与新城疫　　　　　C. 新城疫与禽流感
    D. 禽伤寒与新城疫　　　　　E. 禽流感与禽伤寒
6. 【假设信息】如该鸡群已接种过3次H5亚型禽流感疫苗，已排除发生禽流感的可能性。防控该病的有效措施是（　　）。

A. 扑杀   B. 抗菌   C. 注射卵黄抗体

D. 疫苗紧急接种   E. 注射感染素

【解析】B、C、D。①根据题意出现腹泻，腺胃黏膜水肿、乳头出血可初步判定为新城疫或禽流感。这两个病快速诊断都可采用血凝与血凝抑制试验。②如果已接种3次禽流感疫苗，则可排除禽流感感染，判定为新城疫。若为新城疫感染，则对鸡群宜采取紧急接种，而非扑杀。

(7～9题共用题干)

某15日龄鸡群发病，呼吸困难，腹泻，粪便呈黄绿色，提起时流出腥臭的液体，部分病鸡出现神经症状，剖检见腺胃乳头出血，腺胃与食道交汇处呈带状出血。

7. 该病最可能是(　　)。

 A. 禽霍乱   B. 新城疫   C. 传染性支气管炎

 D. 传染性喉气管炎   E. 大肠杆菌病

8. 确诊该病最可靠的方法是(　　)。

 A. 细菌分离鉴定   B. 病毒分离鉴定   C. ELISA抗体检测

 D. 病理组织学检查   E. 血凝试验

9. 对受威胁鸡群应采取的最有效措施是(　　)。

 A. 加强饲养管理   B. 鸡舍消毒   C. 抗病毒药物预防

 D. 疫苗紧急接种   E. 注射卵黄抗体

【解析】B、B、D。①新城疫又称亚洲鸡瘟。主要特征是呼吸困难，腹泻，神经功能紊乱，以及浆膜和黏膜显著充血；嗉囊内充满黄色酸臭液体，倒提有液体流出；腺胃黏膜水肿，乳头和乳头间有出血点或有溃疡和坏死；小脑液化性坏死；肠道纤维素性坏死，形成伪膜；淋巴肿胀坏死；脑非化脓性坏死。确诊该病最可靠的方法为病毒分离鉴定。②新城疫免疫方式有：滴鼻、点眼、饮水、气雾等。

(10～12题共用题干)

某9月龄种鸡群，产蛋率和种蛋的孵化率偏低，部分鸡消瘦、腹部膨大。剖检见肝脏、肾脏、法氏囊、性腺、脾脏等处有肿瘤样结节。

10. 该病最可能的诊断是(　　)。

 A. 马立克病   B. 禽白血病

 C. 禽呼肠孤病毒感染   D. 黄曲霉毒素中毒

 E. 包涵体肝炎

11. 实验室诊断，需要检查(　　)。

 A. 法氏囊中的抗体   B. 蛋清中的抗原

 C. 肿瘤组织中的抗原   D. 羽毛囊中的抗原

 E. 血清中的抗体

12. 该病主要的传播媒介是(　　)。

 A. 种蛋   B. 饲料   C. 饮水

 D. 野鸟   E. 鼠类

【解析】B、D、A。①禽白血病最经典型为白血病肿瘤，肿瘤可见于肝脏、脾脏、法氏囊、肾脏、肺脏、性腺、心脏、骨髓等组织，肿瘤表面呈结节状。②本病主要通过垂直传播，也能水平传播。本病采用琼脂扩散试验检测，方法为从鸡的羽髓中检测禽白血病病毒抗原。

<<< 第二单元 寄生虫病 >>>

一、考试大纲

单元	细目	要点
寄生虫病	1. 蠕虫病	(1) 禽棘口吸虫病　(2) 前殖吸虫病　(3) 禽后睾吸虫病　(7) 鸭毛毕吸虫病　(5) 背孔吸虫病　(6) 环肠吸虫病　(7) 枭形吸虫病　(8) 嗜眼吸虫病　(9) 戴文绦虫病　(10) 膜壳绦虫病　(11) 禽蛔虫病　(12) 鸡异刺线虫病　(13) 禽毛细线虫病　(14) 禽胃线虫病　(15) 禽比翼线虫病　(16) 鸭龙线虫病　(17) 鸭棘头虫病
	2. 原虫病	(1) 禽球虫病　(2) 禽隐孢子虫病　(3) 组织滴虫病　(4) 鸡住白细胞虫病　(5) 禽毛滴虫病　(6) 禽六鞭原虫病
	3. 外寄生虫病	(1) 鸡皮刺螨病　(2) 鸡新棒恙螨病　(3) 禽虱病

二、重要知识点

（一）蠕虫病

1. 禽棘口吸虫病　①由棘口科棘口属的吸虫寄生于鸡、鸭、鹅等禽、鸟类直肠和盲肠内引起的疾病。②病原：卷棘口吸虫、宫川棘口吸虫。第一中间宿主为淡水螺，第二中间宿主为淡水鱼、蛙和蝌蚪。③症状：轻度感染仅引起轻度肠炎和腹泻。严重感染时引起腹泻，贫血，消瘦，生长发育受阻，甚至发生死亡。④病变：出血性肠炎，肠黏膜上附着有大量虫体，黏膜损伤和出血。⑤治疗：氯硝柳胺、丙硫苯咪唑、吡喹酮。

2. 前殖吸虫病　①寄生于鸡的输卵管、法氏囊、泄殖腔、直肠引起的疾病。②病原：以卵圆前殖吸虫和透明前殖吸虫最常见。第一中间宿主为淡水螺，第二中间宿主为蜻蜓。③流行病学：放养禽多发，华东和华南多见；主要危害雌禽，特别是产蛋鸡。④症状：病禽产软壳蛋，腹膜炎，输卵管炎和泄殖腔炎，黏膜增厚、充血和出血，其上可见虫体附着。⑤诊断：剖检发现虫体，水洗沉淀法粪检虫卵。⑥治疗：阿苯达唑、硫氯酚、吡喹酮。

3. 禽后睾吸虫病　①寄生于家鸭的肝脏胆管或胆囊内引起的疾病。②病原：以东方次睾吸虫、台湾次睾吸虫、鸭后睾吸虫、鸭对体吸虫危害严重。次睾吸虫多见于胆囊，引起胆囊肿大；后睾吸虫和对体吸虫多见于胆管，引起肝硬化。第一中间宿主为纹沼螺，第二中间宿主为麦穗鱼、爬虎鱼。③诊断：沉淀法粪检虫卵，剖检肝脏发现虫体。④治疗：吡喹酮、阿苯达唑。

4. 背孔吸虫病　①由背孔科背孔属的吸虫寄生于鸭、鹅、鸡等禽类盲肠和直肠内引起的疾病。②病原：虫体种类很多，常见的为细背孔吸虫，在中国各地普遍存在。中间宿主为圆扁螺。③病变：虫体的机械性刺激和毒素作用，导致肠黏膜损伤、发炎。患禽精神沉郁，贫血,消瘦,腹泻,生长发育受阻,严重者可引起死亡。④诊断:粪便检查发现虫卵及剖检死禽发现虫体可确诊。

5. 嗜眼吸虫病 症状为眼结膜充血,流泪,眼睛红肿,甚至化脓溃疡,眼睑肿胀和紧闭,严重的双目失明,不能寻食而致消瘦、羽毛松乱,甚至引起死亡。

6. 戴文绦虫病 ①病原寄生于鸡的小肠。中间宿主为蛞蝓和蜗牛。②症状:引起肠壁急性炎症,腹泻,高度消瘦。③诊断:粪检虫卵,剖检发现虫体。④治疗:硫氯酚、阿苯达唑、氯硝柳胺、吡喹酮。

7. 膜壳绦虫病 ①病原寄生于鸡的小肠。中间宿主为甲虫和刺蝇。②诊断:粪检虫卵,剖检发现虫体。③治疗:硫氯酚、阿苯达唑、氯硝柳胺、吡喹酮。

8. 禽蛔虫病 ①病原寄生于鸡的小肠,是鸡体内最大的线虫,为直接发育方式。②形态:虫体黄白色,虫卵椭圆形,表面光滑,壳厚。③流行特点:3～4月龄雏鸡易感,缺乏维生素 A 与 B 族维生素时易感。④症状:病禽精神委顿,羽毛松乱,便秘与腹泻交替,衰弱死亡,肠壁形成结节,肠道阻塞、破裂,腹膜炎。⑤诊断:漂浮法粪检虫卵,剖检小肠发现虫体。⑥防治:左旋咪唑、阿苯达唑、甲苯咪唑、驱蛔灵;雏鸡与成年鸡分群饲养。

9. 鸡异刺线虫病 ①异刺线虫病又称盲肠虫病,是由异刺线虫寄生于鸡、火鸡、鸭、鹅等禽、鸟类的盲肠内引起的一种线虫病。②症状:患禽消化功能障碍,食欲缺乏或废绝,腹泻、贫血,雏禽发育停滞,消瘦甚至死亡,成禽产蛋量下降或停止。③病变:尸体消瘦,盲肠肿大,肠壁发炎和增厚,有时出现溃疡灶。盲肠内可查见虫体,尤以盲肠尖部虫体最多。④诊断:粪便内发现虫卵,或剖检在盲肠内查到虫体均可确诊。

10. 禽毛细线虫病 ①病原:有轮毛细线虫寄生于鸡的嗉囊和食道,膨尾毛细线虫寄生于鸽、鸡的小肠,二者中间宿主均为蚯蚓。鸽毛细线虫寄生于鸽、鸡的小肠,直接发育,无中间宿主。鹅毛细线虫寄生于鹅小肠,虫体细小,毛发状,虫卵两端有卵塞。②症状与病变:炎症、出血;嗉囊膨大,压迫迷走神经,可能引起呼吸困难,运动失调和麻痹而死亡。③诊断:漂浮法检测虫卵,解剖找到虫体。④防控:咪唑类药物治疗等;驱虫灭虫,卫生防控。

11. 禽胃线虫病 ①病原寄生于禽的食道、腺胃、肌胃、肠道内。小锐形线虫:虫体粗,淡黄色,寄生于肌胃角质膜下。旋锐形线虫:虫体短钝,螺旋状,寄生于腺胃和食道,形成菜花样病灶。美洲四棱线虫和分棘四棱线虫:雌雄异体,寄生于腺胃,其黏膜溃疡出血。鹅裂口线虫:虫体淡红色,体表有细横纹,寄生于肌胃,其质膜呈暗棕色。几种线虫中间宿主为蚱蜢、甲虫、象鼻虫、钩虾、水蚤。②流行:锐形线虫感染鸡,四棱线虫感染 3 月龄以上鸭,鹅裂口线虫感染 2 月龄的幼鹅,死亡率高。③症状:病禽贫血、缩头垂翅、腹泻。④诊断:粪检虫卵。⑤左旋咪唑、阿苯达唑、甲苯咪唑。

(二)原虫病

1. 禽球虫病

(1)鸡球虫病:①病原有 7 种:柔嫩艾美耳球虫、毒害艾美耳球虫、堆型艾美耳球虫、巨型艾美耳球虫、布氏艾美耳球虫、和缓艾美耳球虫、早熟艾美耳球虫。②柔嫩艾美耳球虫寄生于盲肠,其他球虫寄生于小肠。③球虫发育不需中间宿主,鸡是各种球虫的唯一天然宿主。④3～6 周龄多暴发,死亡率可高达 80%,堆型、柔嫩、巨型艾美耳球虫多发于 21～50

日龄，毒害艾美耳球虫多发于8～18周龄。⑤我国南方3—5月最严重，北方7—8月最为严重。⑥急性型，由柔嫩艾美耳球虫引起，粪便呈棕红色，后变为血液。⑦诊断：饱和盐水漂浮法粪检虫卵，但带虫普遍，必须综合判断。⑧治疗：氨丙啉，妥曲珠利、磺胺类。⑨防控：雏鸡出壳后第1天开始用药物预防；免疫预防。

（2）鸭球虫病：①病原寄生于鸭肠道上皮细胞，包括毁灭泰泽球虫和菲莱氏温扬球虫。②毁灭泰泽球虫：有一个大的卵囊残体，主要引起小肠卵黄蒂前后段的变态。③菲莱氏温扬球虫：无卵囊残体，引起回肠和直肠病态，表现为充血和出血。④流行病学：2～3周龄雏鸭最易感，9—10月最多发；育肥鸭和种鸭为重要传染源。⑤症状：病鸭精神委顿，排血红色稀粪，死亡率可达80%；小肠弥漫性出血性肠炎。⑥诊断：带虫普遍，必须综合判定。⑦治疗：氨丙啉、氯苯胍、磺胺。

（3）鹅球虫病：①鹅的球虫有16种，其中寄生于肾小管的截形艾美耳球虫致病性最强；其他15种球虫寄生于肠道上皮细胞，以鹅艾美耳、柯氏艾美耳、有毒艾美耳球虫致病性较强。②流行特点：鹅的发病率可达100%，死亡率可达80%。5—8月多发。3～12周龄的鹅多发肾球虫病；3月龄以下的鹅多发肠球虫病。③病理变化：肾球虫病表现为腹泻，粪白色，肾肿大呈淡灰黑色，肾表面灰白色病灶，内含尿酸盐沉积物和大量卵囊。肠球虫病表现为粪便由灰白色至红色，急性卡他出血性肠炎。④诊断：带虫普遍，必须综合判定。⑤防治：磺胺药；幼鹅与成年鹅分开饲养。

2. 禽隐孢子虫病 ①禽类中以贝氏隐孢子虫病最为广泛。该虫发育史历经卵囊、子孢子、裂殖子、滋养体、配子体、配子等阶段。其中卵囊内含4个裸露子孢子或1个大残体。水源污染为重要原因，潮湿、温暖季节多发。②症状：禽类呈剧烈呼吸道症状。③诊断：用饱和蔗糖液漂浮法收集粪便中的卵囊，在油镜下观察呈现玫瑰红色的卵囊。取死亡病例消化道黏膜做成涂片，用齐尼氏染色法染色，在绿色背景上观察到圆形的红色虫体。④防治：粪便的有效处理和环境卫生控制最为有效。⑤消毒药：氨水或福尔马林。

3. 组织滴虫病 ①由火鸡组织滴虫寄生于禽的盲肠和肝脏引起，又称盲肠肝炎或黑头病。该虫以二分裂繁殖，主要依靠鸡异刺线虫传播。②流行特点：夏季多发，4～6周龄鸡最易感染，3～12周龄火鸡最易感染。③症状：病禽呆立，头下垂，排淡黄色恶臭粪，肝脏坏死，盲肠溃疡。④诊断：用40℃温生理盐水稀释盲肠内容物，做悬滴标本，镜检虫体。⑤治疗：二甲硝咪唑。

4. 鸡住白细胞虫病 ①由住白细胞虫属的原虫寄生于鸡的血液细胞和内脏器官组织细胞内引起的原虫病。该虫有裂殖体和配子体两个阶段，裂殖体寄生于内脏组织细胞，配子体寄生于白细胞和红细胞内。卡式住白细胞虫成熟配子体近于圆形，传播者为蠓。沙式住白细胞虫成熟配子体为长形，传播者为蚋。②流行特点：雏鸡和青年鸡危害严重，大批死亡，广东与福建相当普遍，呈地方性流行。③症状特征：死前口流鲜血，贫血，鸡冠和肉垂苍白，常因呼吸困难而死。④剖检特征：全身性出血，肝脾肿大，血液稀薄，尸体消瘦，白冠，肾、肺出血最严重。⑤诊断：采血涂片后瑞氏染色，镜检虫体。⑥预防：SMM、SPM、SR、氯氢吡啶、氯苯胍。

5. 禽毛滴虫病 ①禽毛滴虫病是家禽、火鸡、鸵鸟、鸽和鹰等的一种原虫病。②由禽毛滴虫寄生于禽的消化道上段所引起，分布广泛。

6. 禽六鞭原虫病 ①本病是火鸡、雉、鹌鹑、鹧鸪、孔雀、鸵鸟、鸽、鸣禽及鸡、鸭等的一种急性卡他性肠炎疾病，以严重腹泻为特征。②由火鸡六鞭原虫寄生于上述禽类小肠所引起。③3~8 周龄的幼禽发病严重，死亡率较高。

（三）外寄生虫病

1. 鸡皮刺螨病 ①虫体寄生于鸡体表。鸡皮刺螨：即"红螨"，长椭圆形，白天隐蔽，夜间吸血。林禽刺螨：特点为盾板后端突然变细，呈舌状。囊禽刺螨：特点为盾板两侧自足基节水平后逐渐变窄。发育史有卵、幼虫、若虫、成虫四个阶段。②症状：产蛋鸡多发，消瘦，贫血，有痒感，产蛋减少，皮肤小红疹。③诊断：鸡体查见虫体。④防治：溴氢菊酯喷洒鸡体，阿维菌素拌料。

2. 鸡新棒恙螨病 ①由鸡羽虱寄生体表引起。②症状：奇痒，有时因啄痒而咬断自体羽毛，逐渐消瘦，雏鸡生长发育受阻，母鸡产蛋率下降。

3. 禽虱病 ①由羽虱寄生于禽体表，为永久性寄生，具严格宿主特异性，寄生部位较稳定。羽虱形态很小，淡黄色。发育史包括卵、若虫、成虫 3 个阶段，均在禽体表进行。②流行特点：寒冷季节多发。③症状：奇痒，羽毛折断，消瘦，产蛋减少，广幅长羽虱可使雏鸡生长停滞，死亡。④诊断：禽体表发现羽虱可确诊。⑤防治：溴氢菊酯、双甲脒喷雾，伊维菌素肌内注射，蝇毒灵、甲醛消毒禽舍。

三、例题及解析

（1~3 题共用题干）

夏末，某养殖户地面圈养的 2 000 只三黄鸡，在 10 周龄后出现精神委顿，食欲缺乏至废绝，腹泻，排出大量深褐色带黏液的粪便。迅速死亡，一周内死亡率达 15%。

1. 下列疾病中最不可能的是（ ）。
   A. 前殖吸虫病   B. 鸡球虫病   C. 组织滴虫病
   D. 坏死性肠炎   E. 溃疡性肠炎

2. 【假设信息】如剖检病死鸡，小肠中段肠管肿胀，黏膜出血、坏死，肠腔内有多量凝血块和脱落的黏膜碎片，该病可诊断为（ ）。
   A. 前殖吸虫病   B. 鸡球虫病   C. 组织滴虫病
   D. 坏死性肠炎   E. 溃疡性肠炎

3. 确诊该病，首先应采用的检查方法是（ ）。
   A. 血凝试验   B. 接种小鼠   C. 接种鸡胚
   D. 分离细菌   E. 刮取肠黏膜镜检

【解析】A、B、E。①前殖吸虫主要引起输卵管、法氏囊、泄殖腔及直肠病变，导致禽类产软壳蛋、无壳蛋，严重继发卵黄性腹膜炎死亡，故本题最不可能为前殖吸虫感染。②鸡球虫：鸡柔嫩艾美耳球虫寄生于盲肠，故俗称盲肠球虫，其余球虫寄生于小肠，俗称小肠球虫，各种球虫往往混合感染。症状可见精神沉郁，羽毛松软，腹泻，甚至血便，渴欲增加，死亡率高，甚至全军覆没。柔嫩艾美耳球虫病变可见肠腔充满由血凝块、坏死物等炎性组织形成的栓子称肠芯。感染毒害艾美耳球虫，可在浆膜见有小的白斑和红斑点，为本病特异性病变。③鸡球虫病发病快，死亡率高，表现消化不良，严重腹泻，渴欲增加，检查应镜检球虫卵。

（4～6题共用题干）

8月，某养殖场2 000只30日龄肉鸡，食欲缺乏，精神沉郁，羽毛松乱，腹泻，排水样稀粪，鸡冠苍白，病死率达20%。剖检见皮下、肌肉与脏器出血，肌肉与内脏器官上见针尖至粟粒大小的白色结节。

4. 该病可初步诊断为（　　）。

A. 隐孢子虫病　　　　　　　　B. 球虫病　　　　　　　　　　C. 组织滴虫病

D. 弓形虫病　　　　　　　　　E. 住白细胞虫病

5. 确诊该病，首先应采取的检查方法是（　　）。

A. 粪便虫卵检查　　　　　　　　　　　B. 取结节压片镜检

C. 盲肠黏膜刮片镜检　　　　　　　　　D. 鸡胚接种

E. 间接凝血试验

6.【假设信息】如剖检还发现鸡的法氏囊充血、水肿、呈紫黑色，则还应采取的检查方法是（　　）。

A. 粪便虫卵检查　　　　　　　　　　　B. 取结节压片镜检

C. 盲肠黏膜刮片镜检　　　　　　　　　D. 鸡胚接种

E. 间接血凝试验

【解析】E、B、D。①已知病原有两种，卡氏住白细胞虫中间宿主为蠓，沙氏住白细胞虫中间宿主为蚋。本病的特征病变为死前口流鲜血，贫血，鸡冠肉髯苍白，常因呼吸困难而死亡。青年鸡和成年鸡感染该病后，呈现鸡冠苍白，消瘦，排水样稀粪或绿色稀粪。②死后剖检特征为全身出血，肝脾肿大，血液稀薄，尸体消瘦，白冠。全身皮下出血，肌肉尤其是胸肌、腿肌、心肌出现大小不等的出血点，脏器出血，尤其是肺、肾出血严重。心肌、腿肌、胸肌、肝、脾出现白色结节，针尖至粟粒大小。检查时从翅下小静脉或鸡冠采血一滴，涂片瑞氏或吉姆萨染色，或取内脏小结节压片染色，镜检有虫体即可确诊。③本病无特效药，较有效的有磺胺类和氯羟吡啶、氯苯胍；扑灭传播者蚋和蠓。④如剖检见法氏囊病变，初步怀疑为传染性法氏囊病，通过接种到鸡胚绒毛尿囊膜中，3～5d后观察鸡胚情况。

<<< 第三单元　营养与代谢障碍病　>>>

一、考试大纲

单元	细目	要点
营养与代谢障碍	1. 糖、脂肪、蛋白质代谢障碍	（1）蛋白质及氨基酸缺乏症　　（2）痛风　　（3）脂肪肝出血综合征　　（4）脂肪肝-肾综合征
	2. 维生素缺乏症	（1）维生素 A 缺乏症　　（2）维生素 D 缺乏症　　（3）维生素 E 缺乏症　　（4）维生素B$_1$ 缺乏症　　（5）维生素 B$_2$ 缺乏症　　（6）维生素 B$_6$ 缺乏症　　（7）生物素缺乏症　　（8）胆碱缺乏症　　（9）维生素 B$_{12}$缺乏症　　（10）维生素 C 缺乏症

（续）

单元	细目	要点
营养与代谢障碍	3. 矿物质（无机元素）代谢障碍	（1）钙缺乏症　（2）磷缺乏症　（3）氯和钠（食盐）缺乏症　（4）锰缺乏症　（5）锌缺乏症　（6）铁缺乏症　（7）铜缺乏症　（8）碘缺乏症　（9）硒缺乏症
	4. 其他代谢病	（1）肉鸡腹水综合征　（2）肉鸡猝死综合征　（3）缺水　（4）笼养蛋鸡疲劳综合征

二、重要知识点

（一）糖、脂肪、蛋白质代谢障碍

1. 蛋白质及氨基酸缺乏症　①病因：饲料中蛋白质与氨基酸含量不足，含量有较大的差异或搭配不平衡。②症状：生长发育缓慢、消瘦、贫血、生产力下降等。③病变：脂肪消失、肌肉萎缩、水肿和积液。④防治：保证家禽日粮中蛋白质的含量，注意各种氨基酸的平衡和拮抗关系，及时调整饲料配方，加强饲养管理。

2. 痛风　①临诊特征：分为关节型和内脏型两种；以病禽行动迟缓，腿翅关节肿大，厌食，跛行，衰弱，腹泻为特征。②病理特征：血液中尿酸盐水平增高至 15mg/dL 以上，关节表面或内脏表面有大量白色尿酸盐沉积。③病因：饲喂富含核蛋白和嘌呤碱的高蛋白质饲料，遗传，患有鸡传染性支气管炎、中毒、维生素 A 缺乏等。④防治：治疗原发病，增强尿酸排泄（苯基喹啉羟酸）。

3. 脂肪肝出血综合征　①本病即蛋鸡脂肪肝综合征。②特征：由高能低蛋白质日粮引起，肝发生脂肪变性。③症状：病鸡个体肥胖，产蛋减少，个别鸡肝破裂出血而死亡。④病因：饲喂高能低蛋白质日粮或高蛋白质低能日粮；胆碱、含硫氨基酸、B 族维生素、维生素 E 缺乏，饲料变质等。⑤血检：血清胆固醇含量高达 15.73～29.85mmol/L。⑥防治：降低饲料能量水平；确保营养成分充足；蛋鸡 8 周龄控制体重；加强管理。

4. 脂肪肝-肾综合征　①本病是青年鸡的一种营养代谢病，由于肝脏、肾脏和其他组织中存在大量脂类物质而得病。主要发生于肉用仔鸡，也可发生于后备肉用仔鸡，但 11 日龄以前和 32 日龄以后的仔鸡不常暴发，以 3～4 周龄发病率最高。②病变：肝脏和肾脏均呈现肿胀，肝脏苍白，肾脏呈各种变色，多死于突然嗜睡和麻痹。③防治：针对病因，调整日粮成分比例。

（二）维生素缺乏症

1. 维生素 A 缺乏症　①病因：维生素 A 或胡萝卜素缺乏。②特征：病禽生长缓慢，上皮角化，夜盲症，繁殖功能障碍，免疫力低下。③防治：治疗原发病，增补富含维生素 A 和胡萝卜素的饲料。

2. 维生素 D 缺乏症　①本病又称佝偻病。②症状：病禽生长发育受阻，行走困难，腿骨变脆易折断，喙、爪变得软弱。③病变：背部脊椎和胸肋相接处向内弯，形成一条肋骨内弯沟现象，肋骨和脊椎交接处肿胀呈串珠样，胫骨和股骨的骨骺钙化不良。④防治：肌内注射维生素 D。

3. 维生素 E 缺乏症 病禽出现渗出性素质，胰腺纤维化，肌营养不良，脑软化，肌胃变性。

4. 维生素 B_1 缺乏症 病禽多发性神经炎，鸡呈"观星"姿态。

5. 维生素 B_2 缺乏症 病禽上皮异常，鳞屑状脱皮，皮肤粗糙，脂溢性皮炎，鸡见"趾爪卷曲症"。

6. 维生素 B_6 缺乏症 病禽生长慢，皮炎，癫痫样抽搐，贫血。

7. 生物素缺乏症 病鸡出现生长迟缓，食欲缺乏，羽毛干燥、变脆，趾爪、喙底和眼周围皮肤发炎，以及骨短粗等症。

8. 胆碱缺乏症 病禽精神不振，生长慢，骨短粗，关节肿胀屈曲，苍白，消化不良。

9. 维生素 B_{12} 缺乏症 病禽出现巨幼红细胞贫血。

（三）矿物质（无机元素）代谢障碍

1. 钙缺乏症 ①病理特征：生长骨的钙化作用不足，持久性软骨肥大与骨骺增大。②特征：消化紊乱，异食癖，跛行，骨骼变形；血栓出现碱性，磷酸酶活性明显升高；X 射线检查发现骨密度降低，长骨末端呈现"羊毛状"外观，外形骨的末端凹而扁。③防治：保持干燥、温暖、通风；钙磷比例控制在（1～2）：1；给予助消化药。

2. 磷缺乏症 ①病理特征：骨质的进行性脱钙，呈现骨质软化，形成过量未钙化的骨质基质。②临诊特征：消化紊乱，异食癖（舔食泥土），跛行，骨质软化，骨变形。③血液检查：血清钙无明显变化，血清磷下降，血清碱性磷酸酶水平升高。④防治：补充骨粉。

3. 锰缺乏症 ①特征：骨骼畸形，繁殖功能障碍，新生畜运动失调。②症状：表现为滑腱症，单侧或双侧跗关节以下肢体扭转、腓肠肌腱脱出，站立时呈 O 形或 X 形。③防治：日粮或饮水中添加锰制剂。

4. 锌缺乏症 ①特征：生长缓慢，皮肤角化不全，繁殖功能紊乱，骨骼发育异常，脚软弱，羽毛发育不良，皮肤角化过度。②防治：饲料中添加硫酸锌，控制日粮中钙含量。

5. 铁缺乏症 ①特征：贫血，易疲劳，活力下降，生长发育受阻。②防治：加强饲养管理，及时补充铁剂（葡聚糖铁）。

6. 铜缺乏症 ①特征：贫血，腹泻，被毛褪色，共济失调。②防治：口服 $CuSO_4$。

7. 碘缺乏症 ①又称"甲状腺肿"。②特征：繁殖障碍，黏液性水肿（面部臃肿，看似"愁容"），脱毛，幼畜发育不良，甲状腺功能减退，甲状腺肿大。③防治：口服 KI、NaI。

8. 硒缺乏症 ①临诊特征：猝死，跛行，腹泻，渗出性素质。②病理特征：骨骼肌、心肌、肝脏、胰脏组织变性、坏死。渗出性素质，胰腺纤维化，肌营养不良，脑软化，肌胃变性。

（四）其他代谢病

1. 肉鸡腹水综合征 ①本病即肉鸡肺动脉高压综合征、心衰综合征、高海拔病。②病因：长期选育快速生长肉鸡品种所致。③症状：腹部膨大，站立时腹部着地，行动缓慢，严重时鸡冠紫红色，抓捕时突然死亡。④病理：腹腔内潴留大量积液，右心扩张，肺充血、水肿，肝脏病变。⑤防治：日粮中添加亚麻油、速尿、精氨酸、阿司匹林、L-精氨酸；饲喂低蛋白质和低能量的饲料。

2. 肉鸡猝死综合征 ①发育好、生长快的幼鸡多发。②症状：健康禽突然毫无征兆地死亡，死亡前失去平衡，尖叫，很快倒下死亡。③病变：肌肉苍白，胃肠道弥漫性充血，心脏明显增大，右心扩张，心包积液，脑充血、有出血点。④防治：限制能量水平，降低肉鸡生长速度；添加生物素。

3. 笼养蛋鸡疲劳综合征 ①本病即骨质疏松症。②病因：缺钙，过早使用蛋鸡料（含过高的钙），钙磷比例不当，缺乏维生素 D，缺乏运动，光照不足，应激。③特征：产软壳蛋、薄壳蛋；病鸡站立困难，爪弯曲，运动失调，躺卧，血钙水平下降，血清碱性磷酸酶活性升高。④防治：加强运动和光照，按饲养标准及时补充钙、磷、维生素 D，产蛋鸡饲料钙含量不低于 3.5%。

三、例题及解析

1. 禽痛风的根本原因是体内蓄积过多的（　　）。

    A. 血糖　　　　　　　　　B. 胆固醇　　　　　　　　　C. 白蛋白

    D. 尿酸　　　　　　　　　E. 甘油三酯

【解析】D。禽痛风是一种蛋白质代谢障碍引起的高尿酸血症。其病理特征为血液尿酸水平增高，尿酸盐在关节囊、关节软骨、内脏、肾小管及输尿管中沉积。

(2~4 题共用题干)

某蛋鸡群产蛋量下降，产软壳蛋或薄壳蛋，发病率为 8%，剖检见肋骨变形，椎骨与胸肋交接处呈串珠状，其他器官未见明显病变。

2. 该病可能是（　　）。

    A. 白冠病　　　　　　　　B. 黑头病　　　　　　　　　C. 禽痛风

    D. 产蛋下降综合征　　　　E. 笼养蛋鸡疲劳综合征

3. 该病的原因之一是（　　）。

    A. 维生素 C 缺乏　　　　　B. 维生素 A 缺乏　　　　　C. 维生素 D 缺乏

    D. B 族维生素缺乏　　　　E. 黄曲霉素中毒

4. 对该病有诊断意义的血清生化指标是（　　）。

    A. 碱性磷酸酶　　　　　　B. 天门冬氨酸氨基转移酶　　C. γ-谷氨酸转移酶

    D. 乳酸脱氢酶　　　　　　E. 肌酸激酶

【解析】E、C、A。笼养蛋鸡疲劳综合征又称骨质疏松症，骨骼变形易折。发病初期产软壳蛋、薄壳蛋，产蛋数量下降。之后病鸡出现站立困难，爪弯曲，运动失调，麻痹，两肢伸直，骨骼变形，瘫痪。剖检可见胸骨、肋骨均易弯曲，肋骨和胸骨接合处形成串珠状，股骨和胫骨自发性骨折。笼养蛋鸡疲劳综合征的病因有：①饲料中钙缺乏；②过早使用蛋鸡料；③钙磷比例不当；④维生素 D 缺乏；⑤缺乏运动；⑥光照不佳；⑦应激反应。发生笼养蛋鸡疲劳综合征时，病鸡的血钙水平会下降，血清碱性磷酸酶活性会升高，由此可做出诊断。

5. 控制蛋鸡脂肪肝综合征，应优先考虑降低饲料中的营养素是（　　）。

    A. 常量元素　　　　　　　B. 碳水化合物　　　　　　　C. 维生素

    D. 蛋白质　　　　　　　　E. 微量元素

【解析】B。蛋鸡脂肪肝综合征又称脂肪肝出血综合征，是指由高能低蛋白质日粮引起的以肝脏发生脂肪变性为特征的家禽营养代谢疾病，故控制该病应优先考虑降低日粮中的能量即降低饲料的碳水化合物水平。

6. 笼养蛋鸡群，280 日龄，产软壳蛋和薄壳蛋数量增加，站立和移动困难，骨骼易折易弯曲，血清碱性磷酸酶活性升高，该病的发病原因不包括（　　）。

　　A. 维生素 D 缺乏　　　　　　　B. 钙磷比例不当　　　　　　C. 光照不足

　　D. 过早使用蛋鸡料　　　　　　E. 硒-维生素 E 缺乏

【解析】E。根据笼养蛋鸡群的临诊表现和血检指标，可以诊断为笼养蛋鸡疲劳综合征，即骨质疏松症。笼养蛋鸡疲劳综合征主要是由于维生素 D 缺乏、饲料中钙缺乏、钙磷比例不当、缺乏运动、光照不足、过早使用蛋鸡料等原因而发病。

7. 某鸡群，30 日龄，病鸡食欲下降，生长缓慢，贫血，应用氯化钴治疗有效。本病鸡群最可能缺乏的维生素是（　　）。

　　A. 维生素 B_1　　　　　　　　B. 维生素 B_2　　　　　　　C. 维生素 B_3

　　D. 维生素 B_5　　　　　　　　E. 维生素 B_{12}

【解析】E。维生素 B_{12} 又称钴胺素，是唯一含金属元素的维生素。

(8～10 题共用题干)

3 日龄肉鸡群，陆续发病，病鸡沉郁，食欲减退，喜卧，跛行。剖检可见腹部皮下胶冻样渗出，胰腺变性、变薄、变硬，骨骼肌纤维发生透明变性，可见肌纤维肿胀，嗜伊红性增强，横纹消失，肌间成纤维细胞增生。

8. 该病可诊断为（　　）。

　　A. 硒缺乏症　　　　　　　　　B. 维生素 B_1 缺乏症　　　　C. 维生素 B_2 缺乏

　　D. 锰缺乏症　　　　　　　　　E. 维生素 K 缺乏症

9. 该病还可能出现的异常是（　　）。

　　A. 肌胃萎缩　　　　　　　　　B. 观星样姿势　　　　　　　C. 趾爪卷曲症

　　D. 滑腱症　　　　　　　　　　E. 花斑肾

10. 饲料中含量过多，可能促进该病发生的物质是（　　）。

　　A. 维生素 E　　　　　　　　　B. 磷　　　　　　　　　　　C. 铜

　　D. 钙　　　　　　　　　　　　E. 维生素 A

【解析】A、A、C。硒和维生素 E 缺乏症临诊特征：猝死、跛行、腹泻、渗出性素质；骨骼肌、心肌、肝脏、胰脏组织变性、坏死。

<<< 第四单元　中　毒　病　>>>

一、考试大纲

单元	细目	要点
中毒病	1. 饲料和毒素中毒	(1) 食盐中毒　(2) 鱼粉中毒　(3) 黄曲霉毒素中毒　(4) 赭曲霉毒素中毒　(5) 单端孢霉烯族毒素中毒

（续）

单元	细目	要点
中毒病	2. 药物中毒	（1）磺胺类药物中毒　　（2）马杜霉素中毒　　（3）高锰酸钾中毒　　（4）福尔马林中毒　　（5）喹乙醇中毒
	3. 农药及化学污染物中毒	（1）有机磷农药中毒　　（2）呋喃丹中毒　　（3）一氧化碳中毒　　（4）二噁英中毒　　（5）灭鼠药中毒

二、重要知识点

（一）饲料和毒素中毒

1. 食盐中毒　①病因：误食食盐过多的饲料或缺水引起。②特征：运动失调，两爪无力或麻痹，食欲废绝。强烈口渴，腹泻，呼吸困难。③防治：消除病因，对症镇静解痉。

2. 鱼粉中毒　①症状：生长发育缓慢，产蛋率明显下降，消瘦，有的衰竭而死亡。②病变：尸体消瘦，腹腔积有淡黄色腹水，心包积液；肝脏肿大，呈现土黄色，质地脆弱，有出血点，有的萎缩；胃肠黏膜脱落，有大小不等的出血点或片状出血；盲肠有糜烂性溃疡。

3. 黄曲霉毒素中毒　黄曲霉毒素是各种霉菌素中最稳定、毒性最强的一类毒素，是一种肝毒物质。①临诊特征：全身出血，消化功能紊乱，腹腔积液，神经症状。②病理特征：肝细胞变性、坏死、出血，胆管和肝细胞增生。③防治：停喂霉败饲料，搞好防霉去毒工作。

4. 赭曲霉毒素中毒　①特征：精神沉郁，食欲减退，体重下降，肛温升高，消化功能紊乱，肠炎（可见黏膜出血），甚至腹泻，脱水多尿，伴随蛋白尿和糖尿。②防治：停止饲喂霉变饲料，并更换易消化且富含维生素的饲料。

5. 单端孢霉烯族毒素中毒　特征：食欲减退或废绝，胃肠炎症和出血，呕吐，腹泻，坏死性皮炎，运动失调，血凝不良，贫血和白细胞数量减少，免疫功能降低等。

（二）药物中毒

1. 磺胺类药物中毒　①症状：食欲减退或消失，精神沉郁，贫血，黄疸，血凝时间延长。蛋鸡产蛋明显下降，蛋壳变软、变薄、粗糙，甚至产无壳蛋。②病变：鸡冠、眼睑、面部、肉髯、胸部、腿部出血，肠道黏膜可见点状和斑状出血，肝脏、脾脏肿大有出血，颜色变黄。③防治：立即停药，供给充足饮水。低剂量连续用药可减轻毒性。

2. 高锰酸钾中毒　①症状：口腔、舌黏膜水肿呈褐色，面色潮红，喉头水肿，呼吸困难，腹痛，腹泻，便血等。严重时可出现呼吸、循环衰竭。②治疗：立即用温开水反复多次洗胃，口服大量稀释的维生素C溶液，注射葡萄糖液及氯化钙。

3. 福尔马林中毒　①口服中毒，严重者发生胃肠道糜烂、溃疡、穿孔，呼吸困难，休克和昏迷，肝肾功能损害。②吸入中毒，重者出现喉头水肿、痉挛，声门水肿，少数发生肺炎，偶见肺水肿。③治疗：催吐，洗胃，导泻。

4. 喹乙醇中毒　①症状：易受凉，口渴，食欲锐减或废绝，蹲伏不动，或行走摇摆。

②防治：停用含有喹乙醇的饲料，供给硫酸钠水溶液饮水；在饲料中添加维生素 K_3；严格控制饲料中的喹乙醇混饲量。

（三）农药及化学污染物中毒

1. 有机磷农药中毒 ①毒性机理：抑制胆碱酯酶的活性。②毒蕈碱样症状，即 M 症状，表现为胃肠运动过度。③烟碱样症状：N 症状，表现为肌肉痉挛。④中枢神经症状：过度兴奋或高度抑制。⑤特效解毒：抗 M 受体拮抗剂（阿托品），胆碱酯酶复活剂（解磷定、氯解磷定、双复磷）。

2. 呋喃丹中毒 ①症状：流涎，瞳孔缩小，视力模糊，局部红肿痛痒，眼结膜充血，流泪，胸闷，呼吸困难等。②治疗：阿托品口服或肌内注射，重者加用肾上腺素。

3. 一氧化碳中毒 ①症状：皮肤樱桃红色。②治疗：呼吸新鲜空气；保温；吸氧。

4. 灭鼠药中毒 ①特点：呕吐，腹泻，腹胀，突发惊厥、呼吸衰竭而死。②防治：催吐，洗胃，导泻。

三、例题及解析

畜禽食盐中毒尚未出现神经症状者，给予清洁饮水的方法是（　　）。

    A. 大量多次　　　　　　　B. 少量多次　　　　　　　C. 不限次数

    D. 不限饮量　　　　　　　E. 自由饮水

【解析】B。

≪≪≪ 第五单元 普 通 病 ≫≫≫

一、考试大纲

单元	细目	要点
普通病	1. 饲养管理不当引起的生理疾病	（1）肉鸡骨骼畸形　（2）鸭光过敏症　（3）啄癖　（4）肌胃角质层炎
	2. 外部刺激引起的疾病	应激综合征

二、重要知识点

（一）饲养管理不当引起的生理疾病

1. 啄癖 ①症状：啄鼻、啄羽、啄蛋、啄肛、啄趾等。②防治：断喙尖，加强饲养管理。

2. 肌胃角质层炎 ①病原：缺乏维生素 B_2、维生素 K。②症状：发育不良，羽毛蓬乱，粪便色暗黑，剖检肌胃角质层损伤出血。③治疗：消除病因，消炎。

（二）外部刺激引起的疾病

应激综合征　①病因：环境因素。②症状：猝死型，神经型，全身适应性综合征，恶性高热型，胃肠型，慢性应激综合征，生产性能下降。③治疗：中西药治疗；加强选种育种、饲养管理，消除应激因素。

考点速记

1. **鸡白痢**的病原为**沙门菌**；成年鸡感染沙门菌后的病理损害部位常见于**生殖系统**；鸡白痢检疫最常用的方法是**平板凝集试验**。

2. 引起雏鸡卵黄囊炎和脐炎最常见的病原是**大肠杆菌**。

3. 常用于实验室分离高致病性**禽流感**病毒的是**鸡胚**。

4. 产蛋下降综合征病毒主要侵害 26～32 周龄鸡；主要传播途径是**经蛋传播**；诊断该病最常用的方法是**血凝抑制试验（HI）**。

5. 目前我国流行的**鸭病毒性肝炎**病毒的主要血清型为Ⅰ型。

6. **鸭传染性浆膜炎**的病原为**鸭疫里默氏杆菌**；急性病例濒死期的典型症状是**神经症状**；特征性病变是**心包、气囊和肝脏表面纤维素渗出性炎症**。实验室诊断方法是**平板凝集试验**。

7. **鸭瘟**称为鸭病毒性肠炎；俗称"大头瘟"；特征性临诊症状是头颈部肿大、两爪麻痹。

8. 鸡传染性支气管炎常用的实验室诊断方法是**鸡胚干扰试验**；病原体可在鸡胚内干扰 NDV-B1 株血凝素的产生。

9. **新城疫**病鸡腺胃常见的病理变化是**乳头或乳头间有出血点**；分离新城疫病毒，病料接种 SPF 鸡胚的部位是**尿囊腔**；分离新城疫病毒所用 SPF 鸡胚通常为 9～11 日龄。

10. 以呼吸困难、咳出带血的黏液为特征的疾病是**鸡传染性喉气管炎**。

11. 实验室诊断禽霍乱的最适病料是**心血、肝脏**。

12. 鸡毒支原体感染最具诊断价值的病理变化在**气囊**。

13. 通过琼脂扩散试验检测羽髓中病毒抗原可做出诊断的疾病是**马立克病**；该病的关键防控措施是**疫苗接种**。

14. 当前可通过气雾免疫预防的疾病是**新城疫**。

15. 分离鸡病毒性关节炎病毒，应采集病鸡的样品是**肠内容物**。

16. 腿部和胸部肌肉出血，肾脏肿大、苍白呈花斑状，肾小管和输尿管中有白色尿酸盐沉积的禽病是**传染性法氏囊病**。

17. 剖检病鸡发现肾脏肿大出血，肾小管、输尿管因尿酸盐沉积而扩张，可能患**鸡传染性支气管炎**。

18. 鸡传染性支气管炎临诊上可能出现的病型有**呼吸型、肾型和腺胃型**。

19. 鸡毒支原体感染又称鸡**慢性呼吸道病**。

20. 鸡传染性喉气管炎病鸡的气管和喉头黏膜上皮细胞内可见胞核内嗜酸性**包涵体**。

21. 预防鸡传染性喉气管炎常用的疫苗为**弱毒疫苗**。

22. 发生传染性法氏囊病 2～3d，病鸡含毒量最高的器官是**法氏囊**。

23. 在鸭坦布苏病毒病流行的地区应采取的防控措施是**疫苗接种**。

24. 出口家禽不宜使用的新城疫活疫苗是Ⅰ系苗(Mukteswar 株)。

25. 分离禽传染性喉气管炎病毒鸡胚接种日龄是**10～12 日龄**。

26. 用鸡球虫早熟株研制的疫苗是**致弱疫苗**。

27. 寄生于禽类肝脏胆管与胆囊内的寄生虫是**后睾吸虫**。

28. 贝氏莫尼茨绦虫虫卵的鉴别特征是近似四角形，内有梨形器，内含六钩蚴。

29. 赖利绦虫终末宿主是**鸡、火鸡**。

30. **冠状膜壳绦虫**主要感染的动物是**鸭**。

31. 目前鸡赖利绦虫病的确诊方法是**粪便检查**。

32. 禽皮刺螨寄生于鸡的**体表**。

33. 鸡皮刺螨的发育阶段不包括**蛹**。

34. 鸡感染火鸡组织滴虫的最易感年龄是**4～6 周龄**。

35. 鸡组织滴虫病的病变主要出现在**盲肠与肝脏**。

36. 治疗鸡球虫病可选用的药物是**氨丙啉**；鸡柔嫩艾美耳球虫病的病变主要出现在**盲肠**；治疗鸭球虫病的药物是**磺胺类药物**；寄生于兔肝脏的艾美耳球虫是**斯氏艾美耳球虫**。

37. 可致禽类腹泻的隐孢子虫是**火鸡隐孢子虫**。

38. 寄生于禽类法氏囊、泄殖腔等器官的隐孢子虫是**贝氏隐孢子虫**；可致禽类鼻腔、气管有过量分泌物的隐孢子虫是**贝氏隐孢子虫**。

39. 预防鸡住白细胞虫病可选用的药物是**乙胺嘧啶**；特征性症状是**死前口流鲜血，鸡冠与肉垂苍白**；该病与**维生素 A** 有关。

40. 内脏型禽痛风发生时肾脏主要病变是**尿酸盐**；禽痛风的发病原因是家禽肝脏中**缺乏精氨酸酶**。

41. 控制蛋鸡脂肪肝综合征，应优先考虑降低饲料中的**碳水化合物**；血清生化检查可见**胆固醇增高**。

42. 禽痛风的根本原因是体内积蓄了过多**尿酸**。

43. 笼养蛋鸡疲劳症又称为**骨质疏松症**。

44. 维持动物视觉，特别是在维持暗适应能力方面起着极其重要作用的维生素是**维生素 A**。

45. **鸡硒缺乏**的病理变化特征是**渗出性素质**。

46. 某鸡群发病，以进行性肌麻痹和头颈后仰呈"观星姿势"等临诊症状为特征，该群鸡的病因可能是缺乏**维生素 B_1**。

47. 治疗禽骨骼短粗和腓肠肌腱脱落的药物是**硫酸锰**。

48. 鸭群发生皮下紫斑，缺乏的维生素是**维生素 K_3**。

49. 鸡出现趾爪向内卷曲的示病症状，最可能缺乏的是**维生素 B_2**。

50. **肉鸡腹水综合征**的别名包括高海拔病、肉鸡腹水症、心衰综合征、肉鸡肺动脉高压综合征；发病机理主要与动物机体**缺氧**有关；主要发生于**4～6 周龄**；特征是**右心衰竭**；日粮中可添加氨基酸是**精氨酸**。

51. 引起鸡产"**桃红蛋**"的主要中毒性疾病是**棉籽饼中毒**。

52. 对**黄曲霉毒素**最敏感的是**雏鸭**。

53. 造成笼养蛋鸡疲劳综合征发病的基础因素是**皮质骨厚度减少**。

54. 家禽发生硒和维生素 E 缺乏症的特征性临诊表现是**脑软化**。

55. 维生素 E 缺乏，鸡表现**渗出综合征**。

高频题练习

(1～3 题共用题干)

某雏鸡群 1 周龄起部分鸡精神沉郁，采食减少，怕冷，腹泻，粪便污染羽毛；剖检见肝脏呈土黄色，有灰白色坏死灶，肠黏膜充血、出血，卵黄吸收不良。

1. 该病可能是(　　)。
　　A. 巴氏杆菌病　　　　　　　B. 大肠杆菌病　　　　　　　C. 沙门菌病
　　D. 葡萄球菌病　　　　　　　E. 鸡传染性鼻炎

2. 分离鉴定该病原的培养基是(　　)。
　　A. 麦康凯培养基　　　　　　B. 巧克力琼脂　　　　　　　C. 血琼脂
　　D. 胰蛋白胨琼脂　　　　　　E. 甘露醇琼脂

3. 该病原检测为阳性的种鸡应(　　)。
　　A. 抗生素治疗　　　　　　　B. 隔离　　　　　　　　　　C. 淘汰
　　D. 消毒　　　　　　　　　　E. 接种疫苗

(4～6 题共用题干)

某鸡场 15 日龄的海兰褐雏鸡，排白色糊糊状粪便。剖检见肝脏肿大，表面有大小不等的灰白色坏死点。肝脏病料接种麦康凯培养基有菌落生长。

4. 此病最可能的诊断是(　　)。
　　A. 禽霍乱　　　　　　　　　B. 雏鸡白痢　　　　　　　　C. 大肠杆菌病
　　D. 鸡传染性鼻炎　　　　　　E. 鸡毒支原体感染

5. 该鸡群感染的病原可能是(　　)。
　　A. 埃希氏菌　　　　　　　　B. 沙门菌　　　　　　　　　C. 巴氏杆菌
　　D. 副鸡嗜血杆菌　　　　　　E. 鸡毒支原体

6. 祖代鸡场对该病的控制措施是(　　)。
　　A. 鸡群消毒　　　　　　　　B. 抗生素治疗　　　　　　　C. 加强饲养管理
　　D. 高免血清治疗　　　　　　E. 净化

(7～9 题共用题干)

160 日龄鸭群，食欲废绝，腹泻，产蛋停止，呼吸困难。口鼻分泌物增加。病鸭 1～3d 内死亡。剖检见病死鸭的皮下组织、腹部脂肪和肠系膜上有出血点，肠道弥漫性出血，心包积液。心外膜和心冠脂肪出血。肝脏上有灰白色坏死灶。

7. 该病最可能的诊断是(　　)。
　　A. 鸭病毒性肠炎　　　　　　B. 高致病性禽流感　　　　　C. 巴氏杆菌病
　　D. 大肠杆菌病　　　　　　　E. 鸭疫里默氏杆菌病

8. 进一步诊断应选的方法是(　　)。
　　A. 涂片镜检　　　　　　　　B. ELISA　　　　　　　　　C. 中和试验

    D. 凝集试验   E. 琼扩试验

9. 治疗该病最宜选用的药物是(   )。

    A. 抗菌药   B. 抗血清   C. 干扰素

    D. 转移因子   E. 卵黄抗体

(10～12 题共用题干)

夏季，某鸡场 5 000 只蛋鸡突然发病，病鸡表现呼吸困难、鸡冠肉髯呈黑紫色、剧烈腹泻等症状。剖检后可见皮下组织、腹部脂肪和肠系膜有大小不等出血点，心外膜、心冠脂肪有出血点，肝脏肿大，表面分布针尖大小坏死点。

10. 该病可能是(   )。

    A. 新城疫   B. 禽流感   C. 禽霍乱

    D. 鸡白痢   E. 禽大肠杆菌病

11. 用于实验室病原学检查的病料是(   )。

    A. 肝脏   B. 肺脏   C. 肾脏

    D. 脑组织   E. 法氏囊

12. 预防本病最有效的措施是(   )。

    A. 环境消毒   B. 疫苗接种   C. 药物预防

    D. 通风换气   E. 防暑降温

(13～15 题共用备选答案)

    A. 包涵体检查   **B. 平板凝集试验**

    C. 血凝抑制试验（HI）   **D. 鸡胚干扰试验**

    E. 抗力诱导因子试验

13. 鸭传染性浆膜炎的实验室诊断方法是(   )。

14. 鸡传染性支气管炎常用的实验室诊断方法是(   )。

15. 鸡产蛋下降综合征常用的实验室诊断方法是(   )。

(16～18 题共用题干)

某鸡场 300 只 34 日龄鸡发病，发病率 90%，病死率为 80%。病鸡伸颈张口呼吸，咳嗽，气喘，有鼻漏；部分鸡翅、腿麻痹，腹泻，粪带血；剖检见嗉囊积液，全身性浆膜出血，盲肠扁桃体肿胀、出血。

16. 该病的病原可能是(   )。

    A. 新城疫病毒   B. 柔嫩艾美耳球虫

    C. 传染性法氏囊病病毒   D. 传染性支气管炎病毒

    E. 传染性喉气管炎病毒

17. 进一步诊断首先应选择的检测方法是(   )。

    A. 易感鸡接种   B. 致病指数测定

    C. 粪便球虫卵囊检查   D. 鸡胚接种与病原鉴定

    E. 血清 ELISA 抗体检测

18. 对该鸡群应采取的措施是(   )。

    A. 疫苗紧急接种   B. 环境清洁消毒   C. 病健鸡隔离饲养

    D. 污染物无害化处理   E. 扑杀与无害化处理

(19～21题共用题干)

一群成年番鸭突然发病，病死率在 **60%** 以上，临诊表现主要为体温升高、两腿麻痹、排绿色稀粪。剖检见食道黏膜出血、水肿和坏死，并有灰黄色伪膜覆盖或溃疡；泄殖腔黏膜出血；肝有坏死点。

19. 该群鸭发生的疾病可能是( )。

    A. 鸭瘟   B. 禽流感   C. 鸭病毒性肝炎

    D. 番鸭细小病毒病   E. 鸭疫里默氏杆菌病

20. 首选的确诊方法是( )。

    A. 细菌分离   B. 病毒分离   C. 易感动物接种

    D. 病理组织学检查   E. ELISA 抗体检测

21. 对该群鸭首先应采取的措施是( )。

    A. 鸭群消毒   B. 抗生素治疗   C. 加强饲养管理

    D. 疫苗紧急接种   E. 扑杀与无害化处理

(22～24题共用题干)

某 **15** 日龄鸡群发病，呼吸困难，腹泻，粪便呈黄绿色，提起时流出腥臭的液体，部分病鸡出现神经症状，剖检见腺胃乳头出血，腺胃与食道交汇处呈带状出血。

22. 该病最可能是( )。

    A. 禽霍乱   B. 新城疫   C. 传染性支气管炎

    D. 传染性喉气管炎   E. 大肠杆菌病

23. 确诊该病最可靠的方法是( )。

    A. 细菌分离鉴定   B. 病毒分离鉴定   C. ELISA 抗体检测

    D. 病理组织血检查   E. 血凝试验

24. 对受威胁鸡群应采取的最有效的措施是( )。

    A. 加强饲养管理   B. 鸡舍消毒   C. 抗病毒药物预防

    D. 疫苗紧急接种   E. 注射卵黄抗体

(25～27题共用题干)

某 **4** 周龄鸡群发病，**2d** 内波及全群，死亡率迅速上升，病鸡羽毛松乱，扎堆，排出白色鸡粪，严重脱水，病死鸡胸肌和腿肌有条纹状或斑点状出血，肾脏有尿酸盐沉积。

25. 该病最可能是( )。

    A. 禽流感   B. 新城疫   C. 传染性法氏囊病

    D. 鸡传染性支气管炎   E. 鸡传染性喉气管炎

26. 快速检测病原的实验室常用方法是( )。

    A. 免疫组化法   B. 琼脂扩散试验   C. 病毒分离鉴定

    D. 病毒中和试验   E. 易感鸡接种试验

27. 预防该病最有效的措施是( )。

    A. 净化种鸡群   B. 注射卵黄抗体   C. 疫苗免疫接种

    D. 提高饲料维生素含量   E. 调整饲料蛋白质含量

(28～30题共用题干)

某 **4** 月龄鸡群发病，病鸡消瘦，昏迷，翅膀下垂，有的两腿前后伸展呈"劈叉"姿势。

剖检见单侧坐骨神经和臂神经肿大增粗，部分病鸡的肝脏和肾脏出现肿瘤。

28. 该病最可能是(　　)。
    A. 禽白血病　　　　　　　　B. 马立克病　　　　　　　　C. 新城疫
    D. 传染性法氏囊病　　　　　E. 鸡病毒性关节炎

29. 该病还可能出现的典型病变是(　　)。
    A. 虹膜变为灰白色　　　　　B. 间质性肺炎　　　　　　　C. 纤维素性胸膜炎
    D. 纤维素性腹膜炎　　　　　E. 纤维素性心包炎

30. 防治该病最有效的措施是(　　)。
    A. 孵化房严格消毒　　　　　B. 隔离患病鸡　　　　　　　C. 淘汰阳性鸡
    D. 疫苗免疫接种　　　　　　E. 使用抗病毒药物

(31～33题共用题干)

3日龄肉鸡群，陆续发病，病鸡沉郁，食欲减退，喜卧，跛行。剖检可见腹部皮下胶冻样渗出，胰腺变性、变薄、变硬，骨骼肌纤维发生透明变性，可见肌纤维肿胀，嗜伊红性增强，横纹消失，肌间成纤维细胞增生。

31. 该病可诊断为(　　)。
    A. 硒缺乏症　　　　　　　　B. 维生素 B_1 缺乏症　　　C. 维生素 B_2 缺乏症
    D. 锰缺乏症　　　　　　　　E. 维生素 K 缺乏症

32. 该病还可能出现的异常是(　　)。
    A. 肌胃萎缩　　　　　　　　B. 观星样姿势　　　　　　　C. 趾爪卷曲症
    D. 滑腱症　　　　　　　　　E. 花斑肾

33. 饲料中含量过多，可能促进该病发生的物质是(　　)。
    A. 维生素 E　　　　　　　　B. 磷　　　　　　　　　　　C. 铜
    D. 钙　　　　　　　　　　　E. 维生素 A

(34～36题共用题干)

某25日龄鸭群，精神沉郁，严重腹泻，眼、鼻分泌物增多，呼吸困难，濒死期神经症状明显，角弓反张，病程1～3d，发病率40%，病死率70%。剖检见心包、肝脏和气囊表面有大量纤维素性渗出物，其他脏器无眼观病变。

34. 该病最可能的诊断是(　　)。
    A. 鸭巴氏杆菌病　　　　　　B. 鸭浆膜炎　　　　　　　　C. 鸭病毒性肠炎
    D. 鸭病毒性肝炎　　　　　　E. 鸭绦虫病

35. 确诊该病应首先进行的是(　　)。
    A. 鸡胚接种　　　　　　　　B. 细菌分离培养　　　　　　C. 试管凝集试验
    D. ELISA　　　　　　　　　E. 血凝试验和血凝抑制试验

36. 防治该病选用的药物是(　　)。
    A. 抗生素　　　　　　　　　B. 高免血清　　　　　　　　C. 干扰素
    D. 转移因子　　　　　　　　E. 卵黄抗体

(37～39题共用题干)

某32周龄产蛋鸡群，产蛋率下降25%，畸形蛋、软壳蛋增多，蛋壳颜色变浅，剖检见鸡的呼吸道黏液增多，卵泡充血，输卵管有炎症。

37. 收集病料后，应首先进行的实验室检查是(　　)。
    A. 鸡胚接种　　　　　　　　B. 小鼠接种　　　　　　　　C. 凝集试验
    D. 琼扩试验　　　　　　　　E. 细菌分离

38. 【假设信息】如该病的病原无血凝性，则最可能的诊断为(　　)。
    A. 非典型新城疫　　　　　　B. 传染性支气管炎　　　　　C. 传染性喉气管炎
    D. H9 亚型禽流感　　　　　 E. 产蛋下降综合征

39. 【假设信息】如该病病原无血凝性且发生在蛋鸡的育雏和育成阶段，则常出现的病变为(　　)。
    A. 肾脏肿大　　　　　　　　B. 肌肉出血　　　　　　　　C. 法氏囊肿大
    D. 肝脏坏死　　　　　　　　E. 关节炎症

(40～42 题共用题干)

某 1 500 只 150 日龄蛋鸡群突然发生腹泻，排绿色或黄绿色粪便，发病率 50%，病死率 70%。剖检见肠道出血，腺胃黏膜水肿、乳头出血。

40. 确诊该病的快速诊断方法为(　　)。
    A. 细菌培养　　　　　　　　B. 血凝与血凝抑制试验　　　C. 病毒中和试验
    D. 涂片染色镜检　　　　　　E. 粪便虫卵检查

41. 该鸡群所发疾病最需要的鉴别诊断是(　　)。
    A. 禽流感与禽霍乱　　　　　B. 禽霍乱与新城疫　　　　　C. 新城疫与禽流感
    D. 禽伤寒与新城疫　　　　　E. 禽流感与禽伤寒

42. 【假设信息】如该鸡群已接种过 3 次 H5 亚型禽流感疫苗，已排除发生禽流感的可能性。防控该病的有效措施是(　　)。
    A. 扑杀　　　　　　　　　　B. 抗菌　　　　　　　　　　C. 注射卵黄抗体
    D. 疫苗紧急接种　　　　　　E. 注射感染素

(43～45 题共用题干)

夏末，某养殖场笼养的 10 000 只产蛋鸡，产蛋率突然下降，软壳蛋和畸形蛋增加。有些鸡消瘦，鸡冠苍白。剖检发病鸡，偶见输卵管黏膜水肿，其他脏器无明显病变。

43. 该病最可能的诊断是(　　)。
    A. 新城疫　　　　　　　　　B. 禽流感　　　　　　　　　C. 传染性支气管炎
    D. 产蛋下降综合征　　　　　E. 笼养蛋鸡疲劳综合征

44. 该病最常用的实验室诊断方法是(　　)。
    A. 细菌的分离培养　　　　　B. 粪便虫卵检查　　　　　　C. 鸡胚接种
    D. 平板凝集试验　　　　　　E. 血凝抑制试验

45. 【假设信息】如用氯羟吡啶治疗后，症状减轻，产蛋率有所回升。该鸡群最可能混合感染了(　　)。
    A. 异刺线虫　　　　　　　　B. 组织滴虫　　　　　　　　C. 住白细胞虫
    D. 大肠杆菌　　　　　　　　E. 副鸡嗜血杆菌

(46～48 题共用题干)

某 9 月龄种鸡群，产蛋率和种蛋的孵化率偏低，部分鸡消瘦、腹部膨大。剖检见肝脏、肾脏、法氏囊、性腺、脾脏等处有肿瘤样结节。

46. 该病最可能的诊断是（　　）。
   A. 马立克病　　　　　　　　　　　　B. 禽白血病
   C. 禽呼肠孤病毒感染　　　　　　　　D. 黄曲霉毒素中毒
   E. 包涵体肝炎

47. 实验室诊断，需要检查（　　）。
   A. 法氏囊中的抗体　　　　　　　　　B. 蛋清中的抗原
   C. 肿瘤组织中的抗体　　　　　　　　D. 羽毛囊中的抗原
   E. 血清中的抗体

48. 该病主要的传播媒介是（　　）。
   A. 种蛋　　　　　　　B. 饲料　　　　　　　C. 饮水
   D. 野鸟　　　　　　　E. 鼠类

（49～51 题共用题干）

9 月龄种鸡群，产蛋率和种蛋孵化率偏低，部分鸡消瘦、腹部膨大；剖检见肝脏、肾脏、法氏囊、性腺、脾脏等处有肿块，组织病理学检查见肿块主要由大小一致的淋巴细胞组成。

49. 该病可能是（　　）。
   A. 马立克病　　　　　　　B. 禽白血病　　　　　　　C. 网状内皮增生症
   D. 黄曲霉毒素中毒　　　　E. 髓细胞瘤

50. 在种鸡中检疫该病原需要检查的是（　　）。
   A. 法氏囊中的抗体　　　　B. 蛋清中的抗原　　　　　C. 肿瘤组织中的抗体
   D. 羽毛囊中的抗原　　　　E. 蛋清中的抗体

51. 预防该病最有效的措施是（　　）。
   A. 建立无病原的种鸡群　　B. 疫苗免疫接种　　　　　C. 药物防治
   D. 环境消毒　　　　　　　E. 杀虫灭鼠

（52～54 题共用题干）

10 日龄鹅群，突然发病，食欲减退，饮欲增加，双腿麻痹，头触地，病死率达 80%，剖检见空肠和回肠膨大，变粗，肠腔内有纤维素性渗出物和坏死物形成的栓塞。

52. 该病可能是（　　）。
   A. 巴氏杆菌病　　　　　　B. 小鹅瘟　　　　　　　　C. 鹅副黏病毒病
   D. 鹅球虫病　　　　　　　E. 支原体感染

53. 该病最常用的实验室诊断方法是（　　）。
   A. 琼脂扩散试验　　　　　B. HA 试验　　　　　　　C. HI 试验
   D. 染色镜检　　　　　　　E. 试管凝集试验

54. 应该采取的紧急措施是（　　）。
   A. 更换饲料　　　　　　　B. 扑杀　　　　　　　　　C. 高免血清治疗
   D. 抗生素治疗　　　　　　E. 抗寄生虫治疗

（55～57 题共用题干）

160 日龄产蛋鸡群 2d 内产蛋率下降 30%，大部分鸡呼吸困难，流鼻涕，打喷嚏；部分鸡结膜潮红，眶下窦水肿，有干酪样分泌物。剖检见上呼吸道黏膜充血、肿胀，表面覆盖大量黏液,其他脏器无明显病变。

55. 该病可能是(　　)。

    A. 鸡传染性鼻炎　　　　　　　　　　　B. 鸡毒支原体感染

    C. 鸡传染性喉气管炎　　　　　　　　　D. 鸡传染性支气管炎

    E. 新城疫

56. 从眶下窦可分离到的病原是(　　)。

    A. 副鸡嗜血杆菌　　　　　　B. 沙门菌　　　　　　C. 大肠杆菌

    D. 巴氏杆菌　　　　　　　　E. 新城疫病毒

57. 治疗该病应选用(　　)。

    A. 抗生素　　　　　　　　　B. 抗毒素　　　　　　C. 干扰素

    D. 转移因子　　　　　　　　E. 卵黄抗体

(58～59 题共用题干)

25 日龄肉鸡群,突然发生死亡,病鸡表现呼吸困难,头冠紫黑,嗉囊积液,腹泻。采集病料接种 9 日龄 SPF 鸡胚,24h 鸡胚死亡,胚体出血,尿囊液有血凝性。

58. 该病可能是(　　)。

    A. 鸡传染性支气管炎　　　　　　　　　B. 鸡传染性法氏囊病

    C. 鸡传染性喉气管炎　　　　　　　　　D. 新城疫

    E. 禽霍乱

59. 当前发现的该病原血清型数量是(　　)。

    A. 1　　　　　　　　　　　B. 2　　　　　　　　　C. 3

    D. 4　　　　　　　　　　　E. 5

(60～61 题共用题干)

7 月龄鸭群,部分鸭头部肿大,两腿麻痹,排绿色粪便;食道黏膜出血、水肿、坏死,表面有黄褐色的伪膜覆盖,肝脏上有白色坏死点。

60. 该鸭群最有可能发生的疾病是(　　)。

    A. 鸭病毒性肝炎　　　　　　B. 禽流感　　　　　　C. 鸭传染性浆膜炎

    D. 鸭瘟　　　　　　　　　　E. 小鹅瘟

61. 预防该病首先应采取的措施是(　　)。

    A. 投喂抗菌药物　　　　　　B. 投喂微生态制剂　　C. 投喂抗病毒药物

    D. 净化　　　　　　　　　　E. 接种疫苗

(62～63 题共用题干)

30 日龄肉鸡群,羽毛蓬松,采食减少,畏寒,扎堆,精神委顿,严重腹泻,排出白色水样稀粪,部分病鸡在发病后 2～3d 死亡,5～7d 到达死亡高峰,很快平息。

62. 对该病诊断具有示病意义的病理变化是(　　)。

    A. 心脏出血　　　　　　　　B. 肝周炎　　　　　　C. 心包炎

    D. 肺出血　　　　　　　　　E. 花斑肾

63. 该病最可能的诊断是(　　)。

    A. 传染性法氏囊病　　　　　B. 新城疫　　　　　　C. 禽流感

    D. 大肠杆菌病　　　　　　　E. 沙门菌病

(64～66 题共用题干)

100 日龄鸡群，呼吸困难，流鼻液，一侧或两侧眼结膜潮红，眼睑和眶下窦肿胀；剖检见呼吸道黏膜充血、肿胀，鼻窦内有渗出物，其他脏器无异常。

64. 该病的病原可能是(   )。

    A. 副鸡嗜血杆菌   B. 禽流感病毒

    C. 传染性喉气管炎病毒   D. 传染性支气管炎病毒

    E. 新城疫病毒

65. 该病最可能的诊断是(   )。

    A. 传染性鼻炎   B. 禽流感   C. 传染性喉气管炎

    D. 传染性支气管炎   E. 新城疫

66. 治疗该病应选用(   )。

    A. 抗生素   B. 高免血清   C. 干扰素

    D. 转移因子   E. 微生态制剂

(67～68 题共用题干)

产蛋鸭群，病初采食量下降，部分鸭排草绿色稀便，1 周后产蛋量锐减 70%，同时出现砂壳蛋、畸形蛋。剖检见卵泡膜充血、出血；肝脏肿大、有坏死灶。

67. 该病最可能的诊断是(   )。

    A. 呼肠孤病毒感染   B. 鸭病毒性肝炎   C. 鸭传染性浆膜炎

    D. 鸭坦布苏病毒病   E. 鸭大肠杆菌病

68. 该病的病原分类属于(   )。

    A. 副黏病毒科   B. 黄病毒科   C. 轮状病毒

    D. 微 RNA 病毒科   E. 疱疹病毒科

(69～71 题共用题干)

150 日龄蛋鸡群，接种过 2 次禽流感疫苗，突然发生腹泻，排绿色、黄绿色粪便，肉髯发绀，有观星姿势；剖检见肠道出血，腺胃黏膜水肿、乳头出血，肠黏膜有枣核状出血和坏死。

69. 该病最可能的诊断是(   )。

    A. 禽流感   B. 禽霍乱   C. 新城疫

    D. 禽伤寒   E. 禽副伤寒

70. 该病常用的诊断方法是(   )。

    A. 琼脂平板培养   B. 血凝与血凝抑制试验   C. 生化试验

    D. 涂片染色镜检   E. 平板凝集试验

71. 使用该诊断方法是因为该病原具有(   )。

    A. 核蛋白   B. 血凝素-神经氨酸酶   C. 融合蛋白

    D. 基质蛋白   E. 聚合酶

72. 夏季，某放养的雏鸭群出现食欲减退，在水中游走无力、精神委顿，逐渐消瘦等症状，采用沉淀法检查粪便，发现大量虫卵，虫卵呈椭圆形、有卵盖，内含一批有纤毛的幼虫，该鸭群最有可能感染的是(   )。

    A. 鸭球虫   B. 膜壳绦虫   C. 四棱线虫

D. 后睾吸虫   E. 鸭棘头虫

73. 寄生于禽类肝脏胆管与胆囊内的寄生虫是( )。
    A. 前殖吸虫   B. 后睾吸虫   C. 异刺线虫
    D. 鸡蛔虫   E. 鸡绦虫

74. 树林中放养的 70 日龄鸡群,精神委顿,食欲减退,腹泻,消瘦。用硫氯酚驱虫,肉眼可见白色带状虫体。该鸡群感染的可能是( )。
    A. 剑带绦虫   B. 赖利绦虫   C. 锐形线虫
    D. 异刺线虫   E. 四棱线虫

(75~76 题共用题干)

某产蛋鸡群,进入冬季后产蛋量下降,消瘦,贫血,皮肤时而出现小的红疹,夜间鸡群不安静,早晨喂鸡时发现鸡笼、食槽、水槽、蛋槽的缝隙中及脱落的羽毛上有大量细小的红色虫体。

75. 该鸡群最可能感染的病原是( )。
    A. 膝螨   B. 鸡羽虱   C. 鸡体虱
    D. 禽冠虱   E. 鸡皮刺螨

76. 首选的治疗药物是( )。
    A. 磺胺嘧啶   B. 阿苯达唑   C. 氯硝柳胺
    D. 癸氧喹酯   E. 溴氰菊酯

(77~79 题共用题干)

夏季,2 月龄鸡群,消瘦,贫血,皮肤瘙痒、粗糙,常出现红疹或形成小结节;检查体表,发现有点状的红色虫体,也见到个别爬行速度快、呈灰白色的虫体。

77. 首先可以排除的病原是( )。
    A. 林禽刺螨   B. 鸡皮刺螨   C. 鸡羽虱
    D. 鸡体虱   E. 膝螨

78. 该病原可传播( )。
    A. 禽大肠杆菌病   B. 禽霍乱   C. 赖利绦虫病
    D. 毛细线虫病   E. 前殖吸虫病

79. 该病的治疗药物是( )。
    A. 溴氰菊酯   B. 左旋咪唑   C. 地克珠利
    D. 环丙氨嗪   E. 泰妙菌素

80. 治疗鸡球虫病可选用的药物是( )。
    A. 氨丙啉   B. 左旋咪唑   C. 阿苯达唑
    D. 芬苯达唑   E. 咪唑苯脲

(81~83 题共用题干)

夏末,某养殖户地面圈养的 2 000 只三黄鸡,在 10 周龄后出现精神委顿,食欲减退至废绝,腹泻,排出大量深褐色带黏液的粪便。迅速死亡,一周内死亡率达 15%。

81. 下列疾病中最不可能的是( )。
    A. 前殖吸虫病   B. 鸡球虫病   C. 组织滴虫病
    D. 坏死性肠炎   E. 溃疡性肠炎

82. 【假设信息】如剖检病死鸡，小肠中段肠管肿胀，黏膜出血、坏死，肠腔内有多量凝血块和脱落的黏膜碎片，该病可诊断为( )。

  A. 前殖吸虫病   B. 鸡球虫病   C. 组织滴虫病

  D. 坏死性肠炎   E. 溃疡性肠炎

83. 确诊该病，首先应采用的检查方法是( )。

  A. 血凝试验   B. 接种小鼠   C. 接种鸡胚

  D. 分离细菌   E. 刮取肠黏膜镜检

84. 某蛋鸡场饲喂蛋白质含量为35%的自配饲料，出现产蛋下降和停产等问题，经检查血液中尿酸水平为30mg/L。该鸡群最可能发生的疾病是( )。

  A. 痛风   B. 维生素 A 缺乏症

  C. 笼养蛋鸡疲劳综合征   D. 维生素 B_1 缺乏症

  E. 蛋鸡脂肪肝综合征

(85~87 题共用题干)

某蛋鸡群产蛋量下降，产软壳蛋或薄壳蛋，发病率为8%，剖检见肋骨变形，椎骨与胸肋交接处呈串珠状，其他器官未见明显病变。

85. 该病可能是( )。

  A. 白冠病   B. 黑头病   C. 禽痛风

  D. 产蛋下降综合征   E. 笼养蛋鸡疲劳综合征

86. 该病的原因之一是( )。

  A. 维生素 C 缺乏   B. 维生素 A 缺乏   C. 维生素 D 缺乏

  D. B 族维生素缺乏   E. 黄曲霉素中毒

87. 对该病具有诊断意义的血液生化指标是( )。

  A. 碱性磷酸酶   B. 天门冬氨酸氨基转移酶   C. γ-谷氨酰转移酶

  D. 乳酸脱氢酶   E. 肌酸激酶

高频题参考答案

题号	1	2	3	4	5	6	7	8	9	10	11	12	13	14	15	16	17	18	19	20
答案	C	A	C	B	B	E	C	A	A	C	A	B	B	D	C	A	D	E	A	B
题号	21	22	23	24	25	26	27	28	29	30	31	32	33	34	35	36	37	38	39	40
答案	D	B	B	D	C	B	C	B	A	B	A	A	C	B	B	A	A	B	A	B
题号	41	42	43	44	45	46	47	48	49	50	51	52	53	54	55	56	57	58	59	60
答案	C	D	D	E	C	B	E	A	B	B	A	B	A	C	A	A	A	A	D	D
题号	61	62	63	64	65	66	67	68	69	70	71	72	73	74	75	76	77	78	79	80
答案	E	E	A	A	A	A	D	B	D	B	B	D	B	E	E	E	E	A	A	A
题号	81	82	83	84	85	86	87													
答案	A	B	E	A	E	C	A													

模拟题练习

1. 鸡白痢的病原属于(　　)。
  A. 链球菌   B. 大肠杆菌   C. 沙门菌
  D. 葡萄球菌   E. 李氏杆菌

2. 某鸡场,1~3日龄雏鸡死亡率3%,病死鸡剖检见肺脏、肾脏、肝脏、心脏潮红湿润,部分病死雏脐带处可见绿豆大、黄白色包囊状物,卵黄囊呈黄绿色,吸收稍差,此病可能是(　　)。
  A. 新城疫   B. 药物中毒   C. 饲料中毒
  D. 大肠杆菌感染   E. 维生素 A 缺乏症

3. 鸡白痢检疫最常用的方法是(　　)。
  A. 细菌染色镜检   B. 平板凝集试验   C. 补体结合试验
  D. 易感动物接种   E. 病理组织学检查

(4~6题共用题干)

某鸡场 15 日龄的海兰褐雏鸡,排白色糊糊状粪便。剖检见肝脏肿大,表面有大小不等的灰白色坏死点。肝脏病料接种麦康凯培养基有菌落生长。

4. 此病最可能的诊断是(　　)。
  A. 禽霍乱   B. 雏鸡白痢   C. 大肠杆菌病
  D. 鸡传染性鼻炎   E. 鸡毒支原体感染

5. 该鸡群感染的病原可能是(　　)。
  A. 埃希氏菌   B. 沙门菌   C. 巴氏杆菌
  D. 副猪嗜血杆菌   E. 鸡毒支原体

6. 祖代鸡场对该病的控制措施是(　　)。
  A. 鸡群消毒   B. 抗生素治疗   C. 加强饲养管理
  D. 高免血清治疗   E. 净化

(7~9题共用题干)

某雏鸡群 1 周龄起部分鸡精神沉郁,采食减少,怕冷,腹泻,粪便污染羽毛;剖检见肝脏呈土黄色,有灰白色坏死灶,肠黏膜充血、出血,卵黄吸收不良。

7. 该病可能是(　　)。
  A. 巴氏杆菌病   B. 大肠杆菌病   C. 沙门菌病
  D. 葡萄球菌病   E. 鸡传染性鼻炎

8. 分离鉴定该病原的培养基是(　　)。
  A. 麦康凯培养基   B. 巧克力琼脂   C. 血琼脂
  D. 胰蛋白胨琼脂   E. 甘露醇琼脂

9. 该病原检测为阳性的种鸡应(　　)。
  A. 用抗生素治疗   B. 隔离   C. 淘汰
  D. 消毒   E. 接种疫苗

(10~12题共用题干)

160 日龄鸭群,食欲废绝,腹泻,产蛋停止,呼吸困难。口鼻分泌物增加。病鸭 1~3d

内死亡。剖检见病死鸭的皮下组织、腹部脂肪和肠系膜上有出血点，肠道弥漫性出血，心包积液。心外膜和心冠脂肪出血。肝脏上有灰白色坏死灶。

10. 该病最可能的诊断是( )。
    A. 鸭病毒性肠炎　　　　　　B. 高致病性禽流感　　　　　C. 巴氏杆菌病
    D. 大肠杆菌病　　　　　　　E. 鸭疫里默氏杆菌病

11. 进一步诊断应选择的方法是( )。
    A. 涂片镜检　　　　　　　　B. ELISA　　　　　　　　　C. 中和试验
    D. 凝集试验　　　　　　　　E. 琼扩试验

12. 治疗该病最宜选用的药物是( )。
    A. 抗菌药　　　　　　　　　B. 抗血清　　　　　　　　　C. 干扰素
    D. 转移因子　　　　　　　　E. 卵黄抗体

(13～15 题共用备选答案)
    A. 包涵体检查　　　　　　　　　　　**B. 平板凝集试验**
    C. 血凝抑制试验（HI)　　　　　　　**D. 鸡胚干扰试验**
    E. 抗力诱导因子试验

13. 鸭传染性浆膜炎的实验室诊断方法是( )。

14. 鸡传染性支气管炎常用的实验室诊断方法是( )。

15. 鸡产蛋下降综合征常用的实验室诊断方法是( )。

16. 某 10 000 只雏鸡群，21 日龄时发病，迅速传及全群。病鸡伸颈张口呼吸，打喷嚏，流鼻液，咳嗽。剖检发现气管、支气管和鼻腔内有浆液性、卡他性或干酪样分泌物，喉头和气管黏膜潮红、水肿，但无明显出血。常用于紧急接种的疫苗毒株是( )。
    A. H120 株　　　　　　　　B. FC126 株　　　　　　　　C. CV1988 株
    D. LaSota 株　　　　　　　E. Mukteswar 株

17. 某 5 000 只蛋鸡群 185 日龄时发病，3d 内波及全群。病鸡鼻孔内有分泌物，咳嗽，有时咳血痰，气喘。病死率为 6%。剖检可见喉头和气管黏膜肿胀、潮红、有出血斑，附着淡黄色凝固物、腐烂。气管内有多量带血分泌物或条状血块。该病初步诊断为( )。
    A. 禽流感　　　　　　　　　B. 鸡伤寒　　　　　　　　　C. 传染性鼻炎
    D. 传染性喉气管炎　　　　　E. 鸡产蛋下降综合征

18. 1 500 只 10 日龄雏鸭突然发病，3d 后发病率 90%，病死率 52%，表现为精神委顿，食欲减退，饮欲增加，严重腹泻，排出白色或青绿色稀粪，粪中带有纤维碎片或未消化的饲料等。该病的确诊应进行( )。
    A. 潜血检查　　　　　　　　B. 细菌分离鉴定　　　　　　C. 球虫卵囊检查
    D. 蛔虫虫卵检查　　　　　　E. 病毒分离鉴定

(19～21 题共用题干)
某鸡场 300 只 34 日龄鸡发病，发病率 90%，病死率为 80%。病鸡伸颈张口呼吸，咳嗽，气喘，有鼻漏；部分鸡翅、腿麻痹，腹泻，粪带血；剖检见嗉囊积液，全身性浆膜出血，盲肠扁桃体肿胀、出血。

19. 该病的病原可能是( )。
    A. 新城疫病毒　　　　　　　　　　　　B. 柔嫩艾美耳球虫

      C. 传染性法氏囊病病毒   D. 传染性支气管炎病毒

      E. 传染性喉气管炎病毒

20. 进一步诊断首先应选择的检测方法是(　　　)。

      A. 易感鸡接种   B. 致病指数测定

      C. 粪便球虫卵囊检查   D. 鸡胚接种与病原鉴定

      E. 血清 ELISA 抗体检测

21. 对该鸡群应采取的措施是(　　　)。

      A. 疫苗紧急接种   B. 环境清洁消毒   C. 病健鸡隔离饲养

      D. 污染物无害化处理   E. 扑杀与无害化处理

22. 鸡毒支原体感染最具诊断价值的病理变化在(　　　)。

      A. 肺脏   B. 鼻窦   C. 气管

      D. 气囊   E. 支气管

(23～25 题共用题干)

一群成年番鸭突然发病，病死率在 **60%** 以上，临诊表现主要为体温升高、两腿麻痹、排绿色稀粪。剖检见食道黏膜出血、水肿和坏死，并有灰黄色伪膜覆盖或溃疡；泄殖腔黏膜出血；肝有坏死点。

23. 该群鸭发生的疾病可能是(　　　)。

      A. 鸭瘟   B. 禽流感   C. 鸭病毒性肝炎

      D. 番鸭细小病毒病   E. 鸭疫里默氏杆菌病

24. 首选的确诊方法是(　　　)。

      A. 细菌分离   B. 病毒分离   C. 易感动物接种

      D. 病理组织学检查   E. ELISA 抗体检测

25. 对该群鸭首先应采取的措施是(　　　)。

      A. 鸭群消毒   B. 抗生素治疗   C. 加强饲养管理

      D. 疫苗紧急接种   E. 扑杀与无害化处理

26. 当前可通过气雾免疫预防的疾病是(　　　)。

      A. 新城疫   B. 马立克病   C. 产蛋下降综合征

      D. 鸡传染性喉气管炎   E. 传染性法氏囊病

27. 产蛋下降综合征的主要传播途径是(　　　)。

      A. 鸡虱   B. 蚊子   C. 空气

      D. 羽毛   E. 经蛋传播

(28～30 题共用题干)

某 15 日龄鸡群发病，呼吸困难，腹泻，粪便呈黄绿色，提起时流出腥臭的液体，部分病鸡出现神经症状，剖检见腺胃乳头出血，腺胃与食道交汇处呈带状出血。

28. 该病最可能是(　　　)。

      A. 禽霍乱   B. 新城疫   C. 传染性支气管炎

      D. 传染性喉气管炎   E. 大肠杆菌病

29. 确诊该病最可靠的方法是(　　　)。

      A. 细菌分离鉴定   B. 病毒分离鉴定   C. ELISA 抗体检测

        D. 病理组织学检查　　　　　E. 血凝试验

30. 对受威胁鸡群应采取的最有效的措施是(　　)。

    A. 加强饲养管理　　　　　　B. 鸡舍消毒　　　　　　　C. 抗病毒药物预防

    D. 疫苗紧急接种　　　　　　E. 注射卵黄抗体

31. 某 4 周龄鸡群呼吸困难，病鸡鼻、气管和支气管有黏稠渗出物，气囊膜变厚和混浊，并伴有纤维素性渗出物。其病程可长达 1 个月以上，病鸡后期眼睑肿胀。该病可能是(　　)。

    A. 沙门菌病　　　　　　　　B. 大肠杆菌病　　　　　　C. 鸡毒支原体感染

    D. 鸡传染性喉气管炎　　　　E. 禽霍乱

(32～34 题共用题干)

某 4 周龄鸡群发病，2d 内波及全群，死亡率迅速上升，病鸡羽毛松乱，扎堆，排出白色鸡粪，严重脱水，病死鸡胸肌和腿肌有条纹状或斑点状出血，肾脏有尿酸盐沉积。

32. 该病最可能是(　　)。

    A. 禽流感　　　　　　　　　B. 新城疫　　　　　　　　C. 传染性法氏囊病

    D. 鸡传染性支气管炎　　　　E. 鸡传染性喉气管炎

33. 快速检测病原的实验室常用方法是(　　)。

    A. 免疫组化法　　　　　　　B. 琼脂扩散试验　　　　　C. 病毒分离鉴定

    D. 病毒中和试验　　　　　　E. 易感鸡接种试验

34. 预防该病最有效的措施是(　　)。

    A. 净化种鸡群　　　　　　　B. 注射卵黄抗体　　　　　C. 疫苗免疫接种

    D. 提高饲料维生素含量　　　E. 调整饲料蛋白质含量

35. 以腿肌和胸肌出血、腺胃和肌胃交界处条状出血为特征病例变化的疾病是(　　)。

    A. 产蛋下降综合征　　　　　　　　　B. 传染性法氏囊病

    C. 鸡传染性支气管炎　　　　　　　　D. 禽败血病

    E. 马立克病

36. 鸭瘟又称为(　　)。

    A. 鸭病毒性肝炎　　　　　　B. 鸭病毒性肠炎　　　　　C. 番鸭细小病毒病

    D. 鸭浆膜炎　　　　　　　　E. 禽霍乱

37. 某鸭场 5 周龄鸭发病，呼吸困难，眼和鼻分泌物增多，共济失调，头颈震颤。剖检可见心包炎和肝周炎，其他典型病变可能是(　　)。

    A. 肝肿瘤　　　　　　　　　B. 肾肿大　　　　　　　　C. 气囊炎

    D. 心脏肿瘤　　　　　　　　E. 食道黏膜条状出血

(38～40 题共用题干)

某 4 月龄鸡群发病，病鸡消瘦，昏迷，翅膀下垂，有的两腿前后伸展呈"大劈叉"姿势。剖检见单侧坐骨神经和臂神经肿大增粗，部分病鸡的肝脏和肾脏出现肿瘤。

38. 该病最可能是(　　)。

    A. 禽白血病　　　　　　　　B. 马立克病　　　　　　　C. 新城疫

    D. 传染性法氏囊病　　　　　E. 鸡病毒性关节炎

39. 该病还可能出现的典型病变是(　　)。

A. 虹膜变为灰白色 　　　　B. 间质性肺炎 　　　　　C. 纤维素性胸膜炎

D. 纤维素性腹膜炎 　　　　E. 纤维素性心包炎

40. 防治该病最有效的措施是(　　　)。

A. 孵化房严格消毒 　　　　B. 隔离患病鸡 　　　　　C. 淘汰阳性鸡

D. 疫苗免疫接种 　　　　　E. 使用抗病毒药物

41. 腿部和胸部肌肉出血,肾脏肿大、苍白呈花斑状,肾小管和输尿管中有白色尿酸盐沉积的禽病是(　　　)。

A. 禽流感 　　　　　　　　　　　　B. 新城疫

C. 鸡传染性支气管炎 　　　　　　　D. 传染性法氏囊病

E. 禽白血病

42. 某10周龄鸡群发病,病鸡视力减退,表现为虹膜呈同心环状褪色,瞳孔环状不规则,后期逐渐缩小。部分鸡出现皮肤肿瘤,法氏囊常见萎缩。该病最可能是(　　　)。

A. 禽白血病 　　　　　　　B. 鸡传染性贫血 　　　　C. 传染性法氏囊病

D. 网状内皮组织增殖病 　　E. 马立克病

43. 鸡传染性支气管炎临诊上可能出现的病型有(　　　)。

A. 眼型 　　　　　　　　　B. 内脏型 　　　　　　　C. 神经型

D. 腺胃型 　　　　　　　　E. 喉气管炎型

44. 鸡发生产蛋下降综合征时除表现产蛋下降外,其他发病表现还有(　　　)。

A. 蛋壳变薄、变色、易碎 　B. 排出白色黏稠或水样稀粪 　C. 呼吸困难

D. 翅下垂、头颈歪斜 　　　E. 打喷嚏、啰音

45. 鸡毒支原体感染又称(　　　)。

A. 禽流感 　　　　　　　　　　　　B. 鸡慢性呼吸道病

C. 鸡传染性支气管炎 　　　　　　　D. 鸡传染性喉气管炎

E. 鸡传染性鼻炎

(46～48题共用题干)

某25日龄鸭群,精神沉郁,严重腹泻,眼、鼻分泌物增多,呼吸困难,濒死期神经症状明显,角弓反张,病程1～3d,发病率40%,病死率70%。剖检见心包、肝和气囊表面有大量纤维素性渗出物,其他脏器无眼观病变。

46. 该病最可能的诊断是(　　　)。

A. 鸭巴氏杆菌病 　　　　　B. 鸭浆膜炎 　　　　　　C. 鸭病毒性肠炎

D. 鸭病毒性肝炎 　　　　　E. 鸭绦虫病

47. 确诊该病应首先进行的是(　　　)。

A. 鸡胚接种 　　　　　　　B. 细菌分离培养 　　　　C. 试管凝集试验

D. ELISA 　　　　　　　　E. 血凝试验和血凝抑制试验

48. 防治该病选用的药物为(　　　)。

A. 抗生素 　　　　　　　　B. 高免血清 　　　　　　C. 干扰素

D. 转移因子 　　　　　　　E. 卵黄抗体

(49～51题共用题干)

某32周龄产蛋鸡群,产蛋率下降25%,畸形蛋、软壳蛋增多,蛋壳颜色变浅,剖检见

鸡的呼吸道黏液增多，卵泡充血，输卵管有炎症。

49. 采集病料后，应首先进行的实验室检查是(   )。
    A. 鸡胚接种　　　　　　　　B. 小鼠接种　　　　　　　C. 凝集试验
    D. 琼扩试验　　　　　　　　E. 细菌分离

50. 【假设信息】如该病的病原无血凝性，则最可能的诊断为(   )。
    A. 非典型新城疫　　　　　　B. 传染性支气管炎　　　　C. 传染性喉气管炎
    D. H9亚型禽流感　　　　　　E. 产蛋下降综合征

51. 【假设信息】如该病病原无血凝性且发生在蛋鸡的育雏和育成阶段，则常出现的病变为(   )。
    A. 肾脏肿大　　　　　　　　B. 肌肉出血　　　　　　　C. 法氏囊肿大
    D. 肝脏坏死　　　　　　　　E. 关节炎症

(52~54题共用题干)

某1 500只150日龄蛋鸡群突然发生腹泻，排绿色或黄绿色粪便，发病率50%，病死率70%。剖检见肠道出血，腺胃黏膜水肿、乳头出血。

52. 确诊该病的快速诊断方法为(   )。
    A. 细菌培养　　　　　　　　B. 血凝与血凝抑制试验　　C. 病毒中和试验
    D. 涂片染色镜检　　　　　　E. 粪便虫卵检查

53. 该鸡群所发疾病最需要的鉴别诊断是(   )。
    A. 禽流感与禽霍乱　　　　　B. 禽霍乱与新城疫　　　　C. 新城疫与禽流感
    D. 禽伤寒与新城疫　　　　　E. 禽流感与禽伤寒

54. 【假设信息】如该鸡群已接种过3次H5亚型禽流感疫苗，已排除发生禽流感的可能性。防控该病的有效措施是(   )。
    A. 扑杀　　　　　　　　　　B. 抗菌　　　　　　　　　C. 注射卵黄抗体
    D. 疫苗紧急接种　　　　　　E. 注射抗生素

(55~57题共用题干)

夏末，某养殖场笼养的10 000只产蛋鸡，产蛋率突然下降，软壳蛋和畸形蛋增加。有些鸡消瘦，鸡冠苍白。剖检发病鸡，偶见输卵管黏膜水肿，其他脏器无明显病变。

55. 该病最可能的诊断是(   )。
    A. 新城疫　　　　　　　　　B. 禽流感　　　　　　　　C. 传染性支气管炎
    D. 产蛋下降综合征　　　　　E. 笼养蛋鸡疲劳综合征

56. 该病最常用的实验室诊断方法是(   )。
    A. 细菌的分离培养　　　　　B. 粪便虫卵检查　　　　　C. 鸡胚接种
    D. 平板凝集试验　　　　　　E. 血凝抑制试验

57. 【假设信息】如用氯羟吡啶治疗后，症状减轻，产蛋率有所回升。该鸡群可能混合感染了(   )。
    A. 异刺线虫　　　　　　　　B. 组织滴虫　　　　　　　C. 住白细胞虫
    D. 大肠杆菌　　　　　　　　E. 副鸡嗜血杆菌

(58~60题共用题干)

某9月龄种鸡群，产蛋率和种蛋的孵化率偏低，部分鸡消瘦、腹部膨大。剖检见肝脏、肾脏、法氏囊、性腺、脾脏等处有肿瘤样结节。

58. 该病最可能的诊断是(   )。
    A. 马立克病
    B. 禽白血病
    C. 禽呼肠孤病毒感染
    D. 黄曲霉毒素中毒
    E. 包涵体肝炎

59. 实验室诊断，需要检查(   )。
    A. 法氏囊中的抗体
    B. 蛋清中的抗原
    C. 肿瘤组织中的抗体
    D. 羽毛囊中的抗原
    E. 血清中的抗体

60. 该病主要的传播媒介是(   )。
    A. 种蛋
    B. 饲料
    C. 饮水
    D. 野鸟
    E. 鼠类

(61～63题共用题干)

9月龄种鸡群，产蛋率和种蛋孵化率偏低，部分鸡消瘦、腹部膨大；剖检见肝脏、肾脏、法氏囊、性腺、脾脏等处有肿块，组织病理学检查见肿块主要由大小一致的淋巴细胞组成。

61. 该病可能是(   )。
    A. 马立克病
    B. 禽白血病
    C. 网状内皮增生症
    D. 黄曲霉毒素中毒
    E. 髓细胞瘤

62. 在种鸡中检疫该病原需要检查的是(   )。
    A. 法氏囊中的抗体
    B. 蛋清中的抗原
    C. 肿瘤组织中的抗体
    D. 羽毛囊中的抗原
    E. 蛋清中的抗体

63. 预防该病最有效的措施是(   )。
    A. 建立无病原的种鸡群
    B. 疫苗免疫接种
    C. 药物防治
    D. 环境消毒
    E. 杀虫灭鼠

(64～66题共用题干)

10日龄鹅群，突然发病，食欲减退，饮欲增加，双腿麻痹，头触地，病死率达80%。剖检见空肠和回肠膨大、变粗，肠腔内有纤维素性渗出物和坏死物形成的栓塞。

64. 该病可能是(   )。
    A. 巴氏杆菌病
    B. 小鹅瘟
    C. 鹅副黏病毒病
    D. 鹅球虫病
    E. 支原体感染

65. 该病最常用的实验室诊断方法是(   )。
    A. 琼脂扩散试验
    B. HA试验
    C. HI试验
    D. 染色镜检
    E. 试管凝集试验

66. 应该采取的紧急措施是(   )。
    A. 更换饲料
    B. 扑杀
    C. 高免血清治疗
    D. 抗生素治疗
    E. 抗寄生虫治疗

(67～69 题共用题干)

160 日龄产蛋鸡群 **2d** 内产蛋率下降 **30%**，大部分鸡呼吸困难，流鼻涕，打喷嚏；部分鸡结膜潮红，眶下窦水肿，有干酪样分泌物。剖检见上呼吸道黏膜充血、肿胀，表面覆盖大量黏液，其他脏器无明显病变。

67. 该病可能是( )。

    A. 鸡传染性鼻炎　　　　　　　　　　B. 鸡毒支原体感染

    C. 鸡传染性喉气管炎　　　　　　　　D. 鸡传染性支气管炎

    E. 新城疫

68. 从眶下窦可分离到的病原是( )。

    A. 副鸡嗜血杆菌　　　　　B. 沙门菌　　　　　C. 大肠杆菌

    D. 巴氏杆菌　　　　　E. 新城疫病毒

69. 治疗该病应选用( )。

    A. 抗生素　　　　　B. 抗毒素　　　　　C. 干扰素

    D. 转移因子　　　　　E. 卵黄抗体

(70～71 题共用题干)

25 日龄肉鸡群，突然发生死亡，病鸡表现呼吸困难，头冠紫黑，嗉囊积液，腹泻。采集病料接种 **9** 日龄 SPF 鸡胚，**24h** 鸡胚死亡，胚体出血，尿囊液有血凝性。

70. 该病可能是( )。

    A. 鸡传染性支气管炎　　　　　　　　B. 鸡传染性法氏囊病

    C. 鸡传染性喉气管炎　　　　　　　　D. 新城疫

    E. 禽霍乱

71. 当前发现的该病原血清型数量是( )。

    A. 1　　　　　B. 2　　　　　C. 3

    D. 4　　　　　E. 5

(72～73 题共用题干)

7 月龄鸭群，部分鸭头部肿大，两腿麻痹，排绿色粪便；食道黏膜出血、水肿、坏死，表面有黄褐色的伪膜覆盖，肝脏上有白色坏死点。

72. 该鸭群最有可能发生的疾病是( )。

    A. 鸭病毒性肝炎　　　　　B. 禽流感　　　　　C. 鸭传染性浆膜炎

    D. 鸭瘟　　　　　E. 小鹅瘟

73. 预防该病首先应采取的措施是( )。

    A. 投喂抗菌药物　　　　　B. 投喂微生态制剂　　　　　C. 投喂抗病毒药物

    D. 净化　　　　　E. 接种疫苗

(74～75 题共用题干)

30 日龄肉鸡群，羽毛蓬松，采食减少，畏寒，扎堆，精神委顿，严重腹泻，排出白色水样稀粪，部分病鸡在发病后 **2～3d** 死亡，**5～7d** 到达死亡高峰，很快平息。

74. 对该病诊断具有示病意义的病理变化是( )。

    A. 心脏出血　　　　　B. 肝周炎　　　　　C. 心包炎

    D. 肺出血　　　　　E. 花斑肾

75. 该病最可能的诊断是( )。
    A. 传染性法氏囊病   B. 新城疫   C. 禽流感
    D. 大肠杆菌病   E. 沙门菌病

(76～78 题共用题干)

100 日龄鸡群，呼吸困难，流鼻液，一侧或两侧眼结膜潮红，眼睑和眶下窦肿胀；剖检见呼吸道黏膜充血、肿胀，鼻窦内有渗出物，其他脏器无异常。

76. 该病的病原可能是( )。
    A. 副鸡嗜血杆菌   B. 禽流感病毒
    C. 传染性喉气管炎病毒   D. 传染性支气管炎病毒
    E. 新城疫病毒

77. 该病最可能的诊断是( )。
    A. 传染性鼻炎   B. 禽流感   C. 传染性喉气管炎
    D. 传染性支气管炎   E. 新城疫

78. 治疗该病应选用( )。
    A. 抗生素   B. 高免血清   C. 干扰素
    D. 转移因子   E. 微生态制剂

(79～80 题共用题干)

产蛋鸭群，病初采食量下降，部分鸭排草绿色稀便，1 周后产蛋量锐减 70%，同时出现砂壳蛋、畸形蛋。剖检见卵泡膜充血、出血；肝脏肿大有坏死灶。

79. 该病最可能的诊断是( )。
    A. 呼肠孤病毒感染   B. 鸭病毒性肝炎   C. 鸭传染性浆膜炎
    D. 鸭坦布苏病毒病   E. 鸭大肠杆菌病

80. 该病的病原分类属于( )。
    A. 副黏病毒科   B. 黄病毒科   C. 轮状病毒
    D. 微 RNA 病毒科   E. 疱疹病毒科

(81～83 题共用题干)

150 日龄蛋鸡群，接种过 2 次禽流感疫苗，突然发生腹泻，排绿色、黄绿色粪便，肉髯发绀，有观星姿势；剖检见肠道出血，腺胃黏膜水肿、乳头出血，肠黏膜有枣核状出血和坏死。

81. 该病最可能的诊断是( )。
    A. 禽流感   B. 禽霍乱   C. 新城疫
    D. 禽伤寒   E. 禽副伤寒

82. 该病常用的诊断方法是( )。
    A. 琼脂平板培养   B. 血凝与血凝抑制试验   C. 生化试验
    D. 涂片染色镜检   E. 平板凝集试验

83. 使用该诊断方法是因为该病原具有( )。
    A. 核蛋白   B. 血凝素-神经氨酸酶   C. 融合蛋白
    D. 基质蛋白   E. 聚合酶

84. 夏季，李某放养的雏鸭群出现食欲减退，在水中游走无力、精神委顿，逐渐消瘦等症状，采用沉淀法检查粪便，发现大量虫卵，虫卵呈椭圆形、有卵盖，内含一批有纤毛的幼虫，该鸭群最有可能感染的是(　　)。

  A. 鸭球虫   B. 膜壳绦虫   C. 四棱线虫

  D. 后睾吸虫   E. 鸭棘头虫

85. 寄生于禽类肝脏胆管与胆囊内的寄生虫是(　　)。

  A. 前殖吸虫   B. 后睾吸虫   C. 异刺线虫

  D. 鸡蛔虫   E. 鸡绦虫

86. 树林中放养的 70 日龄鸡群，精神委顿，食欲减退，腹泻，消瘦。用硫氯酚驱虫，肉眼可见白色带状虫体。该鸡群感染的可能是(　　)。

  A. 剑带绦虫   B. 赖利绦虫   C. 锐形线虫

  D. 异刺线虫   E. 四棱线虫

87. 春季，某群幼鹅出现死亡，死前排白色稀粪，食欲废绝，运动失调，不能站立。剖检可见黏膜卡他性炎症和出血，肠腔内见数条长约 10cm、形似矛头的乳白色虫体。该寄生虫可能是(　　)。

  A. 四棱线虫   B. 裂口线虫   C. 剑带绦虫

  D. 莫尼茨绦虫   E. 裸头绦虫

88. 某 500 只散养鸡，精神委顿，食欲减退，便秘或腹泻，有时见血便。用左旋咪唑驱虫后，在粪便内见圆形长条虫体。该鸡群可能感染了(　　)。

  A. 鸡蛔虫   B. 鸡异刺线虫   C. 旋锐形线虫

  D. 四角赖利绦虫   E. 美洲四棱线虫

89. 某散养鸡群，生长发育不良，精神委顿，食欲减退，便秘或腹泻，有时见血便，镜检见有大量虫卵。虫卵呈长椭圆形，卵壳厚，光滑，内含一个胚细胞，对该鸡群应用的药物是(　　)。

  A. 阿苯达唑   B. 地克珠利   C. 氯硝柳胺

  D. 二甲硝咪唑   E. 三氯苯达唑

90. 某散养雏鸡群，出现消瘦、贫血、腹泻等症状，个别发生死亡。剖检见腺胃肿大呈球状，黏膜显著肥厚，有菜花样溃疡灶，病灶中可见虫体寄生。该鸡群感染的是(　　)。

  A. 鸡蛔虫   B. 美洲四棱线虫   C. 鹅裂口线虫

  D. 鸡异刺线虫   E. 旋锐形线虫

(91～93 题共用题干)

夏季，4 周龄鹅群，精神不振，消化不良、腹泻，排出白色稀薄粪便，有时出现神经症状。粪便检查见有大量虫卵，部分含有六钩蚴，部分含有多个卵细胞。

91. 剖检发现肠腔内有多条长约 10cm，形似矛头、扁平、带状、分节的虫体。该寄生虫最可能是(　　)。

  A. 赖利绦虫   B. 皱褶绦虫   C. 剑带绦虫

  D. 叠宫绦虫   E. 莫尼茨绦虫

92. 剖检在肌胃角质膜下发现大量长 1～2cm、线状、淡红色、体表有横纹的虫体，该寄生虫最可能是(　　)。

  A. 裂口线虫   B. 四棱线虫   C. 锐形线虫

    D. 鸡蛔虫   E. 异刺线虫

93. 治疗该发病鹅群应选用的药物是(　　)。

    A. 阿苯达唑   B. 左旋咪唑   C. 吡喹酮

    D. 莫能菌素   E. 硝氯酚

(94～96 题共用题干)

秋季,某养殖户树林下放养的 1 500 只 3 月龄草鸡生长不良,腹泻,消瘦,贫血。近几天每天死亡十多只。用磺胺氯吡嗪钠可溶性粉经饮水给药 5d,未见效。

94. 首先可排除的疾病是(　　)。

    A. 组织滴虫病   B. 鸡蛔虫病   C. 鸡绦虫病

    D. 鸡球虫病   E. 前殖吸虫病

95. 【假设信息】如病死鸡肠黏膜水肿、出血,有大量粟粒大小的结节。该病的初步诊断是(　　)。

    A. 组织滴虫病   B. 鸡绦虫病   C. 毛细线虫病

    D. 鸡球虫病   E. 鸡蛔虫病

96. 【假设信息】如肠道有粟粒大小的结节,进一步检查应采用的方法是(　　)。

    A. 粪检虫卵   B. 取结节压片镜检   C. 分离细菌

    D. 接种鸡胚   E. 间接血凝试验

(97～98 题共用题干)

某产蛋鸡群,进入冬季后产蛋量下降,消瘦,贫血,皮肤时而出现小的红疹,夜间鸡群不安静,早晨喂鸡时发现鸡笼、食槽、水槽、蛋槽的缝隙中及脱落的羽毛上有大量细小的红色虫体。

97. 该鸡群最可能感染的病原是(　　)。

    A. 膝螨   B. 鸡羽虱   C. 鸡体虱

    D. 禽冠虱   E. 鸡皮刺螨

98. 首选的治疗药物是(　　)。

    A. 磺胺嘧啶   B. 阿苯达唑   C. 氯硝柳胺

    D. 癸氧喹酯   E. 溴氰菊酯

99. 禽皮刺螨寄生于鸡的(　　)。

    A. 体表   B. 体表内   C. 羽干

    D. 毛囊   E. 皮脂腺

100. 鸡皮刺螨的发育阶段不包括(　　)。

    A. 虫卵   B. 幼虫   C. 若虫

    D. 蛹   E. 成虫

(101～103 题共用题干)

夏季,2 月龄鸡群,消瘦,贫血,皮肤瘙痒、粗糙,常出现红疹或形成小结节;检查体表,发现有点状的红色虫体,也见到个别爬行速度快、呈灰白色的虫体。

101. 首先可以排除的病原是(　　)。

    A. 林禽刺螨   B. 鸡皮刺螨   C. 鸡羽虱

    D. 鸡体虱   E. 膝螨

102. 该病原可传播（ ）。
    A. 禽大肠杆菌病   B. 禽霍乱   C. 赖利绦虫病
    D. 毛细线虫病   E. 前殖吸虫病

103. 该病的治疗药物是（ ）。
    A. 溴氰菊酯   B. 左旋咪唑   C. 地克珠利
    D. 环丙氨嗪   E. 泰妙菌素

104. 治疗鸡球虫病可选用的药物是（ ）。
    A. 氨丙啉   B. 左旋咪唑   C. 阿苯达唑
    D. 芬苯达唑   E. 咪唑苯脲

105. 鸡柔嫩艾美耳球虫病的病变主要出现在（ ）。
    A. 十二指肠   B. 空肠   C. 回肠
    D. 盲肠   E. 直肠

(106～107 题共用题干)

某养鸡场散养的 1 000 只肉仔鸡，30 日龄起大批鸡精神委顿，食欲减退，双翅下垂，羽毛逆立，腹泻至排大量血便，1 周内死亡率达 30% 以上。

106. 该鸡群最可能的诊断是（ ）。
    A. 鸡蛔虫病   B. 鸡球虫病   C. 组织滴虫病
    D. 隐孢子虫病   E. 大肠杆菌病

107. 病死鸡剖检病变主要发生在（ ）。
    A. 肝脏   B. 腺胃   C. 肌胃
    D. 盲肠   E. 直肠

108. 治疗鸭球虫病的药物是（ ）。
    A. 莫能菌素   B. 尼卡巴嗪   C. 马杜霉素
    D. 磺胺类药物   E. 甲基盐霉素

(109～110 题共用题干)

某 70 日龄散养鸡群，精神沉郁，食欲减退，排水样稀粪并带有少量血液，2 周内死亡率达 30% 以上。剖检见小肠中段高度肿胀，肠壁充血、出血和坏死，从浆膜面可见病灶区有小的白斑和红斑点。

109. 该病可能的病原是（ ）。
    A. 鸡异刺线虫   B. 毒害艾美耳球虫   C. 柔嫩艾美耳球虫
    D. 卡氏住白细胞虫   E. 火鸡组织滴虫

110. 治疗该病的药物是（ ）。
    A. 吡喹酮   B. 阿苯达唑   C. 溴氰菊酯
    D. 环丙沙星   E. 磺胺二甲氧嘧啶

(111～112 题共用题干)

梅雨季节，某 4 周龄鸡群出现精神沉郁，食欲废绝，剖检见小肠中段肿胀，黏膜出血、坏死，浆膜层有圆形白色斑点。

111. 该疾病可能是（ ）。
    A. 大肠杆菌病   B. 禽霍乱   C. 小鹅瘟

D. 禽流感   E. 球虫病

112. 进一步确诊的方法是( )。

    A. 肠黏膜镜检   B. 病毒分离鉴定   C. 细菌分离鉴定

    D. 血清学检查   E. 血液涂片检查

(113～114 题共用题干)

春季,某养殖场 1 000 只 5 周龄雏鸭由网上转为地面平养后发病,表现精神委顿,食欲减少或废绝,缩头垂翅,多伏卧不愿走动,腹泻,排黄绿色或血色粪便,2～3d 后死亡。另有少数鸭出现神经症状和呼吸困难并发生死亡。用地克珠利治疗,鸭群消化道症状减轻,死亡率下降。

113. 该鸭群主要发生的是( )。

    A. 大肠杆菌病   B. 沙门菌病   C. 鸭浆膜炎

    D. 鸭球虫病   E. 鸭绦虫病

114. 该鸭群还需使用的治疗药物是( )。

    A. 阿苯达唑   B. 青霉素   C. 泰妙菌素

    D. 氟苯尼考   E. 地美硝唑

(115～117 题共用题干)

夏末,某养殖户地面圈养的 2 000 只三黄鸡,在 10 周龄后出现精神委顿,食欲缺乏至废绝,腹泻,排出大量深褐色带黏液的粪便。迅速死亡,一周内死亡率达 15%。

115. 下列疾病中最不可能的是( )。

    A. 前殖吸虫病   B. 鸡球虫病   C. 组织滴虫病

    D. 坏死性肠炎   E. 溃疡性肠炎

116. 【假设信息】如剖检病死鸡,小肠中段肠管肿胀,黏膜出血,坏死,肠腔内有多量凝血块和脱落的黏膜碎片,该病可诊断为( )。

    A. 前殖吸虫病   B. 鸡球虫病   C. 组织滴虫病

    D. 坏死性肠炎   E. 溃疡性肠炎

117. 确诊该病,首先应采用的检查方法是( )。

    A. 血凝试验   B. 接种小鼠   C. 接种鸡胚

    D. 分离细菌   E. 刮取肠黏膜镜检

(118～120 题共用题干)

40 日龄地面平养的黄羽鸡群,精神委顿,食欲缺乏,腹泻,粪便带黏液或血液。剖检见盲肠肿胀,肠腔内充满血液或血凝块,肠黏膜出血、坏死。

118. 该病可能是( )。

    A. 鸡蛔虫病   B. 鸡球虫病   C. 住白细胞虫病

    D. 组织滴虫病   E. 新城疫

119. 确诊该病应采取的诊断方法是( )。

    A. 粪检虫卵   B. 刮取盲肠黏膜镜检   C. 接种鸡胚

    D. 分离细菌   E. 凝集试验

120. 该病的治疗药物是( )。

    A. 青霉素   B. 地克珠利   C. 地美硝唑

D. 伊维菌素   E. 多西环素

121. 夏季，某5周龄雏鹅群出现精神委顿，排灰白色或暗红色带黏液的稀粪。剖检见小肠肿胀，黏膜出血、坏死，形成伪膜和肠芯。刮取肠黏膜镜检，见有大量圆形或椭圆形裂殖体。治疗该病应选择（   ）。

     A. 吡喹酮   B. 伊维菌素   C. 泰乐菌素

     D. 二甲硝咪唑   E. 磺胺间甲氧嘧啶

（122～124题共用备选答案）

     A. 贝氏隐孢子虫   **B. 火鸡隐孢子虫**   **C. 鼠隐孢子虫**

     D. 微小隐孢子虫   **E. 安氏隐孢子虫**

122. 可致禽类腹泻的隐孢子虫是（   ）。

123. 寄生于禽类法氏囊、泄殖腔等器官的隐孢子虫是（   ）。

124. 可致禽类鼻腔、气管有过量分泌物的隐孢子虫是（   ）。

125. 预防鸡住白细胞虫病可选用的药物是（   ）。

     A. 噻嘧啶   B. 乙胺嘧啶   C. 伊维菌素

     D. 左旋咪唑   E. 阿苯达唑

126. 夏季，某养鸡场雏鸡腹泻，呼吸困难，口流鲜血，鸡冠和肉垂苍白；剖检见有全身性出血，内脏器官肿大，胸肌、腿肌和心包等处有针尖至粟粒大小的白色结节。该病可能是（   ）。

     A. 新城疫   B. 球虫病   C. 盲肠肝炎

     D. 住白细胞虫病   E. 传染性法氏囊病

127. 夏季，某养鸡场雏鸡腹泻，呼吸困难，口流鲜血，鸡冠和肉垂苍白；剖检见有全身性出血，内脏器官肿大，胸肌、腿肌和心包等处有针尖至粟粒大小的白色结节。防治该病的药物是（   ）。

     A. 吡喹酮   B. 氨苯达唑   C. 硫氯酚

     D. 伊维菌素   E. 磺胺喹噁啉

（128～130题共用题干）

8月，某养殖场 2 000 只 30 日龄肉鸡，食欲缺乏，精神沉郁，羽毛松乱，腹泻，排水样稀粪，鸡冠苍白。病死率达 20%，剖检见皮下、肌肉与脏器出血，肌肉与内脏器官上见针尖至粟粒大小的白色结节。

128. 该病可初步诊断为（   ）。

     A. 隐孢子虫病   B. 鸡球虫病   C. 组织滴虫病

     D. 鸡绦虫病   E. 住白细胞虫病

129. 确诊该病，首先应采取的检查方法是（   ）。

     A. 粪便虫卵检查   B. 取结节压片镜检

     C. 盲肠黏膜刮片镜检   D. 鸡胚接种

     E. 间接凝血试验

130. 【假设信息】如剖检还发现鸡的法氏囊充血、水肿、呈紫黑色，则还应采取的检查方法是（   ）。

     A. 粪便虫卵检查   B. 取结节压片镜检

C. 盲肠黏膜刮片镜检　　　　　　　　　D. 鸡胚接种

E. 血凝试验

131. 某蛋鸡场饲喂蛋白质含量为 35% 的自配饲料,出现产蛋下降和停产等问题,经检查血液中尿酸水平为 30mg/L。该鸡群最可能发生的疾病是(　　　)。

A. 痛风　　　　　　　　　　　　　　　B. 维生素 A 缺乏症

C. 笼养蛋鸡疲劳综合征　　　　　　　　D. 维生素 B_1 缺乏症

E. 蛋鸡脂肪肝综合征

132. 某鸡场饲养 7 000 只 25 日龄肉鸡,出现关节肿大,跛行,腹泻。经检查日粮中蛋白质水平为 32%,剖检见关节、内脏表面有大量白色石灰样物沉积。该病最可能的发病原因是(　　　)。

A. 碘含量过高　　　　　B. 能量含量过高　　　　　C. 蛋白质含量过高

D. 维生素 C 含量过低　　E. 维生素 B_1 含量过低

(133～134 题共用题干)

某 200 日龄蛋鸡群产蛋率下降至 50%,少数鸡喜卧嗜睡,陆续有个别鸡死亡。剖检皮下脂肪多,腹腔内有大量脂肪沉积。肝显著肿大,质脆易碎。肝包膜破裂,腹腔内充满血样液体。

133. 该病最可能的诊断是(　　　)。

A. 巴氏杆菌病　　　　　B. 沙门菌病　　　　　　C. 大肝大脾病

D. 脂肪肝综合征　　　　E. 脂肪肝-肾综合征

134. 控制该病应优先考虑降低日粮中的(　　　)。

A. 骨粉　　　　　　　　B. 能量　　　　　　　　C. 氯化钠

D. 蛋白质　　　　　　　E. 微量元素

135. 内脏型禽痛风时肾脏主要病变是(　　　)。

A. 出血　　　　　　　　B. 坏死　　　　　　　　C. 水肿

D. 变性　　　　　　　　E. 尿酸盐

136. 禽痛风的发病原因是家禽肝脏中缺乏(　　　)。

A. 嘌呤　　　　　　　　B. 尿酸盐　　　　　　　C. 氨

D. 精氨酸酶　　　　　　E. 黄嘌呤催化酶

137. 控制蛋鸡脂肪肝综合征,应优先考虑降低饲料中的营养素是(　　　)。

A. 常量元素　　　　　　B. 碳水化合物　　　　　C. 维生素

D. 蛋白质　　　　　　　E. 微量元素

138. 某蛋鸡场,自配料中因重复添加了豆饼,出现产蛋量下降问题,剖检见内脏表面有白色沉积物,血液检查尿酸水平为 30mg/dL。该鸡群可能患有(　　　)。

A. 痛风　　　　　　　　　　　　　　　B. 维生素 A 缺乏症

C. 笼养蛋鸡疲劳综合征　　　　　　　　D. 肉鸡腹水综合征

E. 蛋鸡脂肪肝综合征

139. 下列与禽痛风有关的维生素是(　　　)。

A. 维生素 A　　　　　　B. 维生素 B_2　　　　　C. 维生素 B_1

D. 维生素 E　　　　　　E. 维生素 K

140. 蛋鸡群，300日龄，近来体重明显增加，产蛋率下降至50%，喜卧，有的病鸡突然死亡，剖检见腹腔有大量脂肪沉积，肝脏明显肿大，色黄，质脆并有油腻感。该病可能是(　　)。

    A. 肺动脉高压综合征   B. 禽后睾吸虫病   C. 大肝大脾病

    D. 脂肪肝综合征   E. 脂肪肝-肾综合征

141. 雏鸡群，腿无力，喙与爪变软易弯曲，采食困难，行走不稳，常以跗关节着地，呈蹲伏状态，骨骼变软肿胀。该病最可能的诊断是(　　)。

    A. 骨软症   B. 佝偻病   C. 维生素 B_1 缺乏症

    D. 锰缺乏症   E. 禽痛风

142. 蛋鸡患有脂肪肝综合征时，血清生化检查可能升高的指标是(　　)。

    A. 尿素氮   B. 淀粉酶   C. 葡萄糖

    D. 胆固醇   E. 总蛋白

(143～145题共用题干)

某鸡场1 500只240日龄罗曼蛋鸡发病，产蛋率下降。少数鸡精神沉郁，每隔2～3d有个别鸡死亡，病死鸡皮下脂肪多，腹腔内有大量脂肪沉积，充满血样液体，肝肿大，包膜破裂、质松软易碎、有油腻感。

143. 预防该病宜选用的方法是(　　)。

    A. 紧急接种疫苗   B. 限制饲料矿物质水平

    C. 限制饲料蛋白质水平   D. 限制饲料能量水平

    E. 限制饲料维生素水平

144. 该病最有效的治疗药物是(　　)。

    A. 毛果芸香碱   B. 小苏打   C. 生物碱

    D. 氯化胆碱   E. 氨茶碱

145. 禽痛风的根本原因是体内积蓄了过多的(　　)。

    A. 血糖   B. 胆固醇   C. 白蛋白

    D. 尿酸   E. 甘油三酯

146. 笼养蛋鸡疲劳综合征又称为(　　)。

    A. 观星症   B. 锰缺乏症   C. 骨短粗症

    D. 趾爪卷曲症   E. 骨质疏松症

147. 有一鸡场饲养蛋鸡15 000只，在产蛋高峰期鸡群出现多卧少立，运动困难，产软壳蛋、薄壳蛋。引起鸡群发病可能是日粮中缺乏(　　)。

    A. 维生素 B_1 B. 维生素 B_2 C. 维生素 B_{12}

    D. 维生素C   E. 维生素D

148. 有一鸡场饲养3 000只蛋鸡，日粮中钙含量为1%，钙磷比例为3：1。在鸡群中最可能出现具有诊断意义的症状是(　　)。

    A. 腹泻   B. 呼吸增快   C. 体温升高

    D. 鸡冠苍白   E. 产软壳蛋

149. 笼养蛋鸡场，产蛋高峰期始终有10%软壳蛋，部分鸡腹泻，喜卧，龙骨轻度变形。为进一步确诊，应首先检测血清中的(　　)。

   A. 钙水平   B. 磷水平   C. 钾水平

   D. 钠水平   E. 镁水平

150. 笼养蛋鸡疲劳综合征的病因不包括( )。

   A. 缺乏运动   B. 维生素 D 缺乏   C. 维生素 E 缺乏

   D. 饲料中钙缺乏   E. 钙磷比例不当

151. 蛋鸡群,8 000 只,近期产蛋率下降到 55%,软壳蛋或薄壳蛋数量增加,病鸡运动困难,日粮中钙含量为 1%,剖检可见的病变是( )。

   A. 皮下出血   B. 肺水肿   C. 肠道出血

   D. 肝脏肿大   E. 骨骼变形易折

152. 肉鸡群,40 日龄,部分鸡出现跛行,胫骨近端肿大,软骨基质丰富、未被钙化,软骨细胞小而皱缩。该病最可能的诊断是( )。

   A. 骨软病   B. 佝偻病   C. 骨质疏松症

   D. 胫骨软骨发育不良   E. 锰缺乏症

(153～155 题共用题干)

  某蛋鸡群产蛋量下降,产软壳蛋或薄壳蛋,发病率为 8%,剖检见肋骨变形,椎骨与胸肋交接处呈串珠状,其他器官未见明显病变。

153. 该病可能是( )。

   A. 白冠病   B. 黑头病   C. 禽痛风

   D. 产蛋下降综合征   E. 笼养蛋鸡疲劳综合征

154. 该病的原因之一是( )。

   A. 维生素 C 缺乏   B. 维生素 A 缺乏   C. 维生素 D 缺乏

   D. B 族维生素缺乏   E. 黄曲霉素中毒

155. 对该病有诊断意义的血液生化指标是( )。

   A. 碱性磷酸酶   B. 天门冬氨酸氨基转移酶 C. γ-谷氨酰转移酶

   D. 乳酸脱氢酶   E. 肌酸激酶

156. 鸡出现趾爪向内卷曲的示病症状,最可能缺乏的是( )。

   A. 维生素 B_1 B. 维生素 B_2 C. 维生素 A

   D. 维生素 D   E. 维生素 B_6

157. 鸡硒缺乏的病理变化特征是( )。

   A. 脂肪肝   B. 脾脏肿大   C. 尿酸盐沉积

   D. 渗出性素质   E. 法氏囊坏死

158. 某鸡群发病,以进行性肌麻痹和头颈后仰呈"观星姿势"等临诊症状为特征。该群鸡的病因可能是缺乏( )。

   A. 维生素 A   B. 维生素 B_1 C. 维生素 C

   D. 维生素 D   E. 维生素 E

159. 某鸡群,30 日龄,病鸡食欲下降,生长缓慢,贫血,应用氯化钴治疗有效。本病鸡群最可能缺乏的维生素是( )。

   A. 维生素 C   B. 维生素 B_2 C. 维生素 B_3

   D. 维生素 B_5 E. 维生素 B_{12}

160. 某鸡场 15 日龄仔鸡，出现单侧或双侧跗关节以下扭转，向外屈曲，跗关节肿大、变形，长骨和跖骨短粗，腓肠肌腱脱出，可能的疾病是（　　　）。

    A. 锰缺乏症   B. 锌缺乏症   C. 胆碱缺乏症

    D. 盐酸缺乏症   E. 维生素 D 缺乏症

161. 治疗禽骨骼短粗和腓肠肌腱脱落的药物是（　　　）。

    A. 硫酸锰   B. 硫酸钴   C. 硫酸锌

    D. 硫酸铜   E. 硫酸亚铁

162. 蛋鸡场，产蛋率急剧下降，眼和鼻有水样分泌物，有的上下眼睑被粘在一起，眼睛中有乳白色干酪样物质积聚，角膜增厚，眼球凹陷，甚至角膜穿孔。该病可诊断为（　　　）。

    A. 维生素 B_1 缺乏症   B. 维生素 A 缺乏症   C. 维生素 C 缺乏症

    D. 维生素 D 缺乏症   E. 维生素 E 缺乏症

163. 家禽锰缺乏症的临诊特征是（　　　）。

    A. 腓肠肌腱脱出   B. 皮肤角化不全   C. 共济失调

    D. 趾爪蜷缩   E. 角弓反张

164. 笼养蛋鸡群，280 日龄，产软壳蛋和薄壳蛋数量增加，站立和移动困难，骨骼易折易弯曲，血清碱性磷酸酶活性升高，该病的发病原因不包括（　　　）。

    A. 维生素 D 缺乏   B. 钙磷比例不当   C. 光照不足

    D. 过早使用蛋鸡料   E. 硒-维生素 E 缺乏

165. 鸭群发生皮下紫斑，缺乏的维生素是（　　　）。

    A. 维生素 E   B. 维生素 B_1 C. 维生素 K_3

    D. 维生素 D_3 E. 维生素 A

166. 某鸡群，30 日龄，病鸡食欲下降，生长缓慢，贫血，应用氯化钴治疗有效。本病鸡群最可能缺乏的维生素是（　　　）。

    A. 维生素 B_1 B. 维生素 B_2 C. 维生素 B_3

    D. 维生素 B_5 E. 维生素 B_{12}

167. 南方某鸭场，7 月陆续发病，病鸭食欲废绝，腹泻，可视黏膜黄染，步态不稳，角弓反张，剖检见肝肿大，广泛性出血和坏死，病死率达 87%。该病可能是（　　　）。

    A. T-2 毒素中毒   B. F-2 毒素中毒   C. 黄曲霉毒素中毒

    D. 杂色曲霉毒素中毒   E. 青霉毒素类中毒

（168～170 题共用题干）

3 日龄肉鸡群，陆续发病，病鸡沉郁，食欲减退，喜卧，跛行。剖检可见腹部皮下胶冻样渗出，胰腺变窄、变薄、变硬，骨骼肌纤维发生透明变性，可见肌纤维肿胀，嗜伊红性增强，横纹消失，肌间成纤维细胞增生。

168. 该病可诊断为（　　　）。

    A. 硒缺乏症   B. 维生素 B_1 缺乏症   C. 维生素 B_2 缺乏

    D. 锰缺乏症   E. 维生素 K 缺乏症

169. 该病还可能出现的异常是（　　　）。

    A. 肌胃萎缩   B. 观星样姿势   C. 趾爪卷曲症

D. 滑腱症   E. 花斑肾

170. 饲料中含量过多,可能促进该病发生的物质是( )。

    A. 维生素 E   B. 磷   C. 铜

    D. 钙   E. 维生素 A

(171~172 题共用题干)

260 日龄蛋鸡群,产蛋率下降,产软壳、薄壳蛋,蛋壳破损率增多;瘫痪,骨质变脆;血钙为 1.5mmol/L,血清碱性磷酸酶升高。

171. 引起该鸡群发病的因素不包括( )。

    A. 饲料中钙缺乏   B. 光照不足   C. 维生素 D 缺乏

    D. B 族维生素缺乏   E. 运动不足

172. 该鸡群最可能发生的疾病是( )。

    A. 维生素 B_1 缺乏症   B. 笼养蛋鸡疲劳综合征

    C. 硒和维生素 E 缺乏症   D. 纤维性骨营养不良

    E. 肉鸡腹水综合征

173. 5 000 只 30 日龄的肉鸡,2d 前天气突然降温后发病,主要表现为腹部膨大、着地,严重病例鸡冠和肉髯呈红色,剖检发现腹腔中有大量积液,实验室检查未分离到致病菌。该病最可能的诊断是( )。

    A. 食物中毒   B. 食盐中毒   C. 维生素 E 缺乏

    D. 脂肪肝综合征   E. 肉鸡腹水综合征

174. 防止肉鸡腹水综合征,日粮中可添加的氨基酸是( )。

    A. 丝氨酸   B. 蛋氨酸   C. 精氨酸

    D. 赖氨酸   E. 丙氨酸

175. 肉鸡腹水综合征的特征是( )。

    A. 肺动脉低压   B. 主动脉高压   C. 主动脉低压

    D. 右心衰竭   E. 左心衰竭

176. 引起鸡产"桃红蛋"的主要中毒性疾病是( )。

    A. 甘薯毒素中毒   B. 洋葱中毒   C. 霉玉米中毒

    D. 棉籽饼中毒   E. 菜籽饼中毒

(177~178 题共用题干)

肉鸡群,35 日龄,部分鸡精神委顿,呼吸困难,心跳加快,腹部膨大,触诊有波动感。剖检可见腹腔内有淡黄色透明的液体。

177. 该病最可能的诊断为( )。

    A. 禽痛风   B. 脂肪肝综合征   C. 生长障碍综合征

    D. 腹水综合征   E. 食盐中毒

178. 本病的心脏主要病变是( )。

    A. 右心室扩张   B. 左心室扩张   C. 右心萎缩

    D. 左心萎缩   E. 心肌出血

模拟题参考答案

题号	1	2	3	4	5	6	7	8	9	10	11	12	13	14	15	16	17	18	19	20
答案	C	D	B	B	B	E	C	A	C	C	A	A	B	D	C	A	D	E	A	D
题号	21	22	23	24	25	26	27	28	29	30	31	32	33	34	35	36	37	38	39	40
答案	E	D	A	B	D	A	E	B	B	D	C	C	B	C	B	B	C	B	A	D
题号	41	42	43	44	45	46	47	48	49	50	51	52	53	54	55	56	57	58	59	60
答案	D	E	B	C	C	B	B	A	A	B	A	B	C	D	D	E	C	B	E	A
题号	61	62	63	64	65	66	67	68	69	70	71	72	73	74	75	76	77	78	79	80
答案	B	B	A	B	A	C	A	A	D	A	D	E	E	A	A	A	A	D	B	B
题号	81	82	83	84	85	86	87	88	89	90	91	92	93	94	95	96	97	98	99	100
答案	C	B	B	D	B	B	C	A	A	E	C	A	A	A	D	E	E	E	A	D
题号	101	102	103	104	105	106	107	108	109	110	111	112	113	114	115	116	117	118	119	120
答案	E	B	A	A	D	B	D	D	B	E	E	A	D	A	A	B	E	B	B	B
题号	121	122	123	124	125	126	127	128	129	130	131	132	133	134	135	136	137	138	139	140
答案	E	B	A	A	B	D	E	E	B	D	A	C	D	B	E	D	B	A	A	D
题号	141	142	143	144	145	146	147	148	149	150	151	152	153	154	155	156	157	158	159	160
答案	B	D	D	D	D	E	E	E	A	C	E	D	E	C	A	B	D	B	E	A
题号	161	162	163	164	165	166	167	168	169	170	171	172	173	174	175	176	177	178		
答案	A	B	A	E	C	E	C	A	A	C	D	B	E	C	D	D	D	A		

第四篇

犬、猫病

■ 备考指南

三| 学科特点

1. 犬、猫病是一门综合性较强的课程。
2. 应用性很强。
3. 知识面广，涉及解剖、病理、药理、内科、外科、产科、传染病、寄生虫病等科目。
4. 知识点琐碎，需要较强的基础知识储备。

三| 学习方法

最核心的方法：预习环—上课环—复习环—作业环—小组环，这 5 个环环环相扣，缺一不可。方法不对，越学越累；方法如对，事半功倍。如果把学习任务看成是过河，那么，学习方法就是桥和船，不讲究方法，就不可能过河。

三| 历年分值分布

年份	传染病	寄生虫病	外科病	各系统疾病	中兽医	合计
2018	3	3	1	1		8
2019	1	3	5	3		12
2020	2	1	3	3		9
2021	3		8	14		25
2022				13	3	16
合计	9	7	17	34	3	70

<<< 第一单元 传 染 病 >>>

一、考试大纲

单元	细目	要点
犬、猫传染病	1. 犬病毒性传染病	（1）犬瘟热 （2）犬细小病毒病 （3）犬传染性肝炎 （4）狂犬病 （5）犬冠状病毒病 （6）犬轮状病毒感染 （7）犬副流感
	2. 猫病毒性传染病	（1）猫白血病 （2）猫泛白细胞减少症 （3）猫传染性腹膜炎 （4）猫艾滋病 （5）猫杯状病毒病

二、重要知识点

1. 犬瘟热

（1）病原 犬瘟热是由犬瘟热病毒（CDV）引起的一种高度接触性、致死性传染病。

（2）流行病学 主要以不满 1 岁的犬多发，青年犬也有感染。病毒大量存在于鼻液、唾液中，也见于粪便、泪液、血液、脑脊髓液、淋巴结、肝、脾、心包液中，并能通过尿液长期排毒，污染周围环境。主要传播途径是病犬与健康犬直接接触，以及通过空气、飞沫经呼吸道感染。

（3）临诊症状 ①以呼吸道炎症为主的病犬，鼻镜干裂，排出脓性鼻液。眼睑肿胀，有脓性分泌物，后期可发生角膜溃疡。病犬咳嗽、打喷嚏，肺部听诊有啰音和捻发音，出现严重的肺炎，腹式呼吸，呼吸急促。②以消化道炎症为主的病犬，病初眼、鼻流水样分泌物，几天后转为脓性，食欲完全丧失，呕吐，尿黄。③以神经症状为主的病犬，轻则口唇、眼睑局部抽搐，重则空嚼、转圈、冲撞或口吐白沫、牙关紧闭、倒地抽搐，呈癫痫样发作。这样的病犬多半预后不良。也有的病犬表现四肢或后躯麻痹、行走摇摆、共济失调，甚至出现癫痫状惊厥和昏迷等神经症状，这样的病犬常留有麻痹后遗症。④以皮肤症状为主的病犬较为少见。

（4）病理变化 ①新生幼犬表现为胸腺萎缩。成年犬表现为结膜炎、鼻炎、支气管肺炎和卡他性肠炎，肺组织出血，胃黏膜和小肠前段出血，有的病犬脾脏和膀胱黏膜出血；中枢神经系统的病变包括脑膜充血、出血，脑室扩张和因脑水肿所致的脑脊髓液增加。②组织病理学：主要表现为淋巴系统的退行性变化；弥漫性间质性肺炎；泌尿生殖道的变移上皮肿胀；眼睛的睫状体细胞浸润，色素上皮细胞增生，溃疡性角膜炎和化脓性结膜炎；神经系统可发生神经细胞和胶质细胞的变性或早期脱髓鞘现象，在黏膜上皮细胞、网状细胞、白细胞、神经胶质细胞和神经元等的细胞质内发现嗜酸性包含体。

（5）诊断 常易与多杀性巴氏杆菌、支气管败血波氏杆菌、沙门菌以及犬传染性肝炎病毒、犬细小病毒等病原混合感染或继发感染，所以仅靠临床诊断较为困难，常用犬瘟热试剂盒进行确诊。

（6）防控　患病康复犬能产生坚强持久的免疫力，因此，防控本病的合理措施是免疫接种。治疗原则包括抗病毒，抗继发感染和对症与支持治疗。

2. 犬细小病毒病

（1）病原　犬细小病毒病是由犬细小病毒（CPV）感染引起的，以严重肠炎综合征和心肌炎综合征为特征的犬科和鼬科动物的重要传染病。

（2）流行病学　主要感染犬，尤其是幼犬，死亡率高。病犬是主要传染源，其呕吐物、唾液、粪便中均有大量病毒。健康犬经与病犬或带毒犬直接接触感染，或经污染的饲料和饮水通过消化道感染。

（3）临诊症状　①肠炎型：病初表现发热（40℃以上）、精神沉郁、不食、呕吐。初期呕吐物为食物，继之呈黏液状、黄绿色或有血液。发病 1d 左右开始腹泻，病初粪便呈稀状，随病状发展，粪便呈咖啡色或番茄酱色样的血便；以后排便次数增加、里急后重，血便带有特殊的腥臭气味。严重脱水，眼球下陷，鼻镜干燥，皮肤弹力高度下降，体重明显减轻。②心肌炎型：多见于 4～6 周龄幼犬，常无先兆性症状，或仅表现轻微腹泻，继而突然衰弱，呻吟，黏膜发绀，呼吸极度困难，脉搏快而弱，心音出现杂音和节律不齐，突然死亡。

（4）病理变化　①肠炎型：极度脱水、消瘦，腹部卷缩，眼球下陷，可视黏膜发绀。肛门周围附有血样稀便或从肛门流出血便。有的病犬从口、鼻流出乳白色水样黏液。血液黏稠呈暗紫色。小肠以空肠和回肠病变最严重，内含酱油色恶臭分泌物，肠壁增厚，黏膜下水肿，黏膜弥漫性或局灶性充血、出血。②心肌炎型：气管和支气管充满泡沫样液体；肺切面经挤压可见有较多的血样液体流出，心外膜散布黄红色与白色条纹，心肌呈白色条纹状，左心室壁变薄；心肌纤维有核内包涵体具有诊断意义。

（5）防控　首免时间一般认为在 10 周龄左右，但考虑到 10 周龄以前亦是幼犬易感期，故一般可在 6 周龄时注射犬二联疫苗（此疫苗可突破母源抗体的干扰），10 周龄时注射六联疫苗，以后每隔 2～3 周注射一次六联疫苗，连续 2～3 次，以后每年免疫一次或两次。治疗原则包括抗病毒、抗感染与对症治疗，止吐及呕吐期禁食禁饮非常重要，补充血浆很有必要。

3. 犬传染性肝炎

（1）病原　犬传染性肝炎是由犬传染性肝炎病毒（CAV-1）（又称犬腺病毒 1 型）引起犬的一种急性、高度接触性、败血性传染病。该病的特征是循环障碍、肝小叶中心坏死、肝实质细胞和内皮细胞出现核内包涵体。

（2）流行病学　患犬和带毒犬通过眼泪、唾液、粪尿等分泌物和排泄物排毒，病毒能在其肾脏内存活，经尿排毒可达 6～9 个月，是健康犬的重要感染源。

（3）临诊症状　①最急性：病初体温升高，精神高度沉郁，通常未出现其他症状便于 1～2d 内死亡。②急性型：眼、鼻有少许浆液或黏液性分泌物；出现消化道症状，呕吐、排果酱样粪便或血性腹泻是本病的主要症状，齿龈上有出血点或出血斑。③其他症状：部分患犬一眼或两眼角膜在疾病恢复期混浊，似被淡蓝色薄膜覆盖，称为"肝炎性蓝眼"，数天后角膜转为透明。

（4）病理变化　病死犬在腹部、颈部、头部和眼睑等处皮下有较多水肿液，胸腹腔有较多清亮和浅红色液体；肝脏肿大，包膜紧张；脾脏肿大，胸腺出血；肝脏、脾脏、淋巴结、肾脏等切片可见内皮细胞有圆形或椭圆形核内包涵体。

（5）诊断　与犬瘟热相比，本病无呼吸道和神经系统感染症状。与细小病毒性肠炎相比，两者都有出血性腹泻症状，但细小病毒感染不见齿龈出血点、出血斑，不见腹部膨大。与感冒相比，无呼吸道感染症状，而有消化道感染症状。与外伤性角膜混浊相比，"肝炎性蓝眼"的角膜表面光滑，无外伤痕迹，而单纯外伤性角膜混浊的患犬没有体温升高和消化道感染等全身症状。对死亡患犬剖检，一般可见肝脏略肿大，胆囊壁水肿，小肠出血，胸腹腔内积有多量清亮、浅红色液体。

（6）防控 因为康复犬可经尿液长期排毒，所以应避免将其与健康犬群共同饲养；病程较长的病例，可及时大剂量使用抗犬腺病毒I型的高免血清，同时注重保肝和控制出血症状。

4. 狂犬病

（1）病原 狂犬病主要是由狂犬病病毒所致人畜共患传染病。狂犬病病毒含5种蛋白，即糖蛋白（G）、核蛋白（N）、聚合酶（L）、磷蛋白（NS）及基质（M）等。传染源主要为病犬，其次为病猫及病狼等。

（2）流行病学 人若被患病动物咬伤，动物唾液中的病毒通过伤口进入人体而引发疾病，少数患者也可因眼结膜被病兽唾液污染而患病。

（3）临诊症状 狂犬病最初症状是发热，伤口部位常有疼痛或有异常、原因不明的颤痛、刺痛或灼痛感。随着病毒在中枢神经系统的扩散，患者出现典型的狂犬病临诊症状，即狂躁型与麻痹型，最终死于咽肌痉挛导致的窒息或呼吸循环衰竭。

（4）诊断 根据病史及免疫荧光试验阳性可确立诊断。

（5）防控 ①管理传染源：对家庭饲养动物进行免疫接种，管理流浪动物。对疑因狂犬病死亡的动物，应取其脑组织进行检查，并将其焚毁或深埋，切不可剥皮或食用。②正确处理伤口：被动物咬伤或抓伤后，应立即用20%的肥皂水反复冲洗伤口，伤口较深者需用导管伸入，以肥皂水持续灌注清洗，力求去除唾液，挤出污血。一般不缝合包扎伤口，必要时使用抗菌药物，伤口深时还要使用破伤风抗毒素。③接种狂犬病疫苗：预防接种对防止发病的价值是确定的，包括主动免疫和被动免疫。人一旦被咬伤，疫苗注射至关重要，严重者还需注射狂犬病高免血清。

5. 犬冠状病毒病

（1）病原 犬冠状病毒为单股正链RNA病毒，有6～7种多肽，其中4种是糖肽，不含RNA聚合酶及神经氨酸酶。犬冠状病毒是一种严重危害养犬业、经济动物养殖业和野生动物保护的病毒性传染病病原。

（2）症状 一般先表现嗜睡、衰弱、反复呕吐，以后粪便由糊状到半糊状至水样，橙色或绿色，含黏液或血液，发热或不发热，白细胞减少，迅速脱水，死亡。

（3）治疗 采用对症疗法，如止吐、止泻、补液，用抗生素防止继发感染，立即断食断水，然后输液消炎和输营养液，之后注射血清，一般经7d的疗程就可以恢复，治愈率约为95%。

6. 犬轮状病毒感染

（1）病原 犬轮状病毒感染主要是幼犬的一种肠道传染病，以腹泻为其主要特征。

（2）临诊症状 幼犬常发生严重腹泻，排水样至黏液样粪便，可持续8～10d。确诊要靠电子显微镜检查，酶联免疫吸附试验也是目前常用的一种诊断方法。

（3）治疗 ①病犬应立即隔离到清洁、干燥、温暖的场所，停止喂奶，改用葡萄糖甘氨酸溶液或葡萄糖氨基酸溶液给病犬自由饮用。也可注射葡萄糖盐水和5%碳酸氢钠溶液，以防脱水、脱盐。②要保证幼犬能摄食足量的初乳而使其获得免疫保护。也可试用皮下注射成年犬血清。

7. 犬副流感

（1）病原　犬副流感病毒为副黏病毒科中Ⅱ型副流感病毒亚型。在22℃条件下可凝集人 O 型、鸡和多种哺乳动物的红细胞。犬副流感病毒可在原代和传代犬肾、猴肾细胞培养物中良好增殖，也可在鸡胚、羊膜腔中增殖。

（2）流行病学　自然感染途径主要是呼吸道。

（3）临诊症状　临诊症状为突然暴发，发热，有大量黏液性、不透明鼻分泌物，咳嗽，病犬疲软无力。当与支原体或支气管败血波氏杆菌混合感染时，病情加重，体温升高至40℃以上。

（4）诊断　细胞培养是分离和鉴定犬副流感病毒的最好方法。

（5）防治　对发病犬可注射高免血清，或静脉滴注犬血细胞蛋白，以提高犬的抵抗力。体温升高的犬，可口服退热药物。对咳嗽严重的，可以使用化痰止咳冲剂，减轻病情。中药可用抗病毒口服液、双黄连、板蓝根等。当犬感染犬副流感病毒时，常常继发感染支气管败血波氏杆菌、支原体等。因此，应使用抗生素类药物防止继发感染，减轻病情，促使病犬早日恢复。

8. 猫白血病

（1）病原　猫白血病是由猫白血病病毒和猫肉瘤病毒引起的恶性肿瘤性传染病。主要特征是恶性淋巴肿瘤、骨髓性白血病以及变性性胸腺萎缩和非再生性贫血等，其中对猫最严重的是恶性淋巴肿瘤。幼猫易感。

（2）临诊症状　①腹型：主要侵害肠道淋巴组织和肠系膜淋巴结，并波及肝脏、脾脏、肾脏等邻近脏器，引起这些器官的肿瘤。触诊时可摸到肿瘤块。临床上可见可视黏膜苍白，贫血，体重减轻，食欲减退，有时有呕吐和腹泻。②胸型：主要侵害胸腺，波及纵隔淋巴结。触诊时可在胸腹侧前部摸到肿块，严重病例肿块可占胸腔的 2/3，同时可出现胸腔积液、呼吸困难、吞咽困难等症状。患猫张口呼吸，循环障碍，表现十分痛苦。进行 X 射线检查可见胸腔有肿物存在。临诊解剖可见猫纵隔淋巴结肿瘤。③弥散性：病毒侵害全身淋巴结，全身体表淋巴结肿大，肝脏、脾脏亦发生波及性肿大，体表淋巴结均可触及（颌下、肩前、膝前及腹股沟等）肿大的硬块。患猫表现消瘦、贫血、减食、精神沉郁等。④淋巴白血病型：病毒主要侵害骨髓，引起白细胞异常增生，并扩散到脾脏、肝脏及淋巴结等。临诊上常出现间歇热、消瘦、黏膜苍白、皮肤和黏膜有出血点等。

（3）防治　可以尝试以抗生素防止二次细菌感染，输液供给营养及矫正脱水，应用抗病毒药物。

9. 猫泛白细胞减少症

（1）病原　猫泛白细胞减少症又称猫瘟或猫传染性肠炎，是由猫细小病毒（FPV）引起猫及猫科动物的一种急性、高度接触性、致死性传染病。

（2）流行病学　①传染源：主要是病猫和康复带毒猫。②易感动物：主要发生于 1 岁以下的猫（1 岁以下的发病率为 83.5%，2 岁以上的发病率为 2%），但 2～5 月龄的幼猫和未接种的猫感染率最高。③传播途径：主要是消化道、呼吸道，也可经胎盘垂直传播。虱、蚤等可成为主要的传播媒介。

（3）临诊症状　①双相热：病初体温高达 40℃以上，约维持 24 h 降至常温，再经 2～3d 重新上升。②消化系统症状：随着第 2 次发热，患猫频繁呕吐，初为无色黏液，后为含泡沫的黄绿色黏液；有的患猫腹泻，严重的粪中带血；由于呕吐和腹泻，迅速脱水。

（4）病理变化　小肠黏膜肿胀、充血、出血；肠系膜淋巴结肿大、充血、出血；肺水肿、充血、出血。特征是白细胞减少，严重时可减少至 2 000 个/mL（猫正常值 15 000～20 000 个/mL）。

（5）诊断　根据临诊症状、白细胞减少等不难做出诊断，确诊需进行实验室诊断。

10. 猫传染性腹膜炎

（1）病原　猫传染性腹膜炎是由猫传染性腹膜炎病毒引起的一种慢性、渐进性、致死性传染病，以腹膜炎、大量腹水积聚及致死率较高为主要特征。

（2）流行特点　主要感染 0.5～5 岁的猫。

（3）治疗　一旦发病，死亡率几乎是 100%，一般相信只有组织病理学检查才能 100% 确诊。预防二次感染：应用广谱抗生素与抗病毒药物。支持疗法：强制进食（以食道或胃管），输液以矫正脱水，胸腔穿刺术以舒缓呼吸道症状。

11. 猫艾滋病

（1）病原　猫艾滋病病毒与引起人类 AIDS 的 HIV 病毒，在构造及核苷酸序列上具有相关性。感染猫艾滋病的病猫也常会产生类似人类 AIDS 所引发的免疫不全临床症状，但猫艾滋病病毒并不会传染给人类。

（2）诊断　只要用 3 滴全血及 10 min 的时间就可以完成，不过这样检查可能出现伪阳性反应，因此临床兽医师必须小心研判。

12. 猫杯状病毒病

（1）病原　猫杯状病毒病是呼吸道传染病，主要表现为上呼吸道症状，即精神沉郁、浆液性和黏液性鼻漏、结膜炎、口腔炎、气管炎、支气管炎，伴有双相热。

（2）临诊症状　感染后的潜伏期为 2～3d，初期发热至 39.5～40.5℃。口腔溃疡是最显著的特征，以舌和硬腭、腭中裂周围明显，出现大面积的溃疡和肉芽增生，病猫进食困难。

（3）治疗　可用特异性抗体进行治疗，或应用广谱抗生素防止继发感染和对症治疗。

三、例题及解析

1. 犬细小病毒疫苗首次免疫时间一般应在（　　　）。
　　A. 2～3 月龄　　　　　　　　B. 4～5 月龄　　　　　　　　C. 6～7 月龄
　　D. 8～9 月龄　　　　　　　　E. 10 月龄以上

【解析】A。一般于生后第 8～12 周龄进行第一次接种，间隔 2～3 周后再接种 1 次即可。

2. 出现双相热、肠道急性卡他性炎和神经症状的犬传染病是（　　　）。
　　A. 狂犬病　　　　　　　　　B. 犬瘟热　　　　　　　　　C. 犬流感
　　D. 犬细小病毒病　　　　　　E. 犬传染性肝炎

【解析】B。犬瘟热是由犬瘟热病毒引起的主要发生于犬的一种急性、接触传染性传染病，临诊以双相热、急性（支气管、肺、胃肠）卡他性炎和神经症状为特征。

3. 猫，1 月龄，厌食，发热，腹胀，有大量腹水。腹水电镜观察见有囊膜及棒状纤突的球形病毒粒子。该病最可能的病原是（　　　）。
　　A. 猫传染性腹膜炎病毒　　　B. 猫泛白细胞减少症病毒　　　C. 猫疱疹病毒
　　D. 猫白血病病毒　　　　　　E. 猫免疫缺陷病毒

【解析】A。猫传染性腹膜炎病毒有囊膜和纤突，结合临诊症状即可判断。

4. 犬心肌炎型细小病毒病多发生于( )。

　　A. 1 周龄内　　　　　　　　B. 1～2 周龄　　　　　　　　C. 1～2 月龄

　　D. 3～4 月龄　　　　　　　　E. 2～6 月龄

【解析】C。犬细小病毒病又称犬传染性出血性肠炎，临诊表现为肠炎型和心肌炎型。肠炎型常发生于青年犬，心肌炎型多见于 8 周龄以下的幼犬。

5. 传染性肝炎病犬常见的体表变化是( )。

　　A. 皮下水肿　　　　　　　　B. 皮下脓肿　　　　　　　　C. 被毛脱落

　　D. 皮肤溃疡　　　　　　　　E. 皮肤干裂

【解析】A。犬传染性肝炎是由犬腺病毒感染引起的一种急性、高度接触性、败血性的传染病。病犬黏膜苍白，多有腹泻和呕吐症状，在腹部、颈部、头部和眼睑等处常见水肿。

6. 犬，体温 40℃，呕吐，排番茄汁样稀粪。患犬粪便上清液滤过除菌后可凝集猪红细胞。该病最可能的病原是( )。

　　A. 犬细小病毒　　　　　　　　　　　B. 犬瘟热病毒

　　C. 犬传染性肝炎病毒　　　　　　　　D. 狂犬病病毒

　　E. 伪狂犬病病毒

【解析】A。犬细小病毒病是犬的一种急性传染病。肠炎型以剧烈呕吐、血水样腹泻、脱水、白细胞显著减少、小肠出血性坏死性肠炎为特征；排番茄汁样稀粪，有难闻的恶臭味。

7. 犬，体温 40℃，黏膜苍白，腹泻，腹围增大，腹腔穿刺排出淡红色液体。腹水可凝集人 O 型红细胞。该病最可能的病原是( )。

　　A. 犬细小病毒　　　　　　　　　　　B. 犬瘟热病毒

　　C. 犬传染性肝炎病毒　　　　　　　　D. 狂犬病病毒

　　E. 伪狂犬病病毒

【解析】C。犬传染性肝炎是由犬腺病毒感染犬引起的一种急性、高度接触性、败血性的传染病。其病理特征为：患病犬体温曲线呈"马鞍形"，心跳增强，呼吸次数增加；黏膜苍白，扁桃体常肿大，精神不振，食欲缺乏，饮欲增加，多有腹泻和呕吐症状，在腹部、颈部、头部和眼睑等处常见水肿。腹腔积有血色液体，接触空气容易凝固。

<<< 　第二单元　寄生虫病　 >>>

一、考试大纲

单元	细目	要点
犬、猫寄生虫病	1. 蠕虫病	(1) 蛔虫病　(2) 钩虫病　(3) 毛首线虫病　(4) 吸吮线虫病　(5) 绦虫病
	2. 原虫病	(1) 球虫病　(2) 弓形虫病　(3) 犬巴贝斯虫病
	3. 皮肤病	(1) 犬蠕形螨病　(2) 疥螨病　(3) 姬螯螨病　(4) 蚤咬性皮炎　(5) 犬脓皮症

二、重要知识点

1. 犬、猫蛔虫病

(1) 病原 ①成虫：犬、猫弓首蛔虫和狮弓蛔虫。②虫卵：呈短椭圆形、深黄色，卵壳厚，外膜上有明显的小泡状结构，内含有未分裂的卵胚。

(2) 生活史 ①蛔虫童虫移行，蛔虫性肺炎。②可垂直传播。③狮弓蛔虫在体内不移行，只有在大量感染时才偶有幼虫移行到肝脏和肺脏；啮齿类可作为贮藏宿主，犬、猫捕食后感染。大于6月龄的犬，幼虫多经血流迁移至广泛的组织内形成包囊，但不发育，包囊被其他肉食兽摄食后可发育为成虫。

(3) 临诊症状 ①幼虫期：在体内移行，可引起肠炎和蛔虫性肺炎。②成虫期：一是机械性破坏作用，具有游走性，可进入与肠道相通的管道中，如胃、胆管或胰管等，引起胆道蛔虫病。二是夺取营养，导致消瘦、营养不良。三是虫体产生的毒素、新陈代谢产物和体液对宿主呈现毒害作用，能引起造血器官和神经系统中毒，发生过敏反应，如阵发性痉挛、兴奋、麻痹等。

(4) 诊断 ①直接涂片法和饱和盐水漂浮法。②剖检发现虫体。

(5) 治疗 甲苯咪唑、阿苯达唑、左旋咪唑、伊维菌素、芬苯达唑。

2. 犬、猫钩虫病

(1) 病原 ①成虫：属钩口科，寄生于小肠内，发达的口囊是其形态学特征。②虫卵：钝椭圆形，浅褐色，新排出时内含8个卵细胞。

(2) 生活史 ①虫卵随粪便排出体外，在适宜的条件下孵化出幼虫（杆状蚴）；1周后蜕化为感染性幼虫（丝状蚴）。感染性幼虫被犬吞食后，幼虫钻入食道黏膜，进入血液循环，最后经呼吸道、喉头、咽进入胃中，到达小肠发育为成虫。②感染性幼虫进入皮肤，钻入毛细血管，随血液进入心脏，经血液循环到达肺中，穿破毛细血管和肺组织，移行到肺泡和细支气管，再经支气管、气管，随痰液到达咽部，最后随痰被咽到胃中，进入小肠内发育为成虫。

(3) 临诊症状 ①机械性破坏作用：钩虫以口囊吸附在宿主肠黏膜上，其齿或切板刺破黏膜吸血时，造成黏膜出血、溃疡；幼虫侵入皮肤时，可破坏皮下血管导致出血，并引起皮肤炎症。幼虫移行时可破坏肺微血管和肺泡壁，引起局部出血及炎性病变。②患病动物贫血、黏膜苍白；异嗜，呕吐，消化障碍，腹泻和便秘交替发作，粪便带血或呈黑色、柏油状，最后因极度衰弱而死亡。胎内和初乳感染的3周龄内的幼犬，可引起严重贫血，导致昏迷和死亡。幼虫侵入皮肤时，可导致钩虫性皮炎，病变主要在趾间或腹下被毛较少处；皮肤发红、奇痒，出现丘疹、水疱，皮毛脱落，如有继发感染，可成为脓疮。

(4) 诊断 根据贫血、黑色柏油状粪便、消化障碍、营养不良等临诊症状；粪便检查虫卵（每克粪含数千个虫卵），死后剖检发现虫体进行综合诊断。

(5) 治疗 阿苯达唑、左旋咪唑、伊维菌素、灭虫丁注射液。

3. 犬、猫巴贝斯虫

(1) 病原 吉氏巴贝斯虫、犬巴贝斯虫。

(2) 生活史 ①寄生于犬红细胞内。往往散发或呈地方流行性。②传播媒介：硬蜱。对良种犬（军犬、警犬和猎犬）危害严重。

（3）临诊症状与诊断 出现贫血、黄疸、高热、血红蛋白尿。

（4）治疗 贝尼尔（血虫净）、三氮脒、台盼蓝（锥蓝素）、锥黄素、阿卡普林。

4. 犬、猫蚤病

（1）病原 犬、猫栉首蚤寄生于犬、猫体表。体小，扁平，足长而粗，善跳。口器为刺吸式，雌雄均吸血。

（2）生活史 虫卵→幼虫→蛹→成虫，蚤为犬复孔绦虫中间宿主。

（3）临诊症状 以荐背部、颈背部瘙痒和红疹为主；以夏季和秋季常见；瘙痒部位有游走性。由于瘙痒，病犬在蹭痒过程中可引起皮肤炎症、脱毛、断毛或擦伤。蚤叮咬过的皮肤增厚并有色素沉着，在犬背中线的皮肤及毛根部，有蚤排出的煤焦油样颗粒形粪便。

（4）诊断 发现跳跃性虫体或煤焦油样粪便。

（5）治疗 伊维菌素、溴氰菊酯、双甲脒（特敌克）、敌百虫。

5. 犬、猫球虫病

（1）病原 等孢球虫，寄生于小肠和大肠黏膜上皮细胞内。孢子化卵囊内只有 2 个子孢子囊，每个孢子囊内含有 4 个子孢子。

（2）生活史 随粪排出卵囊，在外界完成孢子化发育。犬吞食孢子化卵囊后即被感染。子孢子在小肠中逸出后，钻入肠黏膜上皮细胞内，裂体增殖、配子生殖，大小配子结合后，生成合子。合子周围形成厚壁，即为卵囊。

（3）症状 1～2 月龄仔犬发病率高，呈现生长停滞，消瘦，黏膜苍白，食欲减退，有微热，排稀软混有血液和黏液的粪便，有的呕吐，幼犬因极度衰竭而死亡。成年犬常呈慢性经过，病程 3 周以上，可自然康复。

（4）诊断 饱和盐水漂浮集卵法检查粪便；病理剖检可见小肠出现卡他性肠炎或出血性肠炎，多见于回肠，尤以回肠下段最严重，肠黏膜肥厚，黏膜上皮脱落，肠内充满暗红色黏液。

（5）治疗 磺胺类药物，氯丙嗪。

6. 犬蠕形螨病

（1）病原 蠕形螨。

（2）生活史 秋季多发，全部发育过程都在宿主体上进行。为不完全变态发育：卵→幼虫→若虫→成虫。多发于秋末、冬、春季节。

（3）症状 多发于 3～10 月龄的幼犬，成年犬常见于发情及产后的雌犬。特征为出现黄豆至蚕豆大小的皮肤结节。

（4）诊断 直接涂片法和镜检法。

（5）治疗 伊维菌素、阿苯达唑、左旋咪唑。

7. 犬、猫疥螨病

（1）病原 疥螨。

（2）生活史 为不完全变态发育：卵→幼虫→若虫→成虫。直接接触或间接接触传播。

（3）临诊症状 剧痒，湿疹性皮炎，结痂，脱毛和皮肤肥厚，消瘦。寄生于皮肤表皮层内，多发生在头部。

（4）诊断 在病健交界处刮取病料镜检，采集病料时应刮至稍微出血。

(5) 治疗 伊维菌素、阿维菌素、溴氰菊酯药浴。

三、例题及解析

1. 犬巴贝斯虫寄生于犬的( )。

    A. 红细胞   B. 淋巴细胞   C. 巨噬细胞

    D. 中性粒细胞   E. 浆细胞

【解析】A。犬巴贝斯虫病是由巴贝斯科巴贝斯属的原虫寄生于犬红细胞内引起的疾病。

2. 犬恶丝虫成虫的主要寄生部位是( )。

    A. 左心室   B. 左心房   C. 肺动脉

    D. 气管   E. 胆管

【解析】C。犬恶丝虫病是由犬恶丝虫寄生于犬的右心室及肺动脉，引起心内杂音、呼吸困难及贫血等症状的一种寄生虫病。

3. 犬恶丝虫寄生于犬的( )。

    A. 胃   B. 心脏   C. 肝脏

    D. 肺脏   E. 小肠

【解析】B。犬恶丝虫病是由恶丝虫属的犬恶丝虫寄生于犬的右心室和肺动脉所引起的一种临诊或亚临诊疾病。

4. 蚤对犬、猫的最主要危害是( )。

    A. 破坏体毛   B. 破坏血细胞   C. 扰乱营养代谢

    D. 扰乱免疫功能   E. 吸血和传播疾病

【解析】E。蚤对犬、猫的危害包括：①蚤能吸血，并引起动物痒感、皮肤炎症，影响动物的采食和休息；②蚤在大量寄生时可致动物贫血，消瘦或死亡；③蚤能传播疾病。

5. 犬新孢子虫在犬肠上皮细胞内发育的方式类似于( )。

    A. 球虫   B. 锥虫   C. 滴虫

    D. 贾第虫   E. 巴贝斯虫

【解析】A。犬作为终末宿主食入含有新孢子虫组织包囊的动物组织，虫体释放出来后侵入肠上皮细胞进行球虫型发育。

6. 能够通过胎盘传播的蛔虫是( )。

    A. 猪蛔虫   B. 禽蛔虫   C. 马副蛔虫

    D. 狮弓蛔虫   E. 犬弓首蛔虫

【解析】E。年龄较大的犬感染犬弓首蛔虫后，幼虫可随血流到达体内各器官组织中，形成包囊，但不进一步发育，如被其他肉食兽摄食后，包囊中幼虫可发育为成虫。母犬怀孕后，幼虫还可经胎盘感染胎儿或产后经母乳感染幼犬。

7. 比特犬，2 岁，体温 40.3℃，精神沉郁，食欲废绝，可视黏膜黄染，尿呈黄褐色；血常规检查红细胞 $3.56×10^{12}$ 个/L，白细胞 $7.50×10^9$ 个/L，血红蛋白 72g/L；血液涂片检查在病原寄生细胞中见有梨籽形虫体。该病主要传播媒介是( )。

    A. 硬蜱   B. 苍蝇   C. 蚊

    D. 鼠   E. 蟑螂

【解析】A。巴贝斯虫在红细胞内繁殖，破坏红细胞，导致溶血性贫血，并引起黄疸。

<<< 第三单元 外 科 病 >>>

一、考试大纲

单元	细目	要点
犬、猫外科病	1. 肿瘤	(1) 犬、猫淋巴瘤　(2) 猫淋巴肉瘤　(3) 犬乳腺肿瘤
	2. 疝气	(1) 膈疝　(2) 脐疝　(3) 腹股沟阴囊疝　(4) 腹壁疝
	3. 关节疾病	(1) 髌骨脱位　(2) 椎间盘突出　(3) 关节脱位　(4) 髋关节发育不良 (5) 关节炎
	4. 眼睛疾病	(1) 青光眼　(2) 白内障　(3) 角膜炎

二、重要知识点

1. 犬、猫淋巴瘤

(1) 类型　多中心型、消化道型、皮肤型、胸腺型和其他型。

(2) 临诊症状　①多中心淋巴瘤（84%）：全身淋巴结肿大，无痛。扁桃体、肝脏和脾脏肿大。②消化道淋巴瘤：胃肠道及肠系膜淋巴结弥漫性肿大。

(3) 治疗　化学疗法（化疗）是多中心淋巴瘤最有效的疗法。也可采用序贯疗法（强的松龙＋环磷酰胺＋长春新碱）。二者联合采用更有效。

2. 猫淋巴肉瘤

(1) 类型　纵隔型、消化道型、多中心型、白血病型和未分类型。

(2) 临诊症状　①纵隔型淋巴肉瘤：瘤浸润至胸腺，转移至纵隔与胸骨淋巴结，可有胸水表现。②消化道型淋巴瘤：胃、小肠、结肠及肠系膜淋巴结。既可广泛浸润，亦可单个结节存在。③多中心淋巴肉瘤：淋巴组织扩散至全身，包括肝脏、脾脏、肾脏及其他内脏。④淋巴细胞性白血病：血液与骨髓中出现肿瘤性淋巴细胞。⑤未分类型淋巴肉瘤：淋巴肉瘤中最少的一种，只侵害一种器官。

(3) 治疗　药物化疗。

3. 犬乳腺肿瘤

(1) 定义　中老龄母犬和未绝育犬（与激素有关）多发。犬乳腺癌多通过淋巴管和血管转移至局部淋巴结和肺脏。

(2) 临诊症状　乳房有肿块；犬若出现跛行或四肢水肿，表明已转移。

(3) 治疗　①保守治疗（肿块小于 3cm）。②手术切除（肿块大于 3cm）。③切除方法：单个乳腺切除、区域乳腺切除、一侧乳腺切除、两侧乳腺切除。

4. 膈疝

（1）定义 腹腔内的器官通过先天性或外伤性横膈裂孔突入胸腔。

（2）临诊症状 膈肌破裂涌入胸腔的器官以胃、小肠、肝较多见；患病动物坐式呼吸，呕吐或厌食；心脏受压迫则引起呼吸困难，心力衰竭，黏膜发绀；胃、肠嵌闭引起急性腹痛，肝嵌闭引起黄疸和腹水。

（3）治疗 脐孔前腹中线切口。手术修补疝孔；简单连续缝合疝破裂孔；抽出胸腔空气，检查是否漏气。

5. 脐疝

（1）定义 腹腔脏器经脐孔脱至脐部皮下所形成的局限性突起，称为脐疝。

（2）临诊症状 脐疝内容物多为网膜、镰状韧带或小肠等。仔畜出生数天或数周，脐部出现大小不等的局限性球形突起，触摸柔软，无热无痛。压挤突起部明显缩小，并触摸到脐孔，即可确诊。

（3）治疗 ①保守疗法：适用于疝轮较小、年龄小的动物。可用疝带（皮带或复绷带）、强刺激剂等促使局部炎性增生闭合疝口。②手术疗法。

6. 腹股沟阴囊疝

（1）类型 腹腔脏器经腹股沟环脱出至腹股沟鞘膜管内，称为腹股沟疝，多见于母犬。疝内容物可进一步下降到阴囊鞘膜腔内。

（2）临诊症状 ①腹股沟疝：腹股沟处出现卵圆形隆肿。②阴囊疝：一侧阴囊显著增大。发病早期大多可还纳，触之柔软有弹性，无热无痛。若压挤隆肿和阴囊不能使其缩小，则因疝内容物与鞘膜发生粘连。

（3）治疗 阴囊颈部靠近腹股沟环位置切口，手术修补疝孔。

7. 腹壁疝

（1）定义 腹壁外伤造成腹肌、腹膜破裂以至腹腔内脏脱至腹壁皮下。

（2）临诊症状 在腹侧壁或腹底壁出现一个局限性柔软的扁平或半球形突起，突起部皮肤表面常有擦痕。

（3）治疗 有外伤病史，柔软，可缩小膨胀，有疝孔，能还纳。保守疗法：疝孔位于腹侧 1/2 以上位置，疝孔小可复原。

8. 犬髌骨脱位

（1）定义 犬先天性髌骨脱位多见于小型犬，75%～80% 为髌骨内方脱位，大型犬多发髌骨外方脱位。

（2）临诊症状 ①内方脱位：小型犬，趾尖向内，小腿向内旋转，股四头肌群向内移位。跛行，有时呈三脚跳步样。触诊可发现髌骨脱位，可整复，易复发。②外方脱位：患肢外翻，趾尖向外，小腿向外旋转。跛行，偶尔三脚跳步样。

（3）治疗 ①内方脱位：外侧关节囊仅做穿透纤维层的伦伯特缝合（间断内翻缝合），滑车成形术。②外方脱位：滑车嵴内侧伦伯特缝合，髌骨外侧纵行切开阔筋膜张肌的筋膜。

9. 椎间盘突出

（1）类型 ①Ⅰ型：为背侧环全破裂，大量髓核挤入椎管，多见于软骨营养障碍犬，炎症反应剧烈。②Ⅱ型：仅部分纤维环破裂，髓核挤入椎管，多见于非软骨营养障碍犬。发病慢。

(2) 临诊症状　由于髓核突出，压迫脊髓，主要表现以疼痛、共济失调、肢体麻木、运动障碍为特征。临诊多见于老龄犬，不愿挪步，行动困难。触诊腰部皮肤紧缩，疼痛。

(3) 治疗　①保守疗法：通过强制休息、限制运动、消炎镇静等，减轻脊髓及神经炎症，促使背侧纤维环愈合。皮质类固醇如地塞米松、强的松龙是治疗本病的首选药物；出现尿失禁等，应对症治疗。②手术治疗采用开窗减压术。

10. 关节脱位

(1) 类型　关节脱位是指关节骨端的正常位置发生改变，即骨间关节面失去原有正常的对合关系而发生移位。犬、猫多发髋关节脱位与髌骨脱位，而肘关节脱位或肩关节脱位较少。

(2) 临诊症状　驻立视诊患肢肢势改变与关节变形；运步视诊患肢重度跛行；触诊患关节异常固定或关节不能恢复原状。

(3) 治疗　①基本原则：整复、固定、功能锻炼。②一般治疗：全身麻醉下充分松弛肌腱、韧带，用力牵引患肢拉开异常固定的关节骨端，按正常解剖结构将骨端还原。复位之后，患关节的变形及异常肢势消失，完全恢复原来关节的正常活动。为防止复发，采用适宜方法施行外固定，并限制活动3～4周。

11. 髋关节发育不良

(1) 类型　①前方脱位：股骨头转位固定于关节前方，大转子向前方突出，髋关节变形隆起，他动运动时可听到捻发音；站立时患肢外旋，抬举困难。②上外方脱位：股骨头被异常地固定在髋关节的上方。站立时患肢明显缩短，呈内收肢势或伸展状态，同时患肢外旋，趾尖向前外方，患肢飞节比对侧高数厘米。他动患肢外展受限，内收容易。大转子明显向上方突出。运动时，患肢拖拉前进，并向外划大的弧形。③后方脱位：股骨头被异常固定于坐骨外支下方。站立时，患肢外展叉开，比健肢长，患侧臀部皮肤紧张，股二头肌前方出现凹陷沟，大转子原来位置凹陷，如突然向后牵引患肢时，可听到骨的摩擦音。

(2) 临诊症状　多发生于5～12月龄。活动减少，关节疼痛，起立、卧下或爬楼困难，触诊有骨摩擦音。可行 X 射线检查：髋臼变浅、股骨头不全脱位。

(3) 治疗　强制休息，游泳，应用消炎镇痛药物。

12. 关节炎

(1) 定义　又称滑膜炎，是以关节囊滑膜层的病理变化为主的渗出性炎症。

(2) 临诊症状　①急性浆液性滑膜炎：关节腔积聚大量浆液性炎性渗出物，患关节肿大，热痛，指压关节憩室突出部位明显波动。渗出液含纤维蛋白量多时，有捻发音。运动时，表现以支跛为主的混跛。一般无全身反应。②慢性浆液性滑膜炎：关节腔蓄积大量渗出物，关节囊高度膨大。触诊有波动，无热痛。临诊称此为关节积液。运动时患关节活动不灵，跛行不明显。③化脓性滑膜炎：有明显的全身反应，体温升高。患关节热痛、肿胀，关节囊高度紧张，有波动。站立时患肢屈曲，运动时呈混合跛行，穿刺检查容易确诊。

(3) 治疗　治疗初期，应用冷疗，装压迫绷带，之后改用温热疗法或装关节加压绷带，如布绷带或石膏绷带。全身应用磺胺制剂，每日 1 次，有良好的效果。关节也可装湿绷带（饱和盐水、10％硫酸铜溶液、樟脑酒精等）。用10％氯化钙液、10％水杨酸钠液静脉注射。

13. 青光眼

(1) 定义　青光眼是眼房角阻塞，眼房液排出受阻导致眼内压增高引发的疾病。

（2）临诊症状 眼内压增高，无视觉或视力大为减弱，眼球突出，并无炎症表现。瞳孔散大，失去对光反射能力。

（3）治疗 无特效药，减少眼房液产生，降低眼内压。也可采用高渗疗法，受体阻断剂，缩瞳药，内服碳酸酐酶抑制剂，手术治疗，巩膜周边冷冻术。

14. 白内障

（1）定义 即晶状体混浊，是晶状体囊或晶状体混浊而使视力减退或丧失的一种严重眼病。

（2）临诊症状 患眼瞳孔区呈灰白色、混浊，视力减退或丧失。检眼镜检查看不到眼底。

（3）治疗 晶状体一旦混浊就不能被吸收，药物治疗一般无效。医学上较多施行晶体囊外摘除术、晶体乳化抽吸术或人工晶体植入术，使患眼对光反射及视力得到一定程度的恢复和改善。

15. 角膜炎

（1）类型 ①浅表性角膜炎：突出特征是角膜表面混浊和上皮下出现新生血管。②间质性角膜炎：角膜基质深层的炎症，多因眼内感染引起，如犬传染性肝炎。

（2）临诊症状 基本特征是畏光流泪，疼痛显著，角膜混浊、缺损或溃疡，角膜周边出现新生血管。深在性溃疡常发生后弹力层膨出和角膜穿孔，房水流出，虹膜前移并常与角膜发生粘连，丧失视力。

（3）诊断 可采用荧光素染色或放大镜观察及裂隙灯检查。

三、例题及解析

1. 犬，5岁，雌性，近来肛门右侧出现拳头大小的肿胀，皮肤紧张，质地柔软，界限清楚，按压患部有尿液流出后肿胀随之变小，该病可能是（　　）。

　　A. 脓肿　　　　　　　　B. 挫伤　　　　　　　　C. 血肿

　　D. 会阴疝　　　　　　　E. 淋巴外渗

【解析】D。会阴疝是由于盆腔肌组织缺陷，腹膜及腹腔脏器向骨盆腔后结缔组织凹陷内凸出，以致向会阴部皮下脱出的疾病。疝内容物常为膀胱、肠管或子宫等。临诊表现为在肛门、阴门近旁或其下方出现无热、无痛并柔软的肿胀，常为一侧性，肿胀对侧肌肉松弛，患犬常伴有排粪或排尿困难。

2. 藏獒犬，6月龄，近来腹底部出现拳头大小的肿胀，精神食欲无异常，麻醉后检查肿胀较柔软，有弹性，无波动，按压可缩小。该肿胀可初步诊断为（　　）。

　　A. 脐疝　　　　　　　　B. 脐带炎　　　　　　　C. 脐部肿瘤

　　D. 脐部脓肿　　　　　　E. 脐部血肿

【解析】A。脐疝是腹腔脏器经脐孔脱至脐部皮下所形成的局限性突起，多见于母犬。仔畜出生数天或数周，脐部出现大小不等的局限性球形突起，触摸柔软，无热无痛。压挤突起部明显缩小，并触摸到脐孔，即可确诊。

3. 犬，车祸后意识清醒，头颈不能抬起，四肢麻痹呈瘫痪状态，其受伤部位可能在（　　）。

A. 大脑   B. 脑干   C. 颈部脊髓

D. 胸部脊髓   E. 腰部脊髓

【解析】C。根据犬车祸后意识清醒，表明该犬脑组织正常；又根据"头颈不能抬起，四肢麻痹呈瘫痪状态"提示颈部脊髓损伤。

4. 腊肠犬，雌性 8 岁，不愿挪步，行动困难，不愿让主人抱。精神欠佳，食欲下降，腹围增大，尿失禁，肛门反射迟钝，触诊腰部皮肤紧张，痛叫。该病可能是( )。

A. 脊髓损伤   B. 腰椎间盘突出   C. 肠梗阻

D. 腰部软组织损伤   E. 脊椎骨折

【解析】B。根据该犬的表现，诊断该犬患有腰椎间盘突出。患犬表现为胸腰部椎间盘脱出，病初动物严重疼痛、呻吟，不愿挪步或行动困难。病犬尿失禁，肛门反射迟钝。

5. 大丹犬，雌性，7 岁，45kg。从高处坠落后出现跛行，左前肢稍能负重，肘部外展，出现前方短步。患肢损伤部位可能发生在( )。

A. 指部   B. 腕部   C. 掌部

D. 臂部   E. 肘部

【解析】E。由"前方短步"可知为"悬跛"，"肘部外展"可知该犬为肘部损伤。

6. 德国牧羊犬，8 月龄，发病 1 周，左后肢跛行，行走时后躯摇摆，跑步时两后肢合拢呈"兔跳"步态；被动运动髋关节疼痛。该病最可能的诊断是( )。

A. 髋关节发育不良   B. 股骨头坏死   C. 圆韧带断裂

D. 股骨颈骨折   E. 骨盆骨折

【解析】A。根据题干提供的所有信息分析得知，属于典型的髋关节发育不良的表现。

<<< 第四单元 各系统疾病 >>>

一、考试大纲

单元	细目	要点
犬、猫各系统疾病	1. 消化系统疾病	(1) 胃炎 (2) 胃肠异物 (3) 肠便秘
	2. 呼吸系统疾病	(1) 肺泡气肿 (2) 支气管炎 (3) 鼻炎
	3. 泌尿系统疾病	(1) 尿道炎 (2) 尿结石 (3) 猫下泌尿道疾病
	4. 生殖系统疾病	(1) 犬产后低血钙 (2) 犬子宫蓄脓 (3) 新生仔畜低血糖 (4) 前列腺增生

二、重要知识点

1. 胃炎

（1）定义 胃炎是指胃黏膜的急性或慢性炎症，是犬、猫急性呕吐的最常见原因，以呕吐、胃压痛及脱水为特征。

（2）临诊症状　①以精神沉郁、呕吐和腹痛为主要症状。呕吐是本病最明显的症状。病初呕吐食糜、泡沫状黏液、胃液，大量饮水后可加重呕吐。②触诊腹壁紧张，抗拒，前肢向前伸展，触诊胃区可出现呻吟，喜欢蹲坐或趴卧于凉地上。③慢性胃炎表现与采食无关的间歇性呕吐，呕吐物混有少量鲜血。严重胃炎常伴有肠炎。④急性胃炎出现持续呕吐，表现痛苦，体重减轻，急剧消瘦，机体脱水，电解质紊乱和碱中毒等症状。

（3）诊断　病史结合临诊症状获得初步诊断。单纯性胃炎，特别是急性胃炎，对症治疗效果好，可治疗性诊断。X射线检查异物，可投造影剂；内窥镜检查胃黏膜可确诊。

（4）治疗　祛除刺激因素，保护胃黏膜；抑制呕吐，防止机体脱水和纠正酸碱平衡紊乱。犬、猫患胃炎，尽可能不经口给药，避免对胃黏膜产生刺激，诱发呕吐。

2. 胃肠异物

（1）病因　吞食异物（骨骼、石头、抹布、线团、毛团）。

（2）临诊症状　①间断性呕吐史，进行性消瘦。②胃内异物大而硬时，表现胃炎症状。③异物尖锐或具有刺激性时，可致出血或穿孔。④猫胃内有毛球时，呕吐或干呕，食欲差或废绝。

（3）诊断　根据病史和临床症状，可经过触诊，X射线检查，必要时投造影剂。

（4）治疗　①对于少量光滑异物可采用催吐（阿扑吗啡或隆朋 1 mg/kg）措施。②对于小而尖锐的异物，可投服浸泡牛奶的脱脂棉球或小肉块，或大剂量甲基纤维素、琼脂化物。③猫胃内毛球可灌服石蜡油（5～10mL）。

3. 肠便秘

（1）定义　肠蠕动功能障碍，肠内容物不能及时后送而滞留大肠，水分被吸收而变干变硬。排粪少，排粪困难。犬、猫常见，多见老年犬、猫。

（2）病因　①饲料中混有骨头、毛发等。②生活环境的改变，打乱了犬的原有的排便习惯。③患有肛门脓肿、肛瘘和直肠肿瘤等病。④肠套叠、肠疝、骨盆骨折和前列腺肥大等。

（3）临诊症状　①动物经常试图排粪，反复努责而排不出粪便，常因疼痛而鸣叫。②有时仅排少量附有血液和黏液的干粪。③触诊可触及肠管内成串的秘结粪块。

（4）诊断　临诊症状结合触诊、肛门指检、X射线检查可确诊。

（5）治疗　①原发性便秘，主要疏通肠管，促进排便。②温肥皂水、甘油或液状石蜡灌肠（5～30mL）。③缓泻剂（硫酸钠或硫酸镁 5～30mg，200mL 水灌服）。④继发性便秘，治疗原发病。

4. 肺泡气肿

（1）定义　肺泡破裂引起呼吸困难。常由剧烈运动（猎犬）、过度使役、长期挣扎和鸣叫等引起。

（2）临诊症状与诊断　①肺泡气肿：发病突然，呼吸困难，肺部叩诊呈过清音，叩诊边界后移，肺泡呼吸音减弱。②间质性肺气肿：突然发病，呼吸困难，肺部叩诊呈过清音或鼓音，叩诊边界不扩大；听诊呈破裂性啰音，气喘明显；皮下气肿（颈部和肩部）。

（3）治疗　①加强护理，缓解呼吸困难，治疗原发病。②缓解呼吸困难：1％硫酸阿托品、2％氨茶碱或 0.5％异丙肾上腺素雾化吸入。③皮下注射 1％硫酸阿托品溶液 0.2～0.3mL。出现窒息时吸氧。

5. 支气管炎

(1) 病因　不良因素的刺激;血源感染;继发或并发于许多传染病和寄生虫病的过程中。

(2) 临诊症状　病初呈急性支气管炎的症状,表现干而短的疼痛咳嗽,逐渐变为湿而长的咳嗽,疼痛减轻或消失,并有分泌物被咳出。弛张热,严重者出现呼吸困难。流少量浆液性、黏液性或脓性鼻液。精神沉郁,食欲减退或废绝,可视黏膜潮红或发绀。

(3) 治疗　加强护理,抗菌消炎,祛痰止咳,制止渗出和促进渗出物吸收,对症疗法。

6. 尿道炎

(1) 病因　主要是尿道的细菌感染,如导尿时手指及导尿管消毒不严,或操作粗暴,造成尿道感染及损伤。也可因尿结石的机械刺激及刺激性药物与化学刺激,损伤尿道黏膜,再继发细菌感染。此外,公犬(猫)的包皮炎、母犬(猫)的子宫内膜炎症的蔓延,也可导致尿道炎。

(2) 临诊症状　频频排尿,尿呈断续状流出,并表现疼痛不安,公犬(猫)阴茎勃起,母犬(猫)阴唇不断开张,黏液性或脓性分泌物不时自尿道口流出。做导尿管探诊时,手感紧张,甚至导尿管难以插入。病犬(猫)表现疼痛不安,并抗拒或躲避检查。尿液混浊,混有黏液、血液或脓液,甚至混有坏死和脱落的尿道黏膜。

(3) 诊断　根据临诊特征,如疼痛性排尿,尿道肿胀、敏感,结合导尿管探诊和外部触诊,即可确诊。尿道炎的排尿姿势很像膀胱炎,但采集尿液检查,尿液中无膀胱上皮细胞。

(4) 治疗　治疗原则是消除病因,控制感染,对症治疗。

7. 尿结石

(1) 病因　高钙、低磷和富硅、富磷的饲料;饮水缺乏;维生素 A 缺乏;感染因素;其他因素。

(2) 临诊症状　病犬(猫)排尿困难,频作排尿姿势,叉腿,拱背,缩腹,举尾,阴户抽动,努责,嘶鸣,线状或点滴状排出混有脓汁和血凝块的红色尿液。当结石阻塞尿路时,病犬(猫)排出的尿流变细或无尿排出而发生尿潴留。

(3) 诊断　X 射线检查与尿道探诊。

(4) 治疗　消除结石,控制感染,对症治疗。

8. 猫下泌尿道疾病

(1) 病因　病因不明,不是独立的疾病,而是综合征。发生与下列因素有关:感染因素;日粮因素(营养不均衡,镁含量过高);饮水量小;尿液 pH 变化等。

(2) 临诊症状　依结石存在的部位、大小以及是否造成阻塞而不同,可造成 3 种结果:无明显的临诊症状;引起膀胱炎或尿道炎;尿道或输尿管不完全或完全阻塞。肾结石一般不表现明显的临诊症状,当肾结石阻塞两侧输尿管而导致肾积水时,才表现明显的临诊症状。膀胱结石表现点滴排尿或在不常排尿的地方排尿。排出的尿液常混有血液,带有强烈的氨味。

(3) 诊断　根据临诊症状和病史可做出初步诊断,导尿管探诊、X 射线检查、尿液分析和血液学检查等有助于诊断的建立。

(4) 治疗　原则是疏通尿道,抗菌消炎和对症治疗。

9. 犬产后低血钙

(1) 病因　怀孕中后期需钙量大(胎儿利用),摄入量少(雌激素、肠道吸收),饲料中缺少钙，或因哺乳所需，血液中大量钙进入乳汁。

（2）临诊症状 ①急性型：共济失调，四肢僵硬，后肢尤为明显，全身肌肉痉挛；站立不稳、倒地，四肢呈游泳状。重症者狂叫，抽搐，头后仰，口吐白沫，体温 41.5℃以上，脉搏 130～150 次/min。②慢性型：后肢乏力，身体摇摆，站立不稳，呼吸急促，流涎。肌肉震颤，喘息，嗜睡。有的伴有呕吐，腹泻，体温 38～39.5℃。

（3）诊断 主要根据犬的病史，结合临诊症状进行诊断，确诊需要在实验室检查血液中的钙含量。如果血清中钙的含量在 7mg/dL 以下（正常血钙为 9～11.5mg/dL），则可诊断为本病。

（4）治疗 本病的治疗原则是：尽早补充钙剂，防止钙质流失，对症治疗。静脉缓慢注射 10%葡萄糖酸钙是十分有效的疗法。一般在滴注钙的一半量后，大部分病犬的症状可得到缓解，输入全量钙后症状即可消除。

10. 犬子宫蓄脓

（1）病因 ①年龄：与年龄有关，6 岁以上未生育的老龄犬多发；雌激素能引起子宫囊性增生。②细菌感染：犬发情期持续时间长，微生物侵入风险较大，多发生于发情后 4～10 周。③生殖激素：母犬排卵后 50～70d 产生大量孕酮，长期使用雌激素药物。

（2）临诊症状 ①闭合型：子宫颈完全闭合不通，阴门无脓性分泌物排出，腹围较大，呼吸、心跳加快，严重时呼吸困难，腹部皮肤紧张，呕吐，腹部皮下静脉怒张，喜卧。②开放型：子宫颈管未完全关闭，从阴门不定时流出少量脓性分泌物，呈奶酪样，乳黄色、灰色或红褐色，气味难闻，常污染外阴、尾根及飞节。患犬阴门红肿，阴道黏膜潮红，腹围略增大。

（3）诊断 ①病犬为处于发情期后 4～10 周的老年母犬；或近段时间曾用过雌激素、孕激素或其他孕激素；有假孕现象；阴道有脓性分泌物；可触摸到增大、柔软如面团状的子宫；闭合型子宫蓄脓常表现腹部异常膨胀。②血象检查白细胞数增加，核左移显著，幼稚型白细胞达 30%～50%或以上。③B 超检查可以确诊。

（4）治疗 ①闭合型病犬立即进行卵巢、子宫切除是很理想的治疗措施。②开放型子宫蓄脓或留作种用的闭合型子宫蓄脓的种犬，可以考虑保守治疗。

11. 新生仔畜低血糖

（1）定义 新生仔畜低血糖症是以血糖水平明显低下，血液非蛋白氮含量明显升高，临诊表现衰弱乏力、运动障碍、痉挛、衰竭等症状为特征的一种代谢性疾病。

（2）临诊症状 出生后 1～3d 发病，精神委顿，食欲消失，全身水肿，四肢呈游泳状，口流白色泡沫，体温偏低。对外界事物无反应，最后在昏迷中死亡。

（3）诊断 血糖显著降低。

（4）治疗 10%葡萄糖 10～20mL 腹腔注射，间隔 4～6h 一次，2～3d。口服 25%葡萄糖 5～10mL 或饮白糖水。

12. 前列腺增生

（1）病因 组织学分腺型、纤维型和纤维腺型（混合型）。雄激素分泌过剩引起腺型肥大，雌激素分泌过剩引起纤维型肥大。

（2）临诊症状 前列腺压迫直肠引起排便困难。表现频频努责，仅排少量黏液，顽固性便秘。过度努责时，可因肥大的前列腺进入骨盆腔而引起会阴疝。

（3）治疗　去势是最有效的疗法。前列腺全部摘除或部分摘除。

三、例题及解析

1. 多发子宫蓄脓的动物是（　　）。

    A. 猪   B. 马   C. 犬

    D. 兔   E. 绵羊

【解析】C。犬子宫蓄脓是指母犬子宫内感染后蓄积有大量脓性渗出物，并不能排出。

2. 北京犬，8岁，近期排尿习惯改变，排尿困难，尿少而频，色红，触诊检查有疼痛反应，X射线检查未见膀胱结石阴影，该红尿病例最可能的性质是（　　）。

    A. 血尿   B. 卟啉尿   C. 肌红蛋白尿

    D. 血红蛋白尿   E. 药物性红尿

【解析】A。根据病犬的症状体征及辅检结果，考虑诊断为急性膀胱炎。急性膀胱炎的主要症状有尿少而频、排血尿、混浊恶臭尿，排尿困难，尿失禁。

3. 犬，3月龄，购回1月余，对主人的呼唤无反应，饮食欲正常。该犬首先需要检查的脑神经是（　　）。

    A. 听神经   B. 视神经   C. 三叉神经

    D. 舌咽神经   E. 动眼神经

【解析】A。从题干可知，犬对呼唤没有反应，怀疑其听力有问题，所以检查听神经。

4. 猫，贪食，但少量进食后立即呕吐，机体逐渐消瘦，腹部触诊敏感。进一步检查首选的方法是（　　）。

    A. X射线检查   B. 血液生化检查   C. 血常规检查

    D. 粪便检查   E. 呕吐物检查

【解析】A。根据病猫的临床特征，考虑诊断为猫胃肠异物。临床表现：猫胃内毛球往往引起呕吐或干呕，食欲差或废绝。有的猫特征性表现为肚子饥饿，觅食时鸣叫，饲喂食物时出现贪食，但只吃几口就走开，且逐渐消瘦。对于猫胃肠异物，可以根据病史和临诊症状做出初步诊断，应用X射线检查可帮助确诊，必要时投造影剂以查明异物的大小和性质。

5. 犬阴道增生脱出多发生在（　　）。

    A. 发情期   B. 妊娠期   C. 子宫开口期

    D. 胎儿产出期   E. 胎衣排出期

【解析】A。犬阴道增生脱出多发生在发情前期或发情期，与遗传及雌激素分泌多有关。

6. 北京犬，发病1周，包皮肿胀，包皮口污秽不洁、流出脓样腥臭液体；翻开包皮囊，见红、肿、溃疡病变。该病最可能的诊断是（　　）。

    A. 包皮囊炎   B. 前列腺炎   C. 阴茎肿瘤

    D. 前列腺囊肿   E. 前列腺增生

【解析】A。脓样腥臭液体，红肿溃疡病变，考虑为发生炎性反应，根据该病例具体症状，判断为包皮囊炎。

7. 德国牧羊犬，雄性，触诊肾区有避让反应，少尿。尿液检查：蛋白质阳性，密度降低。B超检查显示双肾肿大。该犬所患疾病可能是（　　）。

A. 急性肾炎　　　　　　B. 肾性骨病　　　　　　C. 急性肾衰竭

D. 慢性肾衰竭　　　　　E. 泌尿道感染

【解析】C。急性肾功能衰竭是指各种原因引起肾实质急性损害，不能排泄代谢产物，少尿或无尿，迅速出现氮质血症、水电解质及酸碱平衡紊乱并产生一系列系统功能变化的临诊综合征。

考点速记

1. 对狂犬病病犬做病理检查，能在细胞质内见嗜酸性包涵体的是脑神经细胞。

2. 犬细小病毒感染的临诊表现有肠炎型和心肌炎型；犬心肌炎型细小病毒病多发生于2月龄内；犬细小病毒病流行病学特征是断乳前后幼犬易感性最高；首次免疫时间一般应在1.5～3月龄；犬细小病毒病肠炎型的特异性治疗方法是注射高免血清。

3. 犬瘟热快速、简便和特异诊断方法是免疫学试验；出现双相热、肠道急性卡他性炎和神经症状的犬传染病是犬瘟热。

4. 病犬在康复期出现角膜混浊的常见传染病是犬传染性肝炎；犬首次接种犬传染性肝炎疫苗的时间为2月龄；犬传染性肝炎病犬常见的体表变化是皮下水肿。

5. 预防猫泛白细胞减少症的首选措施是免疫接种，猫泛白细胞减少症的流行病学特征是主要发生于1岁以下的小猫。

6. 猫白血病的主要病原是病毒。

7. 犬的正常体温范围是37.5～39.0℃。

8. 犬、猫可视黏膜检查的主要部位是眼结膜。

9. 测量犬、猫体温的主要部位是直肠。

10. 犬、猫间接性动脉血压的最佳测定部位是股动脉。

11. 健康犬的脉搏变化范围是70～120次/min。

12. 属于犬生理性肺呼吸音是混合呼吸音。

13. 犬脾脏肿大常用的临诊检查方法是体外触诊。

14. 可引起犬少尿的疾病是急性肾炎。

15. 犬静脉穿刺最常用的血管是桡外侧静脉。

16. 犬争食软骨、肉块和筋腱时可突然引起的食道疾病是阻塞。

17. 犬、猫发生急性胃炎时，给药方式应尽量避免口服给药。

18. 犬发生急性支气管炎时，血液学检查可见白细胞总数升高。

19. 犬发生小叶性肺炎时，胸部X射线检查可见肺野局部斑片状或斑点状密影。

20. 犬支气管肺炎最常见的热型是弛张热。

21. 犬洋葱中毒所引起的贫血属于溶血性贫血。

22. 犬患尿道炎时，尿液中出现尿道上皮细胞；尿沉渣检查会大量出现的细胞是扁平上皮细胞。

23. 犬尿液检查尿蛋白阳性，并有红细胞管型，该病最可能的诊断是肾炎。

24. 犬肾上腺皮质功能亢进时，实验室检验可见ALT和ALP均升高。

25. 犬肾上腺皮质功能减退的主要原因是自体免疫。

26. 小型犬因滑车沟变浅造成的**髌骨脱位**治疗时可采取**滑车成形术**。

27. 犬胫骨骨折特有的临诊症状为**患部异常活动**。

28. 犬下眼睑外翻采用 V - Y 形矫正术时，应将分离的**皮瓣**进行结节缝合。

29. 犬下颌骨体正中联合处骨折最合适的治疗方法是用**不锈钢丝固定**。

30. 犬髋关节脱位整复手术中，切除大转子的骨切线与股骨长轴呈**45°**。

31. 犬闭锁型子宫蓄脓的最适治疗方案是**手术疗法**。

32. 促进犬开放型子宫蓄脓脓液排出的最适治疗方案是**激素疗法**；多发子宫蓄脓动物是**犬**。

33. 猫禁用的解热镇痛抗炎药物是对**乙酰氨基酚（扑热息痛）**。

34. 在猫口鼻部发生的炎症中，无流涎的疾病是**鼻炎**。

35. 最常见的猫下泌尿道结石成分是**磷酸铵镁**；治疗猫磷酸铵镁结石，可用于酸化尿液的药物是**稀盐酸**。

36. 临诊上犬、猫癣病诊断较合适的检查是**伍德灯检查**。

37. 公猫去势时，切口应在**阴囊的底部**。

高频题练习

1. 出现双相热、肠道急性卡他性炎和神经症状的犬传染病是（　　）。
   A. 狂犬病　　　　　　　　　B. 犬瘟热　　　　　　　　　C. 犬流感
   D. 犬细小病毒病　　　　　　E. 犬传染性肝炎

2. 犬细小病毒感染的临诊表现有（　　）。
   A. 肠炎型和脑炎型　　　　　B. 肠炎型和皮肤型　　　　　C. 肠炎型和呼吸型
   D. 肠炎型和关节炎型　　　　E. 肠炎型和心肌炎型

3. 猫，5 月龄。食欲缺乏，呕吐，体温40.5℃，24h 后降至正常，经2～3d 再上升，同时临诊症状加剧，血常规检查白细胞数减少。最可能的诊断是（　　）。
   A. 猫胃炎　　　　　　　　　B. 猫瘟热　　　　　　　　　C. 猫肠炎
   D. 猫胰腺炎　　　　　　　　E. 猫免疫缺陷病

4. 病犬在康复期出现角膜混浊的常见传染病是（　　）。
   A. 犬瘟热　　　　　　　　　B. 犬传染性肝炎　　　　　　C. 犬细小病毒病
   D. 犬冠状病毒性腹泻　　　　E. 犬副流感病毒感染

5. 某患病公犬主要表现便秘，里急后重，精神沉郁，体温升高，食欲缺乏，不安，步样强拘，触诊腹后部有压痛反应，尿道口有滴血样分泌物。该犬可能患有（　　）。
   A. 膀胱结石　　　　　　　　B. 尿道结石　　　　　　　　C. 肾结石
   D. 输尿管结石　　　　　　　E. 前列腺炎

6. 雄性北京犬，6 岁，一直饲喂自制犬食，近日屡做排尿动作，但无尿液排出。X 射线检查，膀胱内有大量蚕豆大颗粒状白色阴影，右肾区有大片白色阴影，阴茎骨后部有管状白色阴影。该病可诊断为（　　）。
   A. 肾炎　　　　　　　　　　B. 尿石症　　　　　　　　　C. 尿道炎
   D. 膀胱炎　　　　　　　　　E. 肾功能衰竭

7. 蚤对犬、猫的主要危害是(　　)。
　　A. 破坏被毛　　　　　　　　B. 破坏红细胞　　　　　　　C. 破坏白细胞
　　D. 破坏免疫细胞　　　　　　E. 吸血和传播疾病

8. 犬巴贝斯虫寄生于犬的(　　)。
　　A. 红细胞　　　　　　　　　B. 淋巴细胞　　　　　　　　C. 巨噬细胞
　　D. 中性粒细胞　　　　　　　E. 浆细胞

9. 犬恶丝虫寄生于犬的(　　)。
　　A. 胃　　　　　　　　　　　B. 心脏　　　　　　　　　　C. 肝脏
　　D. 肺脏　　　　　　　　　　E. 小肠

10. 犬，5岁，消瘦，腹泻与便秘交替出现，以腹泻为主，无其他明显症状。该犬可能患有(　　)。
　　A. 急性肠炎　　　　　　　　B. 慢性肠炎　　　　　　　　C. 肠阻塞
　　D. 肠套叠　　　　　　　　　E. 胰腺炎

11. 中华田园犬，雄性，3岁，体重10kg；已输液2d，共计1 300mL，无尿；呼吸急促，呕吐；血清生化检查肌酐、尿素氮、磷酸盐增高，血钾浓度9.0mmol/L；B超检查见双肾被膜光滑，体积增大，皮质与髓质结构清晰，肾盂未见明显积液，膀胱轻度充盈，腹腔内未见积液。该犬最可能的诊断是(　　)。
　　A. 急性肾功能衰竭　　　　　B. 慢性肾功能衰竭　　　　　C. 输尿管异位症
　　D. 膀胱破裂　　　　　　　　E. 糖尿病

12. 犬，6岁，发情后7周，未配种，近期喝水增多，体温升高，腹围大，血液白细胞升高。该病最可能的诊断是(　　)。
　　A. 子宫积水　　　　　　　　B. 子宫蓄脓　　　　　　　　C. 子宫颈炎
　　D. 假孕　　　　　　　　　　E. 胃肠臌气

13. 犬急性洋葱中毒的典型症状是(　　)。
　　A. 呕吐　　　　　　　　　　B. 腹泻　　　　　　　　　　C. 红尿
　　D. 皮肤发绀　　　　　　　　E. 黄疸

14. 猫白血病的主要病原是(　　)。
　　A. 病毒　　　　　　　　　　B. 霉菌　　　　　　　　　　C. 孢子菌
　　D. 厌氧菌　　　　　　　　　E. 需氧菌

15. 犬尿液检查尿蛋白阳性，并有红细胞管型，该病最可能的诊断是(　　)。
　　A. 肾病　　　　　　　　　　B. 肾炎　　　　　　　　　　C. 膀胱炎
　　D. 尿道炎　　　　　　　　　E. 尿石症

16. 博美犬，3岁，被萨摩耶犬咬伤。次日发现右腹壁出现局限性肿胀，触摸患处皮肤温热、柔软，按压肿物可变小。该病最可能的诊断是(　　)。
　　A. 淋巴外渗　　　　　　　　B. 腹壁脓肿　　　　　　　　C. 腹部囊肿
　　D. 气肿　　　　　　　　　　E. 腹壁疝

17. 犬，4周龄，未免疫，体温40℃，呻吟，可视黏膜发绀，心杂音，心跳加快，心电图检查出现冠状T波。血液生化检查，活性升高的酶是(　　)。
　　A. 脂肪酶　　　　　　　　　B. 碱性磷酸酶　　　　　　　C. 胆碱酯酶

    D. 肌酸激酶   E. γ-谷氨酰转移酶

18. 治疗犬蠕形螨病的首选药物是(　　)。

    A. 吡喹酮   B. 三氮脒   C. 伊维菌素

    D. 左旋咪唑   E. 氯硝柳胺

19. 3 岁雌性犬，精神沉郁，虚弱，食欲减退。周期性呕吐、腹泻，体重减轻。多尿，烦渴，实验室检查发现，呈现低钠血症和高钾血症。该犬最有可能患的疾病是(　　)。

    A. 糖尿病   B. 阿狄森氏病   C. 库欣综合征

    D. 甲状腺功能亢进   E. 甲状旁腺功能亢进

20. 弓形虫的终末宿主是(　　)。

    A. 犬   B. 猫   C. 马

    D. 牛   E. 鸡

21. 蝴蝶犬，7 岁，雌性，未绝育。体况评分 8/9。近期体重消减，食欲亢进，多饮多尿，尿液有烂苹果味。血糖 385mg/L，该病最可能的诊断为(　　)。

    A. 糖尿病   B. 维生素 B 族缺乏症   C. 维生素 A 缺乏症

    D. 血小板减少症   E. 子宫蓄脓

(22～24 题共用题干)

    雪纳瑞犬，**9 岁，雌性已绝育**。食用大量五花肉后连续两日沉郁，呕吐，腹泻，触诊腹部疼痛。血液淀粉酶含量异常升高。

22. 该病最可能的诊断为(　　)。

    A. 急性肠炎   B. 急性胃炎   C. 急性胰腺炎

    D. 肠痉挛   E. 胆囊炎

23. B 超影像下最可能发现的器官变化是(　　)。

    A. 胆囊壁增厚   B. 胆囊充盈   C. 胃壁增厚

    D. 胰腺萎缩   E. 胰腺水肿

24. 【假设信息】血液学检查红细胞比容为 55%，其原因为(　　)。

    A. 溶血   B. 感染   C. 炎症

    D. 脱水   E. 失血

(25～26 题共用备选答案)

    A. 血常规   **B. 血清淀粉酶**   **C. 血清胆固醇**

    D. 血清尿素氮   **E. 丙氨酸氨基转移酶**

25. 母犬，2 岁，4d 前因发生细小病毒性肠炎，3d 内连续输血 3 次，就诊时发现黏膜轻度黄染。其最佳检测项目是(　　)。

26. 公犬，12 岁。近期粪便稀软，臭味大且色泽变淡，精神不佳，采食减少，不愿运动，黏膜轻度黄染。最佳检测项目是(　　)。

(27～29 题共用备选答案)

    A. 疥螨病   **B. 脓皮症**   **C. 蠕形螨病**

    D. 马拉色菌病   **E. 犬小孢子菌感染**

27. 犬患部皮肤刮片镜检见多量革兰氏阳性球菌，最可能的诊断是(　　)。

28. 犬患部皮肤刮片镜检可见长条形或长椭圆形虫体，最可能的诊断是(　　)。

29. 犬大量脱毛，瘙痒，用伍德灯照射患部呈现苹果绿色荧光，诊断结果是(　　　)。

30. 一只极度肥胖的斗牛犬，饮食欲正常，近日发现呼吸频率加快，舌色暗红，白细胞总数为 8×10^9 个/L。应进一步检查的血液生化指标是(　　　)。

    A. 肌酐　　　　　　　　　　B. 胆固醇　　　　　　　　C. 胆红素

    D. 尿素氮　　　　　　　　　E. 丙氨酸氨基转移酶

(31～32 题共用题干)

3 岁母猫，近日精神沉郁，脉搏强硬，食欲减退，偶有体温升高，腰部拱起，步态拘谨，不愿行走，触压腹部可感知肾脏肿大且疼痛明显。

31. 如做尿沉渣检查，不可能出现的异常物质是(　　　)。

    A. 碳酸钙结晶　　　　　　　B. 磷酸钙结晶　　　　　　C. 草酸钙结晶

    D. 硫酸钙结晶　　　　　　　E. 尿酸结晶

32. 该猫如排尿异常，最可能的临诊表现是(　　　)。

    A. 频尿，尿量增多　　　　　　　　　　B. 频尿，尿量减少

    C. 频尿，尿量未见异常　　　　　　　　D. 排尿次数未见异常，尿量增多

    E. 排尿次数未见异常，尿量未见异常

(33～35 题共用题干)

波斯猫，4 月龄，从头部开始掉毛，逐渐延续到背部和四肢，呈现局部无毛的症状，涂擦红霉素软膏 7d 无效。

33. 此猫患有的疾病是(　　　)。

    A. 猫癣　　　　　　　　　　B. 脓癣　　　　　　　　　C. 脓皮症

    D. 跳蚤叮咬性皮炎　　　　　E. 过敏性皮炎

34. 治疗本病宜口服(　　　)。

    A. 甲硝唑片　　　　　　　　B. 利巴韦林片　　　　　　C. 多黏菌素片

    D. 特比萘芬片　　　　　　　E. 多西环素片

35. 本病的疗程一般是(　　　)。

    A. 1～7d　　　　　　　　　B. 7～14d　　　　　　　　C. 14～28d

    D. 28～42d　　　　　　　　E. 100d 以上

36. 猫出现消瘦、腹泻、贫血和消化不良等症状，有喂生鱼史。用阿苯达唑驱虫，精神与食欲好转。进一步诊断该病，首选的检查方法是(　　　)。

    A. 血液检查　　　　　　　　B. 尿液检查　　　　　　　C. 粪便检查

    D. 皮屑检查　　　　　　　　E. 体表淋巴结穿刺检查

(37～38 题共用备选答案)

    A. 磷化锌中毒　　　　　　　B. 硫脲类中毒　　　　　　C. 香豆素类中毒

    D. 毒鼠强中毒　　　　　　　E. 尿素中毒

37. 猫，突然发病，精神不振，呼吸困难，肌肉震颤，食欲废绝，排便混有血液，并在暗处有特殊亮光。该病最可能是(　　　)。

38. 猫，突然发病，呕吐，皮肤发紫，尿血，粪便带血，呼吸困难。维生素 K 治疗能缓解病情。该病最可能是(　　　)。

(39～40题共用备选答案)

    A. 血肿　　　　　　　　　B. 脓肿　　　　　　　　　C. 肿瘤

    D. 淋巴外渗　　　　　　　E. 唾液腺囊肿

39. 猫，约1月龄，耳内有少量褐色分泌物，有异味，常见甩耳及后肢抓耳动作，局部有一杏核大的肿胀，暗红色，有波动感，轻度热痛，穿刺液呈暗红色。其肿胀最可能是(　　　)。

40. 萨摩耶犬，食欲减退，腹侧壁有一个椭圆形、拳头大的肿胀，触诊肿胀周围稍坚实，有痛感，中部有波动，穿刺液呈黄白色黏脓液。其肿胀最可能是(　　　)。

高频题参考答案

题号	1	2	3	4	5	6	7	8	9	10	11	12	13	14	15	16	17	18	19	20
答案	B	E	B	B	E	B	E	A	B	B	A	B	C	A	D	E	B	C	B	B
题号	21	22	23	24	25	26	27	28	29	30	31	32	33	34	35	36	37	38	39	40
答案	A	C	E	D	A	E	B	C	E	D	B	A	D	D	C	A	C	A	A	B

模拟题练习

1. 犬传染性肝炎的病原是(　　　)。

    A. 细菌　　　　　　　　　B. 寄生虫　　　　　　　　C. 病毒

    D. 支原体　　　　　　　　E. 真菌

2. 对水貂病毒性肠炎描述不正确的是(　　　)。

    A. 犬、猫也可感染发病　　　　　　　B. 临诊特征为腹泻

    C. 康复貂可长期带毒　　　　　　　　D. 血检白细胞减少

    E. 主要传播途径是消化道和呼吸道

3. 犬、猫的胎膜不包括(　　　)。

    A. 尿囊　　　　　　　　　B. 卵黄囊　　　　　　　　C. 羊膜

    D. 绒毛膜　　　　　　　　E. 脐带

4. 犬、猫疫病中，属于二类动物疫病的是(　　　)。

    A. 犬传染性肝炎　　　　　　B. 犬瘟热　　　　　　　　C. 猫艾滋病

    D. 弓形虫病　　　　　　　　E. 利什曼病

5. 犬瘟热病毒的血清型有(　　　)。

    A. 1个　　　　　　　　　　B. 2个　　　　　　　　　C. 3个

    D. 4个　　　　　　　　　　E. 5个

6. 犬瘟热最易感的年龄阶段是(　　　)。

    A. 断奶前　　　　　　　　　B. 断奶后至1岁　　　　　C. 2～3岁

    D. 5～8岁　　　　　　　　　E. 10岁以上

7. 预防犬瘟热最为有效的方法是(　　　)。

    A. 注射犬瘟热高免血清　　　　　　　B. 接种犬瘟热疫苗

    C. 犬瘟热血清与疫苗联合应用　　　　D. 注射干扰素

E. 注射免疫球蛋白

8. 与犬细小病毒导致出现变异株有关的多肽是(　　)。

    A. NS1　　　　　　　　B. NS2　　　　　　　　C. VP1

    D. VP2　　　　　　　　E. VP3

9. 肠炎型细小病毒的潜伏期为(　　)。

    A. 2～3d　　　　　　　B. 4～5d　　　　　　　C. 7～14d

    D. 21d　　　　　　　　E. 28d

10. 犬细小病毒导致心肌炎的病变特征是(　　)。

    A. 化脓性心肌炎　　　　B. 坏死性心肌炎　　　　C. 非化脓性心肌炎

    D. 增生性心肌炎　　　　E. 纤维素性心肌炎

11. 犬细小病毒的快速病原学诊断方法有(　　)。

    A. 病毒分离培养　　　　B. 显微镜观察　　　　C. 动物试验

    D. ELISA 试纸盒检测　　E. 电子显微镜观察

12. 以下对犬传染性肝炎描述错误的是(　　)。

    A. 犬传染性肝炎病毒学名称犬腺病毒，分为 1 型和 2 型

    B. 犬传染性肝炎的病原是 CAV - 2

    C. CAV - 1 可以但 CAV - 2 不能凝集豚鼠红细胞

    D. 该病体温变化曲线呈"马鞍形"

    E. 预防犬传染性肝炎常用 CAV - 2 弱毒疫苗

13. 肝炎病犬在康复期可能出现的眼部病变是(　　)。

    A. 结膜炎　　　　　　　B. 角膜淡蓝色混浊　　　C. 角膜溃疡

    D. 全眼球炎　　　　　　E. 角膜穿孔

14. 犬传染性肝炎的病理特征之一是(　　)。

    A. 肝细胞内出现包涵体　　B. 肝细胞和内皮细胞均出现细胞质包涵体

    C. 内皮细胞内出现包涵体　D. 肝细胞和内皮细胞均出现核内包涵体

    E. 肝细胞内和内皮细胞内均出现空泡

15. 下列疾病通常不可通过胎盘感染的是(　　)。

    A. 犬瘟热　　　　　　　B. 猫弓首蛔虫　　　　　C. 弓形虫

    D. 猫瘟热　　　　　　　E. 犬传染性肝炎

16. 与猫瘟热病原有交叉抗原的病毒是(　　)。

    A. 犬细小病毒与犬轮状病毒　　　　B. 犬细小病毒与猫杯状病毒

    C. 犬细小病毒与猫轮状病毒　　　　D. 犬瘟热病毒与猫杯状病毒

    E. 犬细小病毒与貂肠炎病毒

17. 猫细小病毒病最易感的年龄段是(　　)。

    A. 出生前　　　　　　　B. 断奶前　　　　　　　C. 2～5 月龄

    D. 1～2 岁　　　　　　　E. 老龄

18. 猫细小病毒病的特征表现是(　　)。

    A. 高热、呕吐、咳嗽　　　　　　　B. 兴奋、呕吐、咳嗽

    C. 呕吐、腹泻、WBC 升高　　　　　D. 兴奋、呕吐、WBC 降低

E. 呕吐、血便、WBC 降低

19. 不能用于牧羊犬的驱虫药是(   )。
    A. 肠虫清　　　　　　　　B. 左旋咪唑　　　　　　　　C. 阿苯达唑
    D. 伊维菌素　　　　　　　E. 驱蛔灵

20. 犬蠕形螨寄生的部位是(   )。
    A. 皮肤表面　　　　　　　B. 真皮层内　　　　　　　　C. 毛囊与淋巴腺
    D. 皮下组织　　　　　　　E. 角质层

21. 犬心丝虫病确诊方法是(   )。
    A. 粪便虫卵检查　　　　　B. 血常规检查　　　　　　　C. 血液生化检查
    D. 心电图检查　　　　　　E. 血液微丝蚴检查或 ELISA 检查

22. 心丝虫病首选驱虫药是(   )。
    A. 吡喹酮　　　　　　　　B. 氯硝柳胺　　　　　　　　C. 硝氯酚
    D. 贝尼尔　　　　　　　　E. 碘化噻唑腈胺

23. 治疗犬、猫疥螨的首选药物是(   )。
    A. 吡喹酮　　　　　　　　B. 氯硝柳胺　　　　　　　　C. 左旋咪唑
    D. 三氮脒　　　　　　　　E. 伊维菌素

24. 犬巴贝斯虫病首选驱虫药是(   )。
    A. 氨丙啉　　　　　　　　B. 硫氯酚　　　　　　　　　C. 贝尼尔
    D. 丁萘脒　　　　　　　　E. 磺胺

25. 犬、猫钩虫病的血液学检查变化是(   )。
    A. 白细胞总数增多，嗜酸性粒细胞比例增大，血红蛋白含量下降
    B. 白细胞总数增多，嗜酸性粒细胞比例增大，血沉减慢
    C. 白细胞总数增多，中性粒细胞比例增大，血沉减慢
    D. 红细胞总数增多，嗜酸性粒细胞比例增大，血沉加快
    E. 红细胞总数增多，白细胞总数增多，血红蛋白含量升高

26. 犬、猫感染钩虫的三个途径是(   )。
    A. 胎盘、血液和产道　　　　　　　B. 口腔、鼻腔和伤口
    C. 呼吸道、消化道和泌尿道　　　　D. 皮肤、胎盘和食道黏膜
    E. 口腔、血液和胎盘

27. 对犬复孔绦虫病的描述，不正确的是(   )。
    A. 虫体可损伤宿主的肠黏膜　　　　B. 虫体吸取营养引起宿主生长发育受阻
    C. 虫体可分泌毒素引起宿主中毒　　D. 虫体可堵塞宿主肠腔引起腹痛甚至肠穿孔
    E. 犬复孔绦虫只感染犬，不感染猫

28. 对猫弓首蛔虫发育过程描述不正确的是(   )。
    A. 猫吞食感染性虫卵后，幼虫会经猫的肝脏、肺脏移行
    B. 鼠、蚯蚓、蟑螂是转运宿主
    C. 猫吞食转运宿主感染的，幼虫不经猫的肝脏、肺脏移行
    D. 猫弓首蛔虫可经胎盘感染
    E. 猫弓首蛔虫成虫寄生于猫小肠

29. 与犬尿石症形成关系不大的因素是（　　　）。

　　A. 慢性泌尿系统炎症　　　　　B. 长期饮水不足　　　　　C. 尿酸过高

　　D. 遗传缺陷　　　　　E. 维生素 A 缺乏或雌激素过剩

30. 以下不需要中间宿主的寄生虫是（　　　）。

　　A. 犬钩口线虫　　　　　B. 犬恶丝虫　　　　　C. 犬复孔绦虫

　　D. 犬巴贝斯虫　　　　　E. 利什曼原虫

31. 犬、猫香豆素类中毒的机理是（　　　）。

　　A. 抑制血小板生成　　　　　B. 破坏凝血因子　　　　　C. 溶解破坏血小板

　　D. 竞争性抑制维生素 K　　　　　E. 降低凝血酶原活性

32. 犬、猫香豆素类中毒的主要临诊表现是（　　　）。

　　A. 黏膜潮红，瞳孔散大，呕吐腹泻　　　　　B. 体温升高，攻击人畜

　　C. 黏膜潮红，瞳孔散大，呼吸困难　　　　　D. 口吐白沫，抽搐痉挛

　　E. 全身广泛性出血

33. 犬、猫香豆素类中毒的救治措施是（　　　）。

　　A. 大剂量注射阿托品　　　　　B. 注射酚磺乙胺　　　　　C. 注射肾上腺素

　　D. 连续使用维生素 K　　　　　E. 注射肾上腺素色腙

34. 犬、猫硫脲类杀鼠药中毒后主要临诊特征是（　　　）。

　　A. 齿龈出血，皮下出血，大小便带血　　　　　B. 口吐白沫，兴奋狂躁，大小便失禁

　　C. 呕吐腹泻，脱水尿少，尿血　　　　　D. 反应性增强，四肢痉挛，角弓反张

　　E. 呼吸困难，发绀，肺水肿，胸腔积液

35. 犬、猫毒鼠强中毒的机理是（　　　）。

　　A. 有机氮化物抑制碱性磷酸酶活性　　　　　B. 有机氮化物对 γ-氨基丁酸产生拮抗

　　C. 有机氮化物抑制顺乌头酸酶活性　　　　　D. 有机氮化物抑制细胞色素氧化酶活性

　　E. 有机氮化物对柠檬酸产生拮抗

36. 犬、猫有机氟中毒的机理是（　　　）。

　　A. 拮抗维生素 K　　　　　B. 拮抗柠檬酸

　　C. 抑制细胞色素氧化酶活性　　　　　D. 抑制胆碱酯酶活性

　　E. 降低葡萄糖-6-磷酸脱氢酶的活性

37. 抢救犬、猫有机氟急性中毒时，错误的措施是（　　　）。

　　A. 0.1% 高锰酸钾液洗胃　　　　　B. 肌内注射乙酰胺

　　C. 2% 碳酸氢钠液洗胃　　　　　D. 灌服醋精

　　E. 肌内注射纳洛酮

38. 犬洋葱中毒的机理是 N-丙基二硫化物或硫化丙基（　　　）。

　　A. 增加毛细血管的通透性　　　　　B. 降低红细胞内 G-6-PD 的活性

　　C. 抑制骨髓的造血机能　　　　　D. 升高红细胞内 G-6-PD 的活性

　　E. 使血红蛋白变性

39. 犬、猫发生糖尿病的根本原因是（　　　）。

　　A. 肥胖　　　　　B. 肾上腺皮质功能亢进　　　　　C. 胰岛素分泌不足

　　D. 甲状腺功能亢进　　　　　E. 胰岛素分泌过多

40. 犬、猫糖尿病正确的防治措施是( )。
    A. 饲喂高蛋白质、高脂肪、低热量食物，口服降糖药和胰岛素
    B. 饲喂低蛋白质、低脂肪、低热量食物，口服降糖药和注射胰岛素
    C. 饲喂高蛋白质、高脂肪、高热量食物，口服降糖药无效时注射胰岛素
    D. 饲喂高蛋白质、高脂肪、低热量食物，口服降糖药无效时注射胰岛素
    E. 饲喂高蛋白、低脂肪、低热量食物，口服降糖药和胰岛素

41. 肾上腺皮质功能亢进（库欣综合征），犬与马症状相似，但马不表现的是( )。
    A. 多尿   B. 烦渴   C. 垂腹
    D. 皮肤色素过度沉着   E. 两侧性脱毛

42. 犬库欣综合征的临诊特征是( )。
    A. 贪食多饮多尿，肝大垂腹，皮肤黑头粉刺，两侧性脱毛
    B. 贪食多饮多尿，多动消瘦，皮肤变薄，全身性脱毛
    C. 贪食多饮多尿，沉郁肥胖，皮肤瘙痒，两侧性脱毛
    D. 厌食少饮少尿，肌肉无力，皮肤红斑，全身性脱毛
    E. 厌食少饮少尿，皮厚腹胀，皮肤色素沉着，两侧性脱毛

43. 犬阿狄森氏病的临诊特征是( )。
    A. 厌食，进行性消瘦，烦渴多尿，低血钠症，高血钾症
    B. 贪食，体虚无力，多饮多尿，高血钠症，高血钾症
    C. 厌食，进行性消瘦，少饮少尿，高血钠症，低血钾症
    D. 贪食，体虚无力，高血压，高血钠症，高血钾症
    E. 厌食，体虚无力，低血压，低血钠症，低血钾症

44. 犬发生急性支气管肺炎时，临诊检查其热型表现呈( )。
    A. 稽留热   B. 弛张热   C. 双相热
    D. 间歇热   E. 不定型热

45. 犬发生急性支气管肺炎时，血液学检查可见( )。
    A. 白细胞总数下降   B. 白细胞总数升高
    C. 嗜酸性粒细胞升高   D. 中性粒细胞下降
    E. 嗜碱性粒细胞升高

46. 犬膀胱炎时，尿沉渣检查可见大量的细胞是( )。
    A. 圆形大上皮细胞   B. 高脚杯形大上皮细胞   C. 圆形小上皮细胞
    D. 多角形小上皮细胞   E. 多角形大的扁平细胞

47. 引起犬纤维型前列腺肥大的激素是( )。
    A. 前列腺素   B. 雄性激素   C. 雌性激素
    D. 生长激素   E. 肾素

48. 犬前列腺肥大的主要症状是( )。
    A. 尿血   B. 尿闭   C. 排尿困难
    D. 排粪困难   E. 尿淋漓

49. 犬急性前列腺炎的主要症状是( )。
    A. 体温升高   B. 排粪困难   C. 多尿

D. 慕雌狂 E. 便秘和里急后重，尿道滴血或有脓血分泌物

50. 犬前列腺增生最好的治疗方法是（　　）。
    A. 前列腺全切除　　　　　B. 抗菌消炎　　　　　C. 激素疗法
    D. 前列腺部分切除　　　　E. 去势

51. 犬脓皮症的主要致病菌是（　　）。
    A. 化脓棒状杆菌与厌气菌　　B. 表皮葡萄球菌　　　C. 白色念珠菌
    D. 中间型葡萄球菌　　　　E. 链球菌

52. 治疗犬、猫真菌性皮肤病的首选药物是（　　）。
    A. 两性霉素　　　　　　　B. 制霉菌素　　　　　C. 灰黄霉素
    D. 特比萘酚　　　　　　　E. 地塞米松

53. 犬皮肤马拉色菌是一种（　　）。
    A. 化脓性球菌　　　　　　B. 厌氧杆菌　　　　　C. 体外寄生虫
    D. 白色念珠菌　　　　　　E. 单细胞真菌

54. 常见的良性肿瘤有（　　）。
    A. 脂肪瘤、纤维肉瘤、皮脂腺瘤　　　B. 脂肪瘤、纤维肉瘤、黑色素瘤
    C. 乳头状瘤　　　　　　　　　　　D. 脂肪肉瘤、黑色素瘤、皮脂腺瘤
    E. 肥大细胞肉瘤

55. 犬淋巴肉瘤的5种解剖类型中，临诊上最多见的是（　　）。
    A. 多中心型　　　　　　　B. 消化道型　　　　　C. 皮肤型
    D. 胸腺型　　　　　　　　E. 其他型

56. 由于抗肿瘤药物有细胞毒副作用，故在化疗过程中要定期检查监控，最应做的项目是（　　）。
    A. 红细胞数和血红蛋白含量检测　　　B. 中性粒细胞数和血小板数检查
    C. 淋巴细胞计数　　　　　　　　　D. 肝功能检查
    E. 尿常规检查

57. 犬乳腺肿瘤时，不是临床上乳腺肿瘤切除的方法是（　　）。
    A. 单个乳腺切除　　　　　B. 区域乳腺切除　　　C. 一侧乳腺切除
    D. 两侧乳腺切除　　　　　E. 乳腺病灶切除

58. 犬肛门囊管阻塞引起的肛门囊肿，其正确的处理措施是（　　）。
    A. 肛门囊切开冲洗引流　　B. 肛门囊周围封闭　　C. 手术切除肛门囊
    D. 灌肠　　　　　　　　　E. 挤压排出囊内容物

59. 犬舌下腺囊肿的根治方法是（　　）。
    A. 手术摘除舌下腺　　　　B. 抽取囊内液体与消炎
    C. 手术摘除舌下腺与颌下腺　　D. 引流冲洗　　　　E. 手术摘除囊肿体

60. 手术人员手臂消毒时，需在0.1%新洁尔灭溶液中至少浸泡（　　）。
    A. 1min　　　　　　　　　B. 3min　　　　　　　C. 5min
    D. 10min　　　　　　　　　E. 15min

61. 手术器械消毒时，需在0.1%新洁尔灭溶液中至少浸泡（　　）。
    A. 5min　　　　　　　　　B. 10min　　　　　　　C. 15min

D. 20min E. 30min

62. 扇形麻醉属于(　　　)。

　　A. 表面麻醉 B. 浅表麻醉 C. 浸润麻醉

　　D. 传导麻醉 E. 深部麻醉

63. 眼科常用的洗眼液是(　　　)。

　　A. 3%过氧化氢溶液 B. 2%硝酸银溶液

　　C. 3%明矾溶液 D. 1%高锰酸钾溶液

　　E. 0.9%氯化钠溶液、2%~4%硼酸溶液、0.5%~1%明矾溶液

64. 指间或趾间蜂窝织炎最常见的致病菌是(　　　)。

　　A. 葡萄球菌 B. 链球菌 C. 绿脓杆菌

　　D. 坏死杆菌 E. 大肠杆菌

65. 猫截指术中应该截断的指（趾）骨是(　　　)。

　　A. 第一节 B. 第二节 C. 第三节

　　D. 第四节 E. 第五节

66. 一般不做竖耳术的犬种是(　　　)。

　　A. 拳师犬 B. 波士顿犬 C. 大丹犬

　　D. 雪纳瑞犬 E. 腊肠犬

67. 犬的悬（趾）指是犬的第几指（趾）?(　　　)

　　A. 第一 B. 第二 C. 第三

　　D. 第四 E. 第五

68. 对于疝囊而言，一般特指(　　　)。

　　A. 腹内斜肌 B. 腹直肌 C. 腹外斜肌

　　D. 腹膜 E. 腹腔

69. 止血时，肌内注射安络血的作用是(　　　)。

　　A. 增加凝血酶原 B. 增加血小板数量 C. 拮抗纤溶系统

　　D. 促进凝血因子合成 E. 降低毛细血管通透性

70. 犬肠套叠整复术的手术通路是(　　　)。

　　A. 左侧肷窝切口 B. 左侧肋弓下斜切口 C. 右侧肷窝切口

　　D. 右侧肋弓下斜切口 E. 腹中线切口

71. 在下眼睑皮肤作 V 形切口后将其缝成 Y 形的手术，是用于治疗(　　　)。

　　A. 眼睑内翻 B. 麦粒肿 C. 眼睑外翻

　　D. 青光眼 E. 瞬膜腺突出

72. 通常用来区分犬胃扭转与单纯性胃扩张的方法是(　　　)。

　　A. 触诊 B. 插胃管 C. 听诊

　　D. B超探查 E. 穿刺

73. 犬生命体征的正常范围是(　　　)。

　　A. T 37.5~39℃，P 30~70，R 70~120

　　B. T 37~39.5℃，P 70~120，R 10~30

　　C. T 37.5~38℃，P 70~120，R 30~70

D. T 37.5～38.5℃，P 30～70，R 30～70

E. T 37.5～39℃，P 70～120，R 10～30

74. 一病犬体温升高，流脓性鼻涕，经化验和 X 射线诊断为细菌性肺炎，血常规 WBC 和 GR 明显升高，其白细胞体积分布二峰图表现为（　　）。

A. 左侧峰明显升高 　　　　　　　　　　B. 右侧峰明显升高

C. 左侧峰底明显增宽 　　　　　　　　　D. 右侧峰底明显变窄

E. 左右两峰间距增宽

75. 一病犬半年来全身皮肤广泛性长出许多结节、瘤体，黏膜苍白，进行性消瘦，经病理学检查诊断是恶性肿瘤，其红细胞指数最可能的变化是（　　）。

A. MCV 降低，MCH 和 MCHC 升高 　　B. MCV 降低，MCH 和 MCHC 正常

C. MCV 和 MCH 降低，MCHC 升高 　　D. MCV 和 MCH 降低，MCHC 正常

E. MCV、MCH 和 MCHC 均降低

76. 家猫，雌性，2 岁，前天突发呼吸抑制、张口呼吸，体温正常。X 射线侧位片见在肺脏和膈，肺脏和脊柱，肺脏和胸骨间有透明的间隙，显示为黑色，心脏向背侧提升，主动脉和后腔静脉非常清晰，中央肺部密度升高，最可能的诊断是（　　）。

A. 气胸 　　　　　　　　　B. 肺气肿 　　　　　　　　C. 肺水肿

D. 肺炎 　　　　　　　　　E. 胸腔积液

（77～79 题共用题干）

北京犬，2 岁，2009 年 8 月的一天傍晚在户外嬉戏，遛了一大圈，回家洗澡后不久即表现呼吸急速，耳根明显发热，腹底皮肤发烫，黏膜发绀，流泡沫样鼻液。医生检查体温 41.5℃，呼吸 72 次/min，心跳 102 次/min，听诊肺部有湿啰音。

77. 该病最可能的诊断是（　　）。

A. 过敏 　　　　　　　　　B. 中毒 　　　　　　　　　C. 中暑

D. 肺炎 　　　　　　　　　E. 感冒

78. 该病合理的处置是（　　）。

A. 消炎、对症治疗 　　　　　　　　　B. 抗过敏

C. 降体温、保护心肺功能等 　　　　　D. 解毒、保肝

E. 抗病毒

79. 如中医治疗，治方选（　　）。

A. 补中益气汤 　　　　　　B. 龙胆泻肝汤 　　　　　　C. 桂枝汤加减

D. 清暑香薷汤 　　　　　　E. 麻黄汤加减

80. 家猫，雌性，未免疫。近日喜躲避暗处，并发出刺耳的粗糙叫声。受刺激后狂暴，曾凶猛攻击主人和其他动物。患猫大量流涎，病后期下颌、尾巴下垂。如患猫衰竭死亡，细胞质内出现内基氏小体的组织是（　　）。

A. 脑 　　　　　　　　　　B. 心 　　　　　　　　　　C. 肝脏

D. 脾脏 　　　　　　　　　E. 肺脏

81. 家猫，雌性，未免疫。近日喜躲避暗处，并发出刺耳的粗糙叫声。受刺激后狂暴，曾凶猛攻击主人和其他动物。患猫大量流涎，病后期下颌、尾巴下垂。该病可初步诊断为（　　）。

A. 口炎   B. 齿炎   C. 唾液腺炎

D. 咽炎   E. 狂犬病

82. 家猫，雌性，未免疫，尽日喜躲在暗处，并发出刺耳的粗粝叫声。受刺激后狂暴，曾凶猛攻击主人和其他动物。患猫大量流涎，下颌、尾巴下垂。该患猫衰竭死亡，细胞质内常出现的内基氏小体的器官是(　　)。

A. 脑   B. 心脏   C. 肝脏

D. 脾脏   E. 肺脏

83. 病犬中度体温升高，贫血，淋巴组织增生，眼圈周围脱毛，形成特殊的"眼镜"，体毛大量脱落，并形成湿疹，该犬可能感染的寄生虫病为(　　)。

A. 心丝虫病   B. 巴贝斯虫病   C. 利什曼原虫病

D. 钩虫病   E. 蛔虫病

84. 犬腹壁出现局部肿胀，穿刺有脓性液体流出，提示是(　　)。

A. 炎性肿胀   B. 水肿   C. 皮下气肿

D. 脓肿   E. 疝

85. 犬子宫积脓时，白细胞变化范围一般在(　　)。

A. 6 000～17 000 个/mm³ ($6×10^9$ 个/L～$17×10^9$ 个/L)

B. 3 000～5 000 个/mm³ ($3×10^9$ 个/L～$5×10^9$ 个/L)

C. 20 000～100 000 个/mm³ ($20×10^9$ 个/L～$100×10^9$ 个/L)

D. 20 000～50 000 个/mm³ ($20×10^9$ 个/L～$50×10^9$ 个/L)

E. 50 000～80 000 个/mm³ ($50×10^9$ 个/L～$80×10^9$ 个/L)

86. 分娩第二阶段，犬、猫、猪超过多长时间需要检查和助产？(　　)

A. 2～4h   B. 20～40min   C. 2～3h

D. 6～12h   E. 4h

87. 犬肠音增强主要见于(　　)。

A. 肠便秘   B. 肠套叠   C. 热性病

D. 急性肠炎   E. 消化功能障碍

88. 病犬背腰僵硬，步样强拘，跛行；慢性消化不良和异食癖；尿液澄清透明；头骨肿胀；长骨变形、脊柱弯曲。怀疑为(　　)。

A. 佝偻病   B. 骨软症   C. 纤维性营养不良

D. 犬产后低血钙   E. 血红蛋白尿症

(89～91题共用备选答案)

A. 犬细小病毒   **B. 犬瘟热病毒**   **C. 狂犬病病毒**

D. 伪狂犬病病毒   **E. 犬传染性肝炎病毒**

89. 属于疱疹病毒科，双股DNA，只有一个血清型的病毒是(　　)。

90. 能致犬肠炎，单股DNA，可用HA-HI试验诊断的病毒是(　　)。

91. 属于副黏病毒科且与麻疹病毒具有共同抗原，单股RNA，只有一个血清型的病毒是(　　)。

(92～95题共用备选答案)

A. 白蛉   **B. 蚊**   **C. 蝇**

D. 蚤类和犬毛虱　　　　　　　　E. 蜱

92. 犬恶丝虫的中间宿主是（　　）。

93. 犬巴贝斯虫的传播媒介和终末宿主是（　　）。

94. 犬复孔绦虫的中间宿主是（　　）。

95. 利什曼原虫病的传播媒介是（　　）。

（96～97 题共用备选答案）

　　A. 乳酸脱氢酶　　　　　　B. 丙氨酸氨基转移酶　　　　　C. 胆碱酯酶

　　D. 天冬氨酸氨基转移酶　　　E. α-淀粉酶和脂肪酶

96. 可卡犬，雌性，5 岁，呕吐，不吃，呕吐物呈淡黄色，精神沉郁，拱背，腹部触诊敏感，最佳的临诊检验项目是（　　）。

97. 金毛犬，雌性，3 岁，厌食，眼结膜淡黄色，腹部胀大，腹底皮肤水肿，尿黄，粪便少、色淡，最应做的检验项目是（　　）。

98. 一只德国牧羊犬精神沉郁，食欲差，尿液发黄。病犬腹水在暗视野显微镜下可见蛇样运动的菌体；镀银染色镜检见 S 形着色菌体。该犬最可能感染的病原是（　　）。

　　A. 大肠杆菌　　　　　　　　B. 布鲁菌　　　　　　　　　C. 钩端螺旋体

　　D. 空肠弯曲菌　　　　　　　E. 多杀性巴氏杆菌

99. 波士顿狗幼犬，20 日龄。饱食后 1～2h 发生喷射状呕吐，呕吐物不含胆汁；钡餐造影观察胃排空时间延长。保守治疗的有效药物是（　　）。

　　A. 胃复安　　　　　　　　　B. 钙制剂　　　　　　　　　C. 抗生素

　　D. 干扰素　　　　　　　　　E. 肾上腺素

100. 8 月龄萨摩耶犬，抢食骨头时突然退出争抢，采食固体食物呕吐，仅能少量饮水。X 射线检查在第 7～9 肋间食道处有高密度影像。假若打开犬胸腔后，隔离食管前应先切开（　　）。

　　A. 右主动脉弓遗迹　　　　　B. 膈肌　　　　　　　　　　C. 纵隔

　　D. 纤维膜　　　　　　　　　E. 包膜

101. 8 月龄萨摩耶犬，因为抢食骨头时突然退出争抢，采食固体食物呕吐，仅能少量饮水。X 射线检查在第 7～9 肋间食道处有高密度影像。手术完成后，闭合胸腔时，下列关于胸膜缝合描述正确的是（　　）。

　　A. 单独做连续缝合　　　　　B. 单独做锁边缝合　　　　　C. 单独做结节缝合

　　D. 单独做水平褥式缝合　　　E. 与肋间肌一起做连续或结节缝合

102. 公犬，5 岁，在常规体检中发现，肛门处一侧出现椭圆形柔软肿胀，触诊无热无痛，检查可见对侧皮肤松弛，触诊挤压肿胀时会逐渐减小，并有尿液排出。该病最可能是（　　）。

　　A. 膈疝　　　　　　　　　　B. 肛门囊炎　　　　　　　　C. 尿道瘘

　　D. 会阴疝　　　　　　　　　E. 巨结肠

103. 犬，4 月龄，临诊检查时，发现在其脐部有一乒乓球状柔软肿胀，触诊无热无痛，精神、食欲、饮欲均无异常，仰卧保定后用力挤压肿胀可变小。该病最可能是（　　）。

　　A. 淋巴外渗　　　　　　　　B. 肿瘤　　　　　　　　　　C. 血肿

　　D. 脐疝　　　　　　　　　　E. 脓肿

104. 犬传染性肝炎病犬常见的体表变化是(　　)。

    A. 皮下水肿　　　　　　　　B. 皮下脓肿　　　　　　　　C. 被毛脱落

    D. 皮肤溃疡　　　　　　　　E. 皮肤干裂

105. 病犬出现消化不良、食欲减退、腹泻、贫血、水肿等症状,剖检见胆囊肿大,胆管变粗,胆汁浓稠呈草绿色,胆管和胆囊内有许多虫体和虫卵;肝脏表面结缔组织增生,有脂肪变性,问询得知,病犬有饲喂生鱼史。下列不是预防该病手段的是(　　)。

    A. 流行地区的猪、犬和猫均需进行定期检查和驱虫

    B. 在疫区禁止以生的或未煮熟的鱼、虾喂养犬、猫、猪等动物

    C. 加强粪便管理,防止粪便污染水塘,禁止在鱼塘边盖猪舍或厕所

    D. 消灭第一中间宿主淡水螺,宜采用捕捉或掩埋的方法

    E. 防止圈舍内蚊虫滋生

106. 病犬出现消化不良、食欲减退、腹泻、贫血、水肿等症状,剖检见胆囊肿大,胆管变粗,胆汁浓稠呈草绿色,胆管和胆囊内有许多虫体和虫卵;肝脏表面结缔组织增生,有脂肪变性,问询得知,病犬有饲喂生鱼史。下列可以用于该病的治疗药物是(　　)。

    A. 伊维菌素　　　　　　　　B. 阿维菌素　　　　　　　　C. 左旋咪唑

    D. 葡萄糖酸锑钠　　　　　　E. 阿苯达唑

107. 病犬出现消化不良、食欲减退、腹泻、贫血、水肿等症状,剖检见胆囊肿大,胆管变粗,胆汁浓稠呈草绿色,胆管和胆囊内有许多虫体和虫卵;肝脏表面结缔组织增生,有脂肪变性,问询得知,病犬有饲喂生鱼史。该虫体的感染性阶段为(　　)。

    A. 胞蚴　　　　　　　　　　B. 雷蚴　　　　　　　　　　C. 尾蚴

    D. 毛蚴　　　　　　　　　　E. 囊蚴

108. 病犬出现消化不良、食欲减退、腹泻、贫血、水肿等症状,剖检见胆囊肿大,胆管变粗,胆汁浓稠呈草绿色,胆管和胆囊内有许多虫体和虫卵;肝脏表面结缔组织增生,有脂肪变性,问询得知,病犬有饲喂生鱼史。该寄生虫的补充宿主为(　　)。

    A. 淡水螺　　　　　　　　　B. 淡水鱼虾　　　　　　　　C. 蚂蚁

    D. 蜗牛　　　　　　　　　　E. 金龟子

109. 病犬出现消化不良、食欲减退、腹泻、贫血、水肿等症状,剖检见胆囊肿大,胆管变粗,胆汁浓稠呈草绿色,胆管和胆囊内有许多虫体和虫卵;肝脏表面结缔组织增生,有脂肪变性,问询得知,病犬有饲喂生鱼史。该病犬感染的寄生虫病为(　　)。

    A. 华支睾吸虫病　　　　　　B. 锥虫病　　　　　　　　　C. 新孢子虫病

    D. 姜片吸虫病　　　　　　　E. 巴贝斯虫病

110. 犬,4岁,咳嗽,体温40.2℃,肺部听诊有广泛性湿啰音,两侧鼻孔呼出气体都呈现尸臭气味,该病可能是(　　)。

    A. 大叶性肺炎　　　　　　　B. 小叶性肺炎　　　　　　　C. 支气管炎

    D. 异物性肺炎　　　　　　　E. 间质性肺炎

111. 猫白血病的主要病原是(　　)。

    A. 病毒　　　　　　　　　　B. 霉菌　　　　　　　　　　C. 孢子菌

    D. 厌氧菌　　　　　　　　　E. 需氧菌

112. 阿托品用作犬麻醉前给药的剂量是(　　)。

A. 0.01mg/kg   B. 0.04mg/kg   C. 0.08mg/kg

D. 0.1mg/kg   E. 0.15mg/kg

113. 公犬膀胱修补术的皮肤切口为（ ）。

  A. 脐前腹中线切口   B. 耻骨前腹中线切口

  C. 脐前腹中线旁 2cm 处纵向切口 D. 以脐孔为中心的腹中线切口

  E. 脐后腹中线阴茎旁 2cm 处纵向切口

114. 犬髌骨习惯性内方脱位的疗法是（ ）。

  A. 关节囊内侧连续缝合   B. 膝直韧带切除术

  C. 关节囊外侧松弛术   D. 滑车成形术

  E. 行走自行复位

115. 犬于配种后第 3 天终止妊娠，可以肌内注射（ ）。

  A. 人绒毛膜促性腺激素   B. 雌激素

  C. 马绒毛膜促性腺激素   D. 促黄体素

  E. 促卵泡素

116. 易表现为食欲亢进的疾病是（ ）。

  A. 肾上腺功能减退   B. 甲状旁腺功能减退

  C. 甲状旁腺功能亢进   D. 肾上腺皮质功能亢进

  E. 慢性胰腺炎

117. 猫的妊娠期平均是（ ）。

  A. 45d   B. 58d   C. 62d

  D. 75d   E. 90d

（118～119 题共用备选答案）

  A. 直肠全层与腰小肌结节缝合

  B. 直肠浆膜肌层结节缝合

  C. 直肠全层与髂骨结节内侧肌肉结节缝合

  D. 直肠浆膜肌层与髂骨内侧肌肉结节缝合

  E. 肛门周围荷包缝合

118. 贵宾犬，直肠脱出，经整复后直肠又脱出 4 次，实施直肠固定术。适宜的缝合方法为（ ）。

119. 腊肠犬，直肠脱出 4d，肠黏膜表面糜烂、坏死，实施直肠切除术。适宜的缝合方法为（ ）。

120. 成年犬，外耳道瘙痒、被毛着色、皮肤湿红。此犬最可能患（ ）。

  A. 脓癣   B. 蠕形螨病   C. 念珠菌病

  D. 马拉色菌病   E. 犬小孢子菌病

121. 犬，10 岁，因胸部食管阻塞，需施行胸部食管手术，用吸入麻醉维持。就麻醉安全性而言，宜选用的麻醉剂是（ ）。

  A. 氧化亚氮   B. 异氟醚   C. 安氟烷

  D. 甲氧氟烷   E. 氟烷

122. 小型犬，雄性，5 岁，体温 38.6℃，排粪困难。X 射线显示直肠前段有中高密度阴影，直肠指检骨盆腔入口处有球形物压迫直肠。根治该病的有效方法是（　　）。

    A. 尿道切开术   B. 结肠截除术   C. 直肠切开术

    D. 结肠切开术   E. 前列腺摘除术

123. 犬，近日排便困难，里急后重，咬尾，舔肛，肛门周围红肿，但皮肤完整，白细胞数增高。该病可能是（　　）。

    A. 锁肛   B. 肛囊炎   C. 肛周炎

    D. 肛周瘘   E. 咬尾症

124. 公犬，2岁，发病1周。阴囊椭圆形肿大、表面光滑，触诊无压痛，但留压痕。最可能的临诊诊断是（　　）。

    A. 睾丸炎   B. 附睾炎   C. 阴囊疝

    D. 阴囊水肿   E. 睾丸肿瘤

125. 犬，被车撞后立即出现呼吸困难、精神沉郁。随后对犬站立位进行X射线检查，提示胸膈三角区等密度水平阴影。该病可能是（　　）。

    A. 气胸   B. 血胸   C. 脓胸

    D. 肺炎   E. 胸膜炎

126. 猫，股骨干骨折7d后仍见患部肿胀、有热痛反应，骨折端不稳定，患肢不能负重，体温38.7℃。该猫处于骨折愈合过程的（　　）。

    A. 血肿机化演进期   B. 原始骨痂形成期   C. 骨痂塑形改造期

    D. 骨折二次愈合   E. 骨折不愈合

127. 犬，6岁，去年开始肩背部脱毛，绒毛较多而长毛很少；今年起荐背部脱毛，患部皮干、色深。此犬可能患有（　　）。

    A. 雄性激素过剩   B. 甲状腺功能亢进   C. 甲状腺功能减退

    D. 肾上腺皮质功能亢进   E. 肾上腺皮质功能减退

模拟题参考答案

题号	1	2	3	4	5	6	7	8	9	10	11	12	13	14	15	16	17	18	19	20
答案	C	A	E	D	A	B	B	D	C	C	D	B	B	D	E	C	E	D	C
题号	21	22	23	24	25	26	27	28	29	30	31	32	33	34	35	36	37	38	39	40
答案	E	E	E	C	A	D	E	D	C	A	D	E	B	B	C	B	C	D	D
题号	41	42	43	44	45	46	47	48	49	50	51	52	53	54	55	56	57	58	59	60
答案	E	A	A	C	B	E	C	D	E	E	D	D	E	C	A	B	E	E	C	C
题号	61	62	63	64	65	66	67	68	69	70	71	72	73	74	75	76	77	78	79	80
答案	E	C	E	D	C	E	A	D	E	E	C	B	E	B	D	A	C	C	D	A
题号	81	82	83	84	85	86	87	88	89	90	91	92	93	94	95	96	97	98	99	100
答案	E	A	C	D	C	D	A	B	D	A	B	E	D	A	E	D	A	C	A	C

(续)

题号	101	102	103	104	105	106	107	108	109	110	111	112	113	114	115	116	117	118	119	120
答案	E	D	D	A	E	E	E	B	A	D	A	B	E	D	B	D	B	E	B	D
题号	121	122	123	124	125	126	127													
答案	B	C	B	C	B	A	C													

第五篇

其他动物病

■ 备考指南

▤| 学科特点

1. 其他动物病是一门的重要的综合课程，也是一门理论联系实际的学科。

2. 理论性很强，应用性同样也很强。

3. 知识面广，涉及兽医传染病学、兽医寄生虫学、兽医内科学、兽医外科学、兽医产科学以及中兽医学等。

▤| 学习方法

最核心的方法：理论联系实际。理论：学习好前期预防科目与临诊科目！实际：将理论知识应用到实际，加深对理论知识的理解与巩固。

▤| 历年分值分布

年份	马病					毛皮动物病					蜂病			蚕病			鹿病					合计
	传染病	寄生虫病	内科病	外科病	中兽医	传染病	寄生虫病	内科病	外科病	产科病	传染病	寄生虫病	内科病	传染病	节肢动物病害	中毒病	传染病	寄生虫病	内科病	外科病	产科病	
2018						3								5								8
2019			3	3							2											8
2020			2	3		3																8
2021	5		5	2																		12
2022				3	8											3						14
合计	5		10	11	8	3	3				2			5		3						50

<<< **第一单元　马　　病** >>>

一、考试大纲

单元	细目	要点
疫病	1. 传染病	(1) 马流行性感冒　(2) 炭疽　(3) 破伤风　(4) 狂犬病　(5) 脱毛癣　(6) 幼驹大肠杆菌病　(7) 马腺疫　(8) 马传染性贫血　(9) 马鼻疽　(10) 类鼻疽
	2. 寄生虫病	(1) 马圆线虫病　(2) 马副蛔虫病　(3) 马盘尾丝虫病　(4) 马腹腔丝虫病　(5) 马伊氏锥虫病　(6) 马裸头绦虫病　(7) 马胃蝇蛆病　(8) 螨病
普通病	1. 内科病	(1) 口炎　(2) 消化不良　(3) 胃肠炎　(4) 胃扩张　(5) 肠痉挛　(6) 肠臌气　(7) 便秘　(8) 肺充血及肺水肿　(9) 支气管肺炎　(10) 纤维素性肺炎　(11) 中暑　(12) 荨麻疹　(13) 霉饲料中毒
	2. 外科病	(1) 创伤　(2) 脓肿　(3) 蜂窝织炎　(4) 血肿　(5) 风湿病　(6) 结膜炎　(7) 角膜炎　(8) 牙齿磨灭不正　(9) 下颌骨骨折　(10) 腹壁疝　(11) 腹股沟阴囊疝　(12) 关节扭伤　(13) 关节脱位　(14) 屈腱炎　(15) 蹄钉伤　(16) 蹄叶炎
	3. 产科病	(1) 流产　(2) 阴道及子宫损伤　(3) 新生幼驹孱弱

二、重要知识点

(一) 疫病

1. 马腺疫　体温升高，下颌淋巴结脓肿、内有大量黄色脓汁，可镜检马腺疫链球菌。

2. 马传染性贫血 ①又称沼泽热。②特征是发热、贫血、出血、黄疸、心脏衰弱、浮肿和消瘦等，并反复发作，发热期临诊症状明显，间歇期则临诊症状逐渐减轻或暂时消失。③病变：主要表现为全身败血症变化、贫血、网状内皮细胞增生反应和铁代谢障碍。④防控：马传贫驴白细胞活疫苗。

3. 马鼻疽 ①病原：鼻疽杆菌。②流行特点：马、骡、驴易感，潜伏期 6 个月。③症状：急性型有肺鼻疽、鼻腔鼻疽、皮肤鼻疽 3 种。该病临诊特征：鼻腔、喉头和气管、皮肤、肺脏、淋巴结等形成鼻疽结节、溃疡和瘢痕。④诊断：临诊症状，血清学实验。

4. 马圆线虫病 ①是马的一种感染率最高、分布最广的肠道线虫病；其中，圆线属的马圆线虫、无齿圆线虫、普通圆线虫虫体较大，危害严重，均寄生于马的盲肠和结肠。②阴雨，多雾天气最易感。③症状：普通圆线虫引起动脉炎和血栓性疝痛；马圆线虫引起肝脏、胰脏损伤和疝痛；无齿圆线虫引起肠壁形成典型水肿病灶，腹膜炎，急性毒血症，黄疸，并且体温升高。④诊断：剖检发现虫体。⑤治疗：阿苯达唑、噻苯咪唑、硫化二苯胺。

5. 马副蛔虫病 ①寄生于马的小肠，成虫近似圆柱形，两端较细，黄白色，虫卵近似圆形、呈黄色。②症状：初期呈现肠炎，中期呈现肺炎，后期呈现肠炎，主要危害幼驹，秋冬多发。③诊断：粪检虫卵，剖检发现蛔虫。④治疗：驱蛔灵、精制敌百虫、阿苯达唑。

6. 马伊氏锥虫病 ①即"苏拉病"，寄生于马、牛的血液、淋巴结、造血器官中；以纵分裂法进行繁殖；由虻传播。②马和犬最易感，7—9 月多发。③临诊特征：胸前、胯下、阴茎部位皮下水肿。④马呈急性经过，死亡高，体温 40℃以上，稽留热数日后恢复正常，之后又升高，如此反复；消瘦，贫血，黄疸，瞬膜上见出血斑，体下垂部水肿。⑤诊断：在血液中查出虫体是最可靠的诊断依据，可采用压滴标本检查法。⑥防控：苯磺苯酰脲、喹嘧胺、氯化氮胺、菲啶盐酸盐。

7. 马胃蝇蛆病 ①由马胃蝇蛆幼虫寄生于马的胃肠道引起的慢性寄生虫病。②包括红尾胃蝇、鼻胃蝇、兽胃蝇、肠胃蝇 4 种。③发育：属完全变态，经卵、幼虫、蛹、蝇 4 个阶段，每年完成 1 个生活周期。④流行：干旱气候多发，8—9 月最多发。⑤症状：高度贫血、消瘦、中毒、使疫力下降、衰竭死，幼虫叮着部位呈火山口状。⑥诊断：夏季检出马被毛上的胃蝇卵（浅黄色，前端有一斜的卵盖），春季观察马粪中的幼虫，或剖检发现幼虫。⑦治疗：兽用粗制敌百虫、伊维菌素、二硫化碳、甲苯。

（二）普通病

1. 蹄钉伤 ①病因：蹄钉直接刺入蹄真皮或靠近蹄真皮穿过，持续压迫蹄真皮，均能引起炎症。②诊断：直接钉伤在下钉时就有蹄抽动表现；间接钉伤在装蹄后 3~6d 出现跛行。③治疗：取下蹄铁、注入碘酊或扩创排脓、敷松馏油。

2. 蹄叶炎 ①定义：蹄真皮的弥散性、无菌性炎症。②症状：精神沉郁、不愿站立和走动；如两前肢患病，可见后肢伸于腹下，两前肢前伸，以蹄踵着地，体温 40~41℃，脉搏 80~120 次/min，呼吸 50~60 次/min。③治疗：消除病因，解除疼痛，改善循环，防蹄骨转位。

三、例题及解析

（1～3题共用题干）

某马场同槽饲喂的两匹马精神沉郁，流浆性或黏性鼻液，随后鼻黏膜出现小米粒大的黄白色结节，周围有红晕，下颌淋巴结肿胀。

1. 该病可能是（　　）。

    A. 马传染性贫血　　　　　　B. 马鼻疽　　　　　　　　C. 马腺疫

    D. 炭疽　　　　　　　　　　E. 马流感

2. 对病马应采取的措施是（　　）。

    A. 对症治疗　　　　　　　　B. 隔离淘汰　　　　　　　C. 抗菌治疗

    D. 抗病毒治疗　　　　　　　E. 紧急接种疫苗

3. 对同群隐性或慢性病例，常用的诊断方法是（　　）。

    A. 细菌学检查　　　　　　　B. 病毒学检查　　　　　　C. 变态反应

    D. ELISA　　　　　　　　　E. 荧光抗体试验

【解析】B、B、C。①病马鼻黏膜处出现小米粒大的黄白色结节，即鼻疽结节，考虑诊断为马鼻疽。②目前对鼻疽尚无有效菌苗，为了迅速消灭本病，必须控制和消灭传染源，及早检出和严格处理病马，切断传播途径，加强饲养管理，采取"养、检、隔、处、消"等综合性防控措施。③变态反应诊断方法有鼻疽菌素点眼法、鼻疽菌素皮下注射法、鼻疽菌素眼睑皮内注射法，临诊上常用鼻疽菌素点眼法对慢性型和隐性型病例进行诊断。

4. 马传染性贫血的特征性病变为（　　）。

    A. 全身败血症变化　　　　　B. 大叶性肺炎　　　　　　C. 肝脏脂肪变性

    D. 脾脏梗死　　　　　　　　E. 淋巴结轻度水肿

【解析】A。马传染性贫血是由马传贫病毒引起的马属动物的一种传染病，主要病理变化表现为全身败血症变化、贫血、网状内皮细胞增生性反应和铁代谢障碍。肝脏具有特征性病理变化，肝细胞变性、星状细胞肿大、增生及脱落，肝细胞索紊乱，有多量吞铁细胞和淋巴样细胞浸润。

5. 病马一侧后肢发生浮肿，沿淋巴管出现念珠状结节，随后结节破损，排出脓液，长期不愈，该病可能是（　　）。

    A. 炭疽　　　　　　　　　　B. 结核病　　　　　　　　C. 马痘

    D. 马鼻疽　　　　　　　　　E. 马腺疫

【解析】D。根据题意可诊断为马鼻疽。马鼻疽是由鼻疽杆菌所致的一种人畜共患传染病。临诊特征表现为鼻腔、喉头、气管黏膜和皮肤上形成鼻疽结节、溃疡和瘢痕。急性型鼻疽分为肺鼻疽、鼻腔鼻疽和皮肤鼻疽。其中皮肤鼻疽表现为感染部位发生局限性、热、痛的炎性肿胀并形成硬固的结节，结节破溃形成溃疡，且结节沿淋巴管径向附近组织蔓延，形成念珠状索状肿。

6. 马副蛔虫幼虫移行期引起的主要症状是（　　）。

    A. 流泪　　　　　　　　　　B. 血尿　　　　　　　　　C. 尿频

    D. 咳嗽　　　　　　　　　　E. 便秘

【解析】D。马发病初期（幼虫移行期）呈现肠炎症状，持续 3d 后，游移至肺部寄生，呈现支气管肺炎症状，表现为咳嗽，短期热候，流浆液性或黏液性鼻汁。

7. 马，呼吸 25 次/min，脉搏 95 次/min，排粪减少，阴囊肿大，触诊有热痛，不愿走动。直肠检查，腹股沟内有肠管脱入。该病的最佳治疗方法是(　　　)。

    A. 热敷　　　　　　　　　　B. 激素疗法　　　　　　　　　　C. 手术疗法

    D. 输液疗法　　　　　　　　　E. 抗生素治疗

【解析】C。根据"阴囊肿大，腹股沟内有肠管脱入"考虑诊断为腹股沟阴囊疝；又根据"触诊有热痛"考虑为嵌闭性腹股沟阴囊疝。临诊上，腹股沟疝只有当疝内容物下坠至阴囊，发生腹股沟阴囊疝时才引起畜主的注意。嵌闭性腹股沟疝的全身症状明显，患病动物不愿走动，并在运步时开张后肢，步态紧张，表示显著疼痛；脉搏及呼吸数增加。随着炎症的发生，全身症状加重，体温增高。嵌闭性疝具有剧烈腹痛等全身性症状，只有立即进行手术治疗（根治疗法）才可能挽救其生命。

<<< 第二单元　毛皮动物（狐、貉、貂）病 >>>

一、考试大纲

单元	细目	要点
疫病	1. 传染病	(1) 犬瘟热　(2) 水貂病毒性肠炎　(3) 水貂阿留申病　(4) 水貂出血性肺炎　(5) 狐、貉阴道加德纳菌病　(6) 狐、貉脑炎　(7) 伪狂犬病　(8) 肉毒梭菌中毒　(9) 巴氏杆菌病　(10) 大肠杆菌病　(11) 布鲁菌病　(12) 产气荚膜梭菌病　(13) 沙门菌病　(14) 葡萄球菌病　(15) 链球菌病　(16) 水貂星状病毒病　(17) 嗜血支原体病
	2. 寄生虫病	(1) 螨病（疥螨、痒螨、蠕形螨）　(2) 跳蚤病　(3) 球虫病　(4) 旋毛虫病
普通病	1. 内科病	(1) 黄脂肪病　(2) 狐、貉自咬症　(3) 乳腺炎　(4) 尿湿症　(5) 腹泻　(6) 肺炎　(7) 结石病　(8) 胰腺炎　(9) 中暑（日热病及热射病）　(10) 胃破裂　(11) 维生素 A 缺乏症　(12) 维生素 C 缺乏症　(13) 硒和维生素 E 缺乏症　(14) B 族维生素缺乏症　(15) 叶酸缺乏症　(16) 有机磷农药中毒　(17) 阿维菌素类药物中毒　(18) 食盐中毒　(19) 黄曲霉毒素中毒　(20) 蓝狐大肾病　(21) 僵貉病
	2. 外科病	(1) 脓肿　(2) 结膜炎与角膜炎　(3) 齿病　(4) 直肠脱出
	3. 产科病	(1) 流产　(2) 难产　(3) 乳腺炎　(4) 子宫内膜炎

二、重要知识点

1. 水貂病毒性肠炎　即貂泛白细胞减少症、貂传染性肠炎。①特征：急性肠炎，白细胞减少，小肠呈急性卡他性、纤维素性或出血性肠炎。②50～60 日龄最易感染；发病率达

60％，病死率可达 90％；主要经呼吸道和消化道传播；南方 5—7 月多发，北方 8—10 月多发。③防控：免疫接种；高免血清。

2. 水貂阿留申病　①本病是一种慢性消耗性、超敏感性和自身免疫损伤性疾病；主要经消化道和呼吸道感染，秋、冬季节多见。②特征：终生性持续性病毒血症、淋巴细胞增生、丙种球蛋白异常增加、肾小球肾炎、血管炎、肝炎。③病理：肾脏肿大出血、肾脏的浆细胞增多。④诊断：碘凝集试验，即将病貂血清与碘溶液混合，出现暗褐色絮状凝集。⑤防控：生物安全措施；灭活疫苗。

三、例题及解析

(1～2 题共用备选答案)

  A. 狂犬病　 B. 水貂伪狂犬病　 C. 水貂阿留申病

  D. 大肠杆菌病　 E. 水貂病毒性肠炎

　1. 某水貂场成年貂发病，食欲缺乏，部分病貂后期有抽搐、痉挛症状，剖检见肾脏肿大明显，表面有出血点。病理学检查见肾脏浆细胞增多、血清丙种球蛋白异常增高。最可能发生的疾病是(　　)。

　2. 某水貂场 2 月龄水貂发病，病死率为 60％，病貂主要表现为体温升高，食欲缺乏，腹泻，粪便水样，有黏液和脱落的肠黏膜。白细胞显著减少，小肠呈急性卡他性、纤维素性炎症。最可能发生的疾病是(　　)。

【解析】C、E。①水貂阿留申病是由阿留申病毒引起的水貂的一种慢性消耗性、超敏感性和自身免疫损伤性疾病。特征为终生性持续性病毒血症、淋巴细胞增生、丙种球蛋白异常增加、肾小球肾炎、血管炎和肝炎。急性型水貂阿留申病常常表现为精神委顿，食欲缺乏或不食，出现症状 2～3d 即发生死亡，死前常有抽搐、痉挛症状。剖检可见特征性病变主要集中在肾脏，表现为肾脏肿大、灰色或淡黄色，有出血斑点或灰黄色斑点。②水貂病毒性肠炎是由貂细小病毒引起的一种急性传染病，主要表现为腹泻，粪便稀软甚至水样，呈粉红色、褐色、灰白色或绿色，腹泻物中含有脱落的肠黏膜、黏液和血液。白细胞显著减少。特征性病变可见小肠呈急性、卡他性、纤维素性或出血性肠炎。

(3～5 题共用题干)

20 日龄貂群发病，发病率达 50％，病死率达 80％，病貂食欲缺乏，腹泻，粪便呈水样、粉红色，病貂迅速脱水、虚弱；白细胞显著减少，部分衰竭死亡。

　3. 该场水貂发生的疾病最可能是(　　)。

  A. 大肠杆菌病　 B. 水貂病毒性肠炎　 C. 水貂阿留申病

  D. 狂犬病　 E. 伪狂犬病

　4. 该病特征性病变出现的部位是(　　)。

  A. 心脏　 B. 脾脏　 C. 肺脏

  D. 小肠　 E. 大肠

　5. 对该场未发病貂应采取的紧急措施是(　　)。

  A. 抗生素治疗　 B. 补充维生素　 C. 消毒

  D. 注射弱毒疫苗　 E. 注射灭活疫苗

【解析】B、D、D。水貂病毒性肠炎是由貂细小病毒引起的一种急性传染病，主要表现为腹泻，粪便稀软甚至水样，呈粉红色、褐色、灰白色或绿色，腹泻物中含有脱落的肠黏膜、黏液和血液。白细胞显著减少。特征性病变可见小肠呈急性卡他性、纤维素性或出血性肠炎。

<<< **第三单元　蜂　病** >>>

一、考试大纲

单元	细目	要点
疫病	1. 传染病	(1) 蜜蜂囊状幼虫病　(2) 蜜蜂麻痹病　(3) 黑蜂王台病毒病　(4) 蜜蜂残翅病　(5) 美洲蜜蜂幼虫腐臭病　(6) 欧洲蜜蜂幼虫腐臭病　(7) 白垩病　(8) 蜜蜂螺原体病
	2. 寄生虫病	(1) 瓦螨病（大蜂螨）　(2) 热厉螨病（小蜂螨）　(3) 蜜蜂微孢子虫病　(4) 蜡螟病（巢虫病）
普通病	1. 内科病	(1) 枣花蜜中毒　(2) 农药中毒

二、重要知识点

1. 美洲蜜蜂幼虫腐臭病　①由拟幼虫芽孢杆菌引起，我国仅西方蜂蜜发生，主要是7日龄后的大幼虫或前蛹期表现症状。②特征："烂虫能拉丝"。③防控：除螨，饲喂四环素。

2. 欧洲幼虫腐臭病　①由蜂房球菌引起，我国东方蜜蜂常见，2～4日龄多发，3—4月与8—10月为发病高峰。②一般只感染小于2日龄的幼虫，通常病虫在4～5日龄死亡。③特征：脾面上有花子现象，小幼虫移位，扭曲或腐烂于巢房底部。④诊断：病虫中肠内容物有不透明、白色凝块，经染色1 500倍镜检可见大量病菌。⑤防控：土霉素。

3. 蜜蜂白垩病　①由蜜蜂球囊菌变种（真菌）引起。我国西方蜜蜂发病严重，春末初夏多发。②症状：幼虫在封盖后的头两天死亡，死亡的幼虫残体为"白色粉笔样物"或黑色干尸。③防控：降低温度，熏蒸消毒，饲喂两性霉素B。

4. 瓦螨病（大蜂螨）　①即"狄斯蜂螨病"。②形态：雌成螨呈横椭圆形，深红褐色，后足板极为发达；卵呈乳白色，卵圆形，形如紧握的拳头；前期若螨乳白色；后期若螨呈心脏形。发育过程历经卵、蚴、若虫、成虫阶段。③流行：狄斯蜂生活最适温度为32～35℃；10月份寄生率达最高峰。④症状：吮吸成年蜂的血淋巴液，并潜入蜜蜂封盖的子房内产卵，吮吸幼虫的血淋巴液，造成中蛹不能正常发育而死亡。⑤诊断：检查蜂蛹体表的蜂螨寄生情况。⑥防治：菊酯类、甲酸。

5. 热厉螨病（小蜂螨）　①即"小螨，小虱子"。②形态：雌螨呈卵圆形，浅棕黄色；卵近圆形，似紧握的拳头；前期若螨呈椭圆形，乳白色；后期若螨为卵圆形。③流行：小蜂螨寄生率在9月份达最高峰；多在弱群、病群及无王群发生，易造成全群覆灭。在大蜂螨病发病率低的蜂群更应关注小蜂螨病的发生。④症状：主要寄生在子脾上，主要寄生对象是封盖后的老幼虫和蛹，靠吸食汁液繁殖，造成幼虫无法化蛹，蛹体腐烂于巢房。⑤诊断：检查蜂蛹体表的小蜂螨。⑥防治：在蜂群断子期，用甲酸挥发杀螨。

6. 蜜蜂微孢子虫病 ①由蜜蜂微孢子和东方蜜蜂微孢子虫引起；为原虫性疾病。②流行：冬、春季节多发；孢子能随风飘落，造成大面积传播。③症状：寿命缩短，蜂王停止产卵。④诊断：病蜂中肠灰白，环纹消失，失去弹性，易破裂；或镜检中肠组织中的孢子。⑤防治：早春不得使用代用花粉；注意保温与通风；春季使用酸饲料；烟曲霉素拌料。

7. 蜜蜂马氏管变形虫病 ①为蜜蜂原虫性病害。②发育：经变形虫（阿米巴）和孢囊两个阶段；孢囊为圆球形，镜下为淡蓝色折光。③流行：我国西方蜜蜂春季多发，4—5月多发。④诊断：病蜂中肠前端棕红色，后肠积满黄色粪便；或镜检中肠发现马氏管破裂处逸出的变形虫孢囊。⑤防治：同孢子虫病。该病常与微孢子虫病并发。

三、例题及解析

（1～3题共用题干）

成年蜂发病，剖检见肠道失去弹性、易破裂，颜色由蜜黄色变为灰白色，肠道外表环纹消失。

1. 检查病原应采集病料的部位是（   ）。
    A. 食道   B. 中肠   C. 后肠
    D. 马氏管   E. 血淋巴
2. 该病的病原是（   ）。
    A. 蜜蜂微孢子虫   B. 蜜蜂马氏管变形虫   C. 大蜂螨
    D. 小蜂螨   E. 蜜蜂球囊菌
3. 治疗该病的药物是（   ）。
    A. 土霉素   B. 青霉素   C. 链霉素
    D. 烟曲霉素   E. 灰黄霉素

【解析】B、A、D。剖检蜜蜂微孢子虫病病蜂，应拉出完整的中肠，观察中肠的颜色、环纹和弹性。病蜂中肠灰白，环纹消失，失去弹性、易破裂。治疗可用柠檬酸、EM原露发酵液、烟曲霉素。

4. 蜜蜂欧洲幼虫腐臭病最易发生于蜂群的（   ）。
    A. 越夏期   B. 繁殖高峰期   C. 采集期
    D. 采集后恢复期   E. 越冬期

【解析】B。蜜蜂欧洲幼虫腐臭病一年有两个发生高峰期，即3—4月与8—10月，与繁殖高峰期重叠。症状为观察脾面是否有花子现象。治疗用药为土霉素、四环素。

5. 蜜蜂封盖大幼虫死亡，挑取黑褐色虫尸，虫尸具黏性、能拉出细丝，如用四环素治疗，适宜的给药方法是（   ）。
    A. 混入花粉饲喂   B. 溶入水中饲喂   C. 混入蜂蜜饲喂
    D. 拌入糖浆饲喂   E. 药粉直接撒入蜂箱

【解析】A。根据典型症状烂虫能拉出"细丝"首先考虑为美洲幼虫腐臭病。美洲幼虫腐臭病是发生于蜜蜂幼虫的细菌性病害。对于该病的治疗，一般使用四环素配制含药花粉，将药物溶于少量糖浆后，混入花粉中饲喂蜂群。

6. 处置感染美洲幼虫腐臭病的蜜蜂群的错误方法是( )。

A. 病初销毁病脾和病群　　　　　　　B. 换用干净的箱和脾

C. 饲喂含抗生素的花粉　　　　　　　D. 饲喂含抗生素的炼糖

E. 使用杀螨药

【解析】E。杀螨药为预防本病的方法，不能用于处置感染美洲幼虫腐臭病的蜜蜂群。

7. 蜜蜂白垩病的诱发因素是( )。

A. 高温、高湿　　　　　　B. 高温、低湿　　　　　　C. 低温、高湿

D. 低温、低湿　　　　　　E. 温度多变、潮湿

【解析】E。蜜蜂白垩病是一种蜜蜂幼虫的传染性真菌病，其发生与否很大程度上取决于当时的温度和湿度，有较明显的季节性，多流行于春末、初夏，特别是在阴雨潮湿、温度变化频繁的气候条件下。

(8～9题共用题干)

蜜蜂繁殖季节，部分刚出房幼蜂肢体、翅残缺不全，检查巢脾脾面，发现封盖房房盖有针孔大小的穿孔。

8. 该病的病原是( )。

A. 蜂螨　　　　　　　　　B. 原虫　　　　　　　　　C. 细菌

D. 真菌　　　　　　　　　E. 病毒

9. 防治该病应选用( )。

A. 柠檬酸　　　　　　　　B. 酒石酸　　　　　　　　C. 水杨酸

D. 甲酸　　　　　　　　　E. 乙酸

【解析】A、D。①小蜂螨主要寄生在子脾上，很少寄生在蜂体上，因此对蜜蜂幼虫、蛹的危害特别严重。危害轻者出现"花子脾"，重者蜜蜂幼虫和蛹大批死亡。封盖巢房很多穿孔，巢房内有成螨、若螨，有的一个房内有4～8只或更多。被致死的幼虫或蛹腐烂，能羽化的幼蜂蜂体弱小，无翅或残翅，不能飞翔，在巢门前或地面乱爬。严重时蜂群内无健康幼虫，群势陡然下降，甚至全群覆没。②可用菊酯治疗或甲酸挥发治疗。

<<< 第四单元　蚕　病 >>>

一、考试大纲

单元	细目	要点
疫病	1. 传染病	(1) 家蚕核型多角体病　(2) 家蚕质型多角体病　(3) 家蚕浓核症　(4) 家蚕细菌性败血病　(5) 家蚕细菌性中毒症　(猝倒病)　(6) 家蚕细菌性肠道病　(7) 白僵病　(8) 曲霉病　(9) 绿僵病　(10) 家蚕微粒子病

（续）

单元	细目	要点
普通病	1. 节肢动物病害	（1）蝇蛆病　（2）蒲螨病
	2. 中毒症	（1）有机磷农药中毒　（2）菊酯类农药中毒　（3）烟草中毒　（4）苯甲酰脲类杀虫剂中毒　（5）新烟碱类杀虫剂中毒　（6）氟化物中毒

二、重要知识点

1. 家蚕核型多角体病　①由病毒寄生在家蚕的细胞核中，形成多角体引起，即"家蚕血液型脓病"。②传染途径：食下、创伤传染；传播形式：蚕座传染。③特征：体壁紧张，体色乳白，体躯肿胀，爬行不止；剪去尾角或腹足滴出的血液呈乳白色。④诊断：病蚕血液标本在 400 倍镜下检查多角体。

2. 家蚕质型多角体病　①由病毒寄生在家蚕中肠圆筒形细胞中，形成多角体引起，即"中肠型脓病"。②经食下传染；以蚕座形式传播。③特征：中肠发白，肠壁出现无数乳白色的横纹褶皱。④诊断：病蚕中肠后半部组织小块，400 倍镜下检查多角体。

3. 白僵病　①由白僵菌（为真菌）寄生蚕体而引起，晚秋多发。②主要侵入途径：表皮接触感染，不能食下感染。③特征：初死蚕体伸展，头胸部突出，体色灰白、柔软有弹性，体壁出现油渍状病斑，血液混浊，尸体逐渐变硬，被覆白色分生孢子粉被。④诊断：病蚕血液标本，镜检圆筒形分生孢子。

4. 家蚕微粒子病　①病原：为一种微粒子原虫，是养蚕业唯一的法定检疫对象，对蚕可造成毁灭性损害。②流行病学：可通过胚种（卵）传染和食下传染。生活史包括孢子发芽、裂殖生殖、孢子成形 3 个阶段。孢子为家蚕微粒子虫的休眠体，卵圆形，光学检观察时呈上下摆动，有很强的折光性，呈淡绿色。③症状：蚕期，体壁皱缩，呈锈色，有黑褐色病斑；蛹蛾期，腹部松弛，可透视到腹部中的卵，有时体壁有黑斑；卵期，大小不一，易死亡。④病理变化：消化道最先出现病变。肠细胞肿大变为乳白色，有时消化管也会有黑斑。丝腺变成肉眼可见的乳白色脓包状的斑块是典型病害。⑤诊断：肉眼诊断丝腺的病理变化。光学显微镜观察到卵圆形、折光性、淡绿色的孢子。⑥防控：制造无毒蚕种是预防本病的关键，同时要严格规范生产和经营。

5. 蝇蛆病　①由多化性蚕蛆蝇将卵产于蚕体表面，孵化后的幼虫（蛆）钻入蚕体内寄生而引起。②发育：属完全变态的昆虫，经卵、幼虫（蛆）、蛹、成虫（蝇）4 个阶段。成虫产卵结束后自行死亡；幼虫（蛆）为圆锥形，淡黄色，肛门在第 11 环节腹面中央；蛹是幼虫化蛹时不退皮并逐渐硬化成蛹的外壳。③流行：夏季发生最剧烈，积水可使蛹体窒息死亡。④诊断：寄生部位形成黑褐色喇叭状的病斑，解剖病斑处，发现体壁的黑色鞘套和淡黄色蝇蛆。⑤治疗：口服"灭蚕蝇"；早熟蚕分开上簇处理。

6. 蒲螨病　①由球腹蒲螨寄生于蚕幼虫、蛹、蛾体表，吸食家蚕血液，注入毒素引起蚕中毒死亡，即"壁虱病"。②发育：属卵胎生，经卵、幼螨、若螨、成螨 4 个变态发育阶段。③流行：产棉蚕区多发；随寄生棉红铃虫侵入蚕室。④症状：病蚕不活泼，胸部膨大，左右摆动，摆动困难，病蚕皮肤上有粗糙不平的黑斑；尸体不腐烂。⑤诊断：将蚕与蚕沙放在深色光面纸上，加清水固定，镜检雌成螨。⑥防控：严防棉红铃虫进入蚕室，蚕匾蒸煮（消毒）杀螨，熏烟灭蚕蝇。

三、例题及解析

1. 家蚕疾病中属于法定检疫对象的是( )。

    A. 核型多角体病   B. 质型多角体病   C. 病毒性软化病

    D. 浓核病   E. 微粒子病

【解析】E。蚕微粒子病是蚕业生产上的毁灭性病害。该病害的病原为微粒子原虫，可通过胚种传染和食下传染感染家蚕，是蚕业生产唯一的法定检疫对象。

2. 家蚕核型多角体病不会出现的病症是( )。

    A. 脓蚕   B. 环节肿胀   C. 行动呆滞

    D. 体壁易破   E. 体色乳白

【解析】C。家蚕核型多角体病是由病毒寄生在家蚕血细胞和体腔内各种组织细胞的细胞核中，并在其中形成多角体引起的疾病。典型病征为体色乳白，体躯肿胀，狂躁爬行，体壁易破，还可出现不眠蚕、起节蚕、高节蚕、脓蚕和斑蚕等症状。

(3～5 题共用题干)

5 龄蚕，食欲减退，眠起不齐，体呈锈色，出现胡椒蚕和不结茧蚕，丝腺有乳白色脓包状斑块。

3. 该蚕可能发生的是( )。

    A. 家蚕质型多角体病   B. 家蚕微粒子病   C. 白僵病

    D. 变形虫病   E. 锥虫病

4. 确诊该病应采用的方法是( )。

    A. 体表病原检查   B. 剖检中肠管壁   C. 剖检后肠管壁

    D. 剖检丝腺   E. 血液中多角体检测

【解析】B、D。①家蚕微粒子病在蚕期可引起家蚕发育不齐、大小不匀，尸体不易腐烂，重病蚕不能结茧，轻度发病的蚕结不成正形茧或薄皮茧，呈体壁有微细不规则的黑褐色病斑的斑点蚕（胡椒蚕）。②病蚕的丝腺出现肉眼可见的乳白色脓包状斑块的典型病变。

5. 家蚕质型多角体病的典型病理变化是( )。

    A. 血液混浊   B. 前肠发白   C. 中肠发白

    D. 后肠发白   E. 脂肪体崩解

【解析】C。家蚕质型多角体病的典型病变是中肠发白，肠壁出现无数乳白色的横纹褶皱。

6. 家蚕白僵病的主要传染途径为( )。

    A. 食下传染   B. 接触传染   C. 创伤传染

    D. 胚胎传染   E. 血液传染

【解析】B。白僵病是由白僵菌寄生蚕体引起的，病蚕尸体被覆白色或类白色分生孢子粉。真菌病是病菌的分生孢子通过空气传播的，白僵病的传染途径主要是接触传染，其次是创伤传染，一般不能食下传染。

<<< 第五单元 鹿 病 >>>

一、考试大纲

单元	细目	要点
疫病	1. 传染病	(1) 口蹄疫 (2) 布鲁菌病 (3) 结核病 (4) 产气荚膜梭菌病 (5) 恶性卡他热 (6) 坏死杆菌病 (7) 鹿慢性消耗病 (8) 鹿流行性出血 (9) 鹿茸真菌病
	2. 寄生虫病	(1) 鹿巴贝斯虫病 (2) 鹿泰勒虫病 (3) 鹿弓形虫病 (4) 鹿球虫病 (5) 鹿新孢子虫病 (6) 鹿蜱病
普通病	1. 内科病	(1) 后躯麻痹 (铜缺乏症、晃腰病) (2) 仔鹿白肌病 (硒缺乏症) (3) 瘤胃积食 (4) 瘤胃臌气 (5) 肠炎 (6) 支气管肺炎 (7) 大叶性肺炎 (8) 栎树叶中毒
	2. 外科病	(1) 脓肿 (2) 创伤 (3) 骨折 (4) 直肠穿孔 (同性交配) (5) 蹄叉腐烂 (6) 腐蹄病 (坏死杆菌病)
	3. 产科病	(1) 睾丸炎 (2) 种公鹿性功能障碍 (3) 流产 (4) 难产 (5) 胎衣不下 (6) 子宫内膜炎

考点速记

1. 除马以外，马鼻疽的最易感动物是骡；应用**鼻疽菌素变态反应**检疫马鼻疽，常用的方法是**点眼法**。

诊断马鼻疽，应特别注意鉴别的疫病是马腺疫。

2. 貂病毒性肠炎的特征性病变是小肠急性、卡他性、纤维素性或出血性炎；一个重要特征是**白细胞减少**；可用**血凝抑制试验**诊断。

3. 兔病毒性出血病的典型病理变化是**肺脏出血、肝脏淤血**。

4. 对兔病毒性出血病重症病例，适宜的处置办法是扑杀、尸体无害化处理；预防该病的关键措施是**紧急接种疫苗**。

5. 急性型水貂阿留申病患貂死前常有的症状是**抽搐、痉挛**。

6. **兔瘟**的主要病理变化是气管和肺充血、出血。

7. 蜜蜂美洲幼虫腐臭病最易发生于蜂群的**繁殖高峰期**；各个季节均可发生；具有诊断意义的症状是**烂虫能拉丝**；出现症状的时间平均在卵孵化后12.5d。

8. **白僵菌**的增殖方式是**分生孢子-营养菌丝-气生菌丝**。

9. 蜜蜂白垩病的诱发因素是**温度多变、潮湿**；病原是真菌。

10. 家蚕质型多角体病毒感染家蚕中肠的细胞为**圆筒形细胞**；典型病理变化是**中肠发白**。

11. 家蚕疾病中属于法定检疫对象的是**微粒子病**。

12. 家蚕白僵病的主要传染途径为**接触传染**。

13. 马媾疫的感染途径是经**交配感染**。

14. 预防马巴贝斯虫病采取的主要措施是**除蟑灭蜱**；传播媒介是**硬蜱**；治疗药物是**咪唑苯脲**。

15. 临诊上常见的兔球虫病类型是**混合型**。

16. 狄斯蜂螨的发育过程中**无蛹**。

17. 剖检蜜蜂马氏管变形虫病的病蜂，可见其肠颜色为**红褐色**。

18. 剖检马氏管变形虫病病蜂，可见马氏管出现**肿胀**。

19. 可用于**防治狄斯蜂螨病**的药物是**甲酸**。

20. 蜜蜂感染马氏管变形虫后，体色变黑的部位是**腹部末端**。

21. 马属动物急性胃肠炎的一般首要治疗原则是**抗菌消炎**。

22. 马肠扭转的最佳治疗方法是**手术整复**。

23. 马**热射病**时，不宜采取的治疗措施是**牵遛运动**。

24. 马患纤维性骨营养不良时，血清中可能升高的激素是**甲状旁腺素**。

25. 引起马属动物"黄肝病"和羊"黄染病"的霉菌毒素是**杂色曲霉毒素**。

高频题练习

1. 马鼻疽常用的检疫方法是(　　　)。
   A. 涂片镜检　　　　　　B. 变态反应　　　　　　C. 平板凝集试验
   D. 细菌分离鉴定　　　　E. 免疫胶体金技术

(2~4题共用题干)
某马场同槽饲喂的两匹马精神沉郁，周围有红晕，下颌淋巴结肿胀。

2. 该病可能是(　　　)。
   A. 马传染性贫血　　　　B. 马鼻疽　　　　　　　C. 马腺疫
   D. 炭疽　　　　　　　　E. 马流感

3. 对病马应采取的措施是(　　　)。
   A. 对症治疗　　　　　　B. 隔离淘汰　　　　　　C. 抗菌治疗
   D. 抗病毒治疗　　　　　E. 紧急接种疫苗

4. 对同群隐性或慢性病例，常用的诊断方法是(　　　)。
   A. 细菌学检查　　　　　B. 病毒学检查　　　　　C. 变态反应
   D. ELISA　　　　　　　E. 荧光抗体试验

5. 病马一侧后肢发生浮肿，沿淋巴管出现念珠状结节，随后结节破溃，排出脓液，长期不愈，该病可能是(　　　)。
   A. 炭疽　　　　　　　　B. 结核病　　　　　　　C. 马痘
   D. 马鼻疽　　　　　　　E. 马腺疫

6. 除马以外，马鼻疽的最易感动物是（　　）。

  A. 牛   B. 羊   C. 猪

  D. 犬   E. 骡

7. 水貂病毒性肠炎的一个重要特征是（　　）。

  A. 消瘦   B. 发热   C. 精神委顿

  D. 食欲缺乏   E. 白细胞减少

8. 某兔场，病兔全身皮肤、面部和天然孔周围肿胀明显，切开肿胀部皮下可见组织充血、水肿，有胶冻状液体积聚，具有高度传染性，死亡率高达100%，该病可能是（　　）。

  A. 链球菌病   B. 黏液瘤病   C. 恶性水肿

  D. 病毒性出血   E. 巴氏杆菌病

9. 可用血凝抑制试验诊断的水貂疾病是（　　）。

  A. 狂犬病   B. 大肠杆菌病   C. 水貂阿留申病

  D. 水貂病毒性肠炎   E. 水貂伪狂犬病

10. 从国外引进一批种兔，在隔离检疫期间，部分家兔面部和天然孔周围肿胀明显，皮下组织充血、水肿，有胶冻状液体积聚，病死率达100%，该病可能是（　　）。

  A. 链球菌病   B. 兔病毒性出血病   C. 恶性水肿

  D. 黏液瘤病   E. 巴氏杆菌病

（11～12题共用备选答案）

  A. 狂犬病   **B. 水貂伪狂犬病**   **C. 水貂阿留申病**

  D. 大肠杆菌病   **E. 水貂病毒性肠炎**

11. 某水貂场成年貂发病，食欲缺乏，部分病貂后期有抽搐、痉挛症状，剖检见肾脏肿大明显，表面有出血点。病理学检查见肾脏浆细胞增多、血清丙种球蛋白异常增高。最可能发生的疾病是（　　）。

12. 某水貂场2月龄水貂发病，病死率为60%，病貂主要表现为体温升高，食欲缺乏，腹泻，粪便水样，有黏液和脱落的肠黏膜。白细胞显著减少，小肠急性、卡他性、纤维素性炎症。最可能发生的疾病是（　　）。

（13～15题共用题干）

  20日龄貂群发病，发病率达50%，病死率达80%，病貂食欲缺乏，腹泻，粪便呈水样、粉红色，病貂迅速脱水、虚弱；白细胞显著减少，部分衰竭死亡。

13. 该场水貂发生的疾病最可能是（　　）。

  A. 大肠杆菌病   B. 水貂病毒性肠炎   C. 水貂阿留申病

  D. 狂犬病   E. 伪狂犬病

14. 该病的特征性病变部位是（　　）。

  A. 心脏   B. 脾脏   C. 肺脏

  D. 小肠   E. 大肠

15. 对该场未发病貂应采取的紧急措施是（　　）。

  A. 抗生素治疗   B. 补充维生素   C. 消毒

  D. 注射弱毒疫苗   E. 注射灭活疫苗

16. 蜜蜂白垩病的诱发因素是（　　）。

  A. 高温、高湿   B. 高温、低湿   C. 低温、高湿

  D. 低温、低湿   E. 温度多变、潮湿

17. 蜜蜂欧洲幼虫腐臭病最易发生于蜂群的(   )。

  A. 越夏期   B. 繁殖高峰期   C. 采集期

  D. 采集后恢复期   E. 越冬期

18. 蜜蜂封盖大幼虫死亡，挑取黑褐色虫尸，虫尸具黏性、能拉出细丝，如用四环素治疗，适宜的给药方法是(   )。

  A. 混入花粉饲喂   B. 溶入水中饲喂   C. 混入蜂蜜饲喂

  D. 拌入糖浆饲喂   E. 药粉直接撒入蜂箱

19. 家蚕质型多角体病毒感染家蚕中肠的细胞为(   )。

  A. 圆筒形细胞   B. 杯形细胞   C. 再生细胞

  D. 颗粒细胞   E. 脂肪细胞

20. 预防蜜蜂欧洲幼虫腐臭病的错误方法是(   )。

  A. 培育抗病品种   B. 更换蜂王   C. 销毁病脾

  D. 严格消毒   E. 饲喂抗生素

21. 马，5岁，妊娠321d，体温不高，精神沉郁，饮、食欲废绝，粪球干黑，尿浓色黄，可视黏膜潮红。血液检查见血浆混浊，呈暗黄色奶油状。该病最可能的诊断是(   )。

  A. 马巴贝斯虫病   B. 溶血性贫血   C. 营养性贫血

  D. 酮病   E. 妊娠毒血症

(22~23题共用题干)

  5龄蚕，食欲减退，眠起不齐，体呈锈色，出现胡椒蚕和不结茧蚕，丝腺有乳白色脓包状斑块。

22. 该蚕可能发生的是(   )。

  A. 家蚕质型多角体病   B. 家蚕微粒子病   C. 白僵病

  D. 变形虫病   E. 锥虫病

23. 确诊该病应采用的方法是(   )。

  A. 体表病原检查   B. 剖检中肠管壁   C. 剖检后肠管壁

  D. 剖检丝腺   E. 血液中多角体检测

(24~25题共用题干)

  5龄家蚕，体色乳白，环节肿胀，狂躁爬行，皮破流脓而死。

24. 该病可能是(   )。

  A. 血液型脓病   B. 中肠型脓病   C. 病毒性软化病

  D. 浓核症   E. 白僵病

25. 确诊该病时必须检测的成分是(   )。

  A. 血糖   B. 血液中核酸   C. 血液中多角体

  D. 肠液中多角体   E. 血清蛋白

(26~28题共用题干)

  成年蜂发病，剖检见肠道失去弹性、易破裂，颜色由蜜黄色变为灰白色，肠道外表环纹消失。

26. 检查病原应采集病料的部位是（　　）。

    A. 食道　　　　　　　　　B. 中肠　　　　　　　　　C. 后肠

    D. 马氏管　　　　　　　　E. 血淋巴

27. 该病的病原是（　　）。

    A. 蜜蜂微孢子虫　　　　　B. 蜜蜂马氏管变形虫　　　C. 大蜂螨

    D. 小蜂螨　　　　　　　　E. 蜜蜂球囊菌

28. 治疗该病的药物是（　　）。

    A. 土霉素　　　　　　　　B. 青霉素　　　　　　　　C. 链霉素

    D. 烟曲霉素　　　　　　　E. 灰黄霉素

（29～31题共用题干）

马，16岁，长期劳役，发病约半年，易疲劳，出汗，可视黏膜发绀，呼气性呼吸困难，沿肋骨弓有一段深的凹陷沟，体温正常。

29. 该病最可能的诊断是（　　）。

    A. 急性肺泡气肿　　　　　B. 慢性肺泡气肿　　　　　C. 间质性肺气肿

    D. 肺充血　　　　　　　　E. 肺水肿

30. 肺部叩诊的变化是（　　）。

    A. 叩诊过清音，叩诊界后移　　　　　B. 叩诊浊音，叩诊界后移

    C. 叩诊半浊音，叩诊界后移　　　　　D. 叩诊过清音，叩诊界前移

    E. 叩诊浊音，叩诊界前移

31. 对本病的治疗不应选用（　　）。

    A. 氨茶碱　　　　　　　　B. 地塞米松　　　　　　　C. 新斯的明

    D. 阿莫西林　　　　　　　E. 沙拉沙星

32. 马，雄性，配种后第2天，一侧阴囊肿大、皮肤紧张发亮，出现浮肿；不愿走动，运步时两后肢开张，步态紧张，直肠检查，腹股沟内环内有肠管脱入。最可能的疾病是（　　）。

    A. 睾丸炎　　　　　　　　B. 附睾炎　　　　　　　　C. 阴囊积水

    D. 睾丸肿瘤　　　　　　　E. 腹股沟阴囊疝

33. 马支跛的运步特征是（　　）。

    A. 前方短步　　　　　　　B. 后方短步　　　　　　　C. 运步缓慢

    D. 抬腿困难　　　　　　　E. 黏着步样

（34～36题共用题干）

赛马，障碍赛时摔倒，左前肢支跛明显，前臂上部弯曲，他动运动有骨摩擦音，患部肿胀，未见皮肤损伤，全身症状不明显。

34. 本病最可能的诊断是（　　）。

    A. 骨裂　　　　　　　　　B. 腕关节脱位　　　　　　C. 肘关节脱位

    D. 肩关节脱位　　　　　　E. 闭合性骨折

35. 本病的确诊方法是（　　）。

    A. 触诊　　　　　　　　　B. X射线检查　　　　　　C. 超声检查

    D. 斜板试验　　　　　　　E. 关节内窥镜检查

36. 本病最适宜的保守治疗方法是( )。

    A. 绷带包扎   B. 石蜡绷带   C. 酒精热绷带

    D. 石膏夹板绷带   E. 复方醋酸铅绷带

高频题参考答案

题号	1	2	3	4	5	6	7	8	9	10	11	12	13	14	15	16	17	18	19	20
答案	B	B	B	C	D	E	E	B	D	D	C	E	B	D	D	E	B	A	A	E
题号	21	22	23	24	25	26	27	28	29	30	31	32	33	34	35	36				
答案	E	B	D	A	C	B	A	D	B	A	C	E	B	E	B	D				

模拟题练习

1. 马传染性贫血常表现( )。

    A. 截瘫   B. 共济失调   C. 盲目运动

    D. 强直性痉挛   E. 阵发性痉挛

2. 水貂病毒性肠炎的一个重要特征是( )。

    A. 消瘦   B. 发热   C. 精神委顿

    D. 食欲缺乏   E. 白细胞减少

3. 某兔场，病兔全身皮肤、面部和天然孔周围肿胀明显，切开肿胀部皮下可见组织充血、水肿，有胶冻状液体积聚，具有高度传染性，死亡率高达100%，该病可能是( )。

    A. 链球菌病   B. 黏液瘤病   C. 恶性水肿

    D. 病毒性出血   E. 巴氏杆菌病

4. 可用血凝抑制试验诊断的水貂疾病是( )。

    A. 狂犬病   B. 大肠杆菌病   C. 水貂阿留申病

    D. 水貂病毒性肠炎   E. 水貂伪狂犬病

5. 对兔病毒性出血病重症病例，适宜的处置办法是( )。

    A. 隔离治疗   B. 预防继发感染   C. 紧急接种疫苗

    D. 注射高免血清   E. 扑杀，尸体无害化处理

6. 某50日龄水貂群发病，病貂主要表现为体温升高，食欲缺乏，腹泻，白细胞计数为 2×10^9 个/L。发病率50%，病死率40%。剖检见小肠出血性肠炎。该病可能是( )。

    A. 犬瘟热   B. 狂犬病   C. 伪狂犬病

    D. 水貂病毒性肠炎   E. 水貂阿留申病

7. 兔病毒性出血病受威胁区，预防该病的关键措施是( )。

    A. 淘汰病兔   B. 隔离封锁   C. 定期消毒

    D. 紧急接种疫苗   E. 注射高免血清

8. 从国外引进一批种兔，在隔离检疫期间，部分家兔面部和天然孔周围肿胀明显，皮下组织充血、水肿，有胶冻状液体积聚，病死率达100%，该病可能是( )。

    A. 链球菌病   B. 兔病毒性出血病   C. 恶性水肿

D. 黏液瘤病　　　　　　　　　E. 巴氏杆菌病

(9~10 题共用备选答案)

A. 狂犬病　　　　　B. 水貂伪狂犬病　　　　　C. 水貂阿留申病

D. 大肠杆菌病　　　E. 水貂病毒性肠炎

9. 某水貂场成年貂发病，食欲缺乏，部分病貂后期有抽搐、痉挛症状，剖检见肾脏肿大明显，表面有出血点。病理学检查见肾脏浆细胞增多、血清丙种球蛋白异常增高。最可能发生的疾病是（　　）。

10. 某水貂场 2 月龄水貂发病，病死率为 60%，病貂主要表现为体温升高，食欲缺乏，腹泻，粪便水样，有黏液和脱落的肠黏膜。白细胞显著减少，小肠急性、卡他性、纤维素性炎症。最可能发生的疾病是（　　）。

(11~13 题共用题干)

20 日龄貂群发病，发病率达 50%，病死率达 80%，病貂食欲缺乏，腹泻，粪便呈水样、粉红色，病貂迅速脱水、虚弱；白细胞显著减少，部分衰竭死亡。

11. 该场水貂发生的疾病最可能是（　　）。

A. 大肠杆菌病　　　B. 水貂病毒性肠炎　　　C. 水貂阿留申病

D. 狂犬病　　　　　E. 伪狂犬病

12. 该病的特征性病变部位是（　　）。

A. 心脏　　　　　　B. 脾脏　　　　　　C. 肺脏

D. 小肠　　　　　　E. 大肠

13. 对该场未发病貂应采取的紧急措施是（　　）。

A. 抗生素治疗　　　B. 补充维生素　　　C. 消毒

D. 注射弱毒疫苗　　E. 注射灭活疫苗

14. 蜜蜂白垩病的诱发因素是（　　）。

A. 高温、高湿　　　B. 高温、低湿　　　C. 低温、高湿

D. 低温、低湿　　　E. 温度多变、潮湿

15. 蜜蜂美洲幼虫腐臭病具有诊断意义的症状是（　　）。

A. 房盖有穿孔　　　B. 烂虫能拉丝　　　C. 房盖颜色加深

D. 房盖出现下陷　　E. 烂虫有腥臭味

16. 蜜蜂封盖大幼虫死亡，挑取黑褐色虫尸，虫尸具黏性、能拉出细丝，如用四环素治疗，适宜的给药方法是（　　）。

A. 混入花粉饲喂　　B. 溶入水中饲喂　　C. 混入蜂蜜饲喂

D. 拌入糖浆饲喂　　E. 药粉直接撒入蜂箱

17. 家蚕质型多角体病毒感染家蚕中肠的细胞为（　　）。

A. 圆筒形细胞　　　B. 杯形细胞　　　C. 再生细胞

D. 颗粒细胞　　　　E. 脂肪细胞

18. 预防蜜蜂欧洲幼虫腐臭病的错误方法是（　　）。

A. 培育抗病品种　　B. 更换蜂王　　　C. 销毁病脾

D. 严格消毒　　　　E. 饲喂抗生素

19. 蜜蜂欧洲幼虫腐臭病最易发生于蜂群的（　　）。

A. 越夏期   B. 繁殖高峰期   C. 采集期

D. 采集后恢复期   E. 越冬期

20. 感染美洲幼虫腐臭病的蜜蜂幼虫表现出症状的平均日龄是( )。

     A. 孵化后 3d 左右   B. 孵化后 6d 左右   C. 孵化后 9d 左右

     D. 孵化后 12d 左右   E. 孵化后 15d 左右

(21~22 题共用题干)

5 龄蚕，食欲减退，眠起不齐，体呈锈色，出现胡椒蚕和不结茧蚕，丝腺有乳白色脓疱状斑块。

21. 该蚕可能发生的是( )。

     A. 家蚕质型多角体病   B. 家蚕微粒子病   C. 白僵病

     D. 变形虫病   E. 锥虫病

22. 确诊该病应采用的方法是( )。

     A. 体表病原检查   B. 剖检中肠管壁   C. 剖检后肠管壁

     D. 剖检丝腺   E. 血液中多角体检测

(23~24 题共用题干)

5 龄家蚕，体色乳白，环节肿胀，狂躁爬行，皮破流脓而死。

23. 该病可能是( )。

     A. 血液型脓病   B. 中肠型脓病   C. 病毒性软化病

     D. 浓核症   E. 白僵病

24. 确诊该病时必须检测的成分是( )。

     A. 血糖   B. 血液中核酸   C. 血液中多角体

     D. 肠液中多角体   E. 血清蛋白

(25~27 题共用题干)

兔，2~3 月龄，消瘦，腹围增大，腹泻与便秘交替出现；剖检见肝脏表面及实质内脏有淡黄色、粟粒大小的结节性病灶，多沿胆管分布。

25. 该病可能是( )。

     A. 兔球虫病   B. 卡氏肺孢子虫病   C. 豆状囊尾蚴病

     D. 栓尾线虫病   E. 连续多头蚴病

26. 肝脏可见的主要组织病理学变化是( )。

     A. 肝细胞脂肪变性   B. 肝脏脂肪浸润

     C. 肝细胞凝固性坏死   D. 胆管上皮钙化

     E. 胆管周围和小叶间结缔组织增生

27. 目前预防该病的有效措施是( )。

     A. 疫苗免疫   B. 灭蚊   C. 提前断奶

     D. 加强饲养   E. 饲料添加物

(28~30 题共用题干)

成年蜂发病，剖检见肠道失去弹性、易破裂，颜色由蜜黄色变为灰白色，肠道外表环纹消失。

28. 检查病原应采集病料的部位是( )。

A. 食道　　　　　　　　B. 中肠　　　　　　　　C. 后肠

D. 马氏管　　　　　　　E. 血淋巴

29. 该病的病原是（　　）。

A. 蜜蜂微孢子虫　　　　B. 蜜蜂马氏管变形虫　　C. 大蜂螨

D. 小蜂螨　　　　　　　E. 蜜蜂球囊菌

30. 治疗该病的药物是（　　）。

A. 土霉素　　　　　　　B. 青霉素　　　　　　　C. 链霉素

D. 烟曲霉素　　　　　　E. 灰黄霉素

31. 马属动物急性胃肠炎的一般首要治疗原则是（　　）。

A. 强心利尿　　　　　　B. 止吐止泻　　　　　　C. 抗菌消炎

D. 健胃消食　　　　　　E. 解痉镇痛

32. 马肠扭转的最佳治疗方法是（　　）。

A. 翻滚法　　　　　　　B. 针灸法　　　　　　　C. 下泻法

D. 手术整复　　　　　　E. 深部灌肠

（33～35 题共用题干）

马，7 岁，由于过度使役而突然发病，临诊表现明显的呼吸困难，流泡沫状鼻液，黏膜发绀。体温 40.5℃，呼吸 85 次/min，脉搏 97 次/min。肺部听诊湿啰音。X 射线影像显示肺野密度增加，肺门血管纹理显著。

33. 最可能的诊断是（　　）。

A. 胸膜炎　　　　　　　B. 喘鸣症　　　　　　　C. 支气管炎

D. 肺泡气肿　　　　　　E. 肺充血与肺水肿

34. 肺部叩诊可能出现（　　）。

A. 清音　　　　　　　　B. 浊音　　　　　　　　C. 鼓音

D. 破壶音　　　　　　　E. 金属音

35. 血气分析最可能的异常是（　　）。

A. PO_2 正常，PCO_2 升高　　　　　　B. PO_2 升高，PCO_2 升高

C. PO_2 降低，PCO_2 降低　　　　　　D. PO_2 升高，PCO_2 降低

E. PO_2 降低，PCO_2 升高

（36～38 题共用题干）

马，食欲下降，咳嗽，呼吸困难，流黏液性鼻液，体温 40.1℃，叩诊胸区出现灶性浊音，胸部听诊有湿啰音，病灶部位肺泡呼吸音减弱。

36. 本病最可能的诊断是（　　）。

A. 胸膜炎　　　　　　　B. 支气管炎　　　　　　C. 大叶性肺炎

D. 支气管肺炎　　　　　E. 间质性肺气肿

37. 病马的热型最可能表现为（　　）。

A. 弛张热　　　　　　　B. 稽留热　　　　　　　C. 回归热

D. 间隙热　　　　　　　E. 不完整热

38. 病马的血常规检查最可能出现（　　）。

A. 白细胞总数增多　　　B. 白细胞总数减少　　　C. 白细胞总数正常

D. 红细胞总数增多　　　　　　E. 红细胞总数减少

39. 马，精神沉郁，呼吸困难，鼻孔流出粉红色泡沫状鼻液，脉搏跳动快，可视黏膜发绀，可能是(　　)。

　　A. 肺泡气肿　　　　　　B. 肺充血和肺水肿　　　　　C. 肺间质水肿
　　D. 支气管肺炎　　　　　E. 大叶性肺炎

40. 兔病毒性出血病的典型病理变化是(　　)。

　　A. 肾脏出血　　　　　　B. 胃出血　　　　　　C. 肠壁变薄
　　D. 肺脏出血、肝脏淤血　　E. 肠系膜淋巴结肿大

(41～43题共用题干)

马，16岁，长期劳役，发病约半年，易疲劳，出汗，可视黏膜发绀，呼气性呼吸困难，沿肋骨弓有一段深的凹陷沟，体温正常。

41. 该病最可能的诊断是(　　)。

　　A. 急性肺泡气肿　　　　B. 慢性肺泡气肿　　　　C. 间质性肺气肿
　　D. 肺充血　　　　　　　E. 肺水肿

42. 肺部叩诊的变化是(　　)。

　　A. 叩诊过清音，叩诊界后移　　　　B. 叩诊浊音，叩诊界后移
　　C. 叩诊半浊音，叩诊界后移　　　　D. 叩诊过清音，叩诊界前移
　　E. 叩诊浊音，叩诊界前移

43. 对本病的治疗不应选用(　　)。

　　A. 氨茶碱　　　　　　　B. 地塞米松　　　　　　C. 新斯的明
　　D. 阿莫西林　　　　　　E. 沙拉沙星

(44～46题共用题干)

马，长期休闲，饲喂富含碳水化合物饲料。剧烈运动后，突然出现运动障碍；股四头肌和臀肌强直，硬如木板。

44. 其尿液的颜色可能是(　　)。

　　A. 红色　　　　　　　　B. 白色　　　　　　　　C. 绿色
　　D. 黄色　　　　　　　　E. 无色

45. 尿液的性质可能是(　　)。

　　A. 糖尿　　　　　　　　B. 药尿　　　　　　　　C. 卟啉尿
　　D. 血红蛋白尿　　　　　E. 肌红蛋白尿

46. 镜检尿液发现(　　)。

　　A. 无异常成分　　　　　B. 有大量管型　　　　　C. 有大量血小板
　　D. 有大量白细胞　　　　E. 有大量红细胞

47. 马患纤维性骨营养不良时，血清中可能升高的激素是(　　)。

　　A. 甲状腺素　　　　　　B. 甲状旁腺素　　　　　C. 肾上腺素
　　D. 促肾上腺皮质激素　　E. 皮质醇

48. 引起马属动物"黄肝病"和羊"黄染病"的霉菌毒素是(　　)。

　　A. 黄曲霉毒素　　　　　B. 杂色曲霉毒素　　　　C. 镰刀菌毒素
　　D. 青霉毒素　　　　　　E. T-2毒素

49. 马，全身症状明显，大腿外侧皮下出现弥漫性大面积肿胀，并向周围急剧扩散，触诊疼痛明显，有捻发音，可能患的疾病是（　　）。

    A. 坏疽　　　　　　　　B. 恶性水肿　　　　　　C. 蜂窝织炎

    D. 厌气性感染　　　　　E. 腐败性感染

50. 马，雄性，配种后第 2 天，一侧阴囊肿大、皮肤紧张发亮，出现浮肿；不愿走动，运步时两后肢开张，步态紧张，直肠检查，腹股沟内环内有肠管脱入。最可能的疾病是（　　）。

    A. 睾丸炎　　　　　　　B. 附睾炎　　　　　　　C. 阴囊积水

    D. 睾丸肿瘤　　　　　　E. 腹股沟阴囊疝

(51~53 题共用题干)

马，6 岁，2d 前因便秘曾来医院就诊，现排便不安，粪便带血，体温 38.2℃，WBC 为 6.5×10^9 个/L，直检手指染血，局部黏膜破裂水肿。

51. 该病可能是（　　）。

    A. 结肠炎　　　　　　　B. 直肠炎　　　　　　　C. 直肠不全破裂

    D. 腹膜外直肠全破裂　　E. 腹膜内直肠全破裂

52. 治疗该病的首选方法是（　　）。

    A. 保证肠蠕动　　　　　B. 灌肠　　　　　　　　C. 禁止饮水

    D. 抗菌消炎　　　　　　E. 修补直肠

53. 治疗该病不能采用的方法是（　　）。

    A. 止血　　　　　　　　B. 止痛　　　　　　　　C. 灌肠

    D. 消炎　　　　　　　　E. 输液

54. 赛马，奔跑时右后蹄蹬空，系关节处挫伤，运步时系部直立，后方短步，蹄音低。该马跛行表现为（　　）。

    A. 悬跛　　　　　　　　B. 支跛　　　　　　　　C. 鸡跛

    D. 混合跛行　　　　　　E. 间歇跛行

55. 马，5 岁，行走时右后膝关节和跗关节高度屈曲，高抬腿在空中后又突然着地。该马表现的跛行是（　　）。

    A. 悬跛　　　　　　　　B. 支跛　　　　　　　　C. 鸡跛

    D. 间歇跛行　　　　　　E. 混合跛行

(56~58 题共用题干)

赛马，障碍赛时摔倒，左前肢支跛明显，前臂上部弯曲，他动运动有骨摩擦音，患部肿胀，未见皮肤损伤，全身症状不明显。

56. 本病最可能的诊断是（　　）。

    A. 骨裂　　　　　　　　B. 腕关节脱位　　　　　C. 肘关节脱位

    D. 肩关节脱位　　　　　E. 闭合性骨折

57. 本病的确诊方法是（　　）。

    A. 触诊　　　　　　　　B.X 射线检查　　　　　C. 超声检查

    D. 斜板试验　　　　　　E. 关节内窥镜检查

58. 本病最适宜的保守治疗方法是（　　）。

A. 绷带包扎 B. 石蜡绷带 C. 酒精热绷带

D. 石膏夹板绷带 E. 复方醋酸铅绷带

59. 马驹，跛行，前肢掌和指关节屈曲、不易伸展，屈肌腱紧张。手术治疗本病的常用方法是切断( )。

A. 悬韧带 B. 深屈肌腱 C. 下翼状韧带

D. 指总伸肌腱 E. 指浅屈肌腱

(60～62 题共用题干)

马，站立时肩关节过度伸展，肘关节下沉，腕关节呈钝角，球节呈掌屈状态，肌肉无力，皮肤对疼痛刺激反射减弱。

60. 该病最可能的诊断是( )。

A. 肌肉风湿 B. 肩关节脱位 C. 肘关节脱位

D. 桡神经麻痹 E. 臂三头肌断裂

61. 为促进机能恢复，提高肌肉张力，可采用的治疗措施是( )。

A. 按摩+涂擦鱼石脂软膏 B. 按摩+醋酸铅冷敷 C. 抗风湿

D. 抗炎 E. 冷疗

62. 为防止瘢痕形成和组织粘连可局部注射( )。

A. 链激酶 B. 尿激酶 C. 辅酶 A

D. ATP E. 酯酶

(63～65 题共用题干)

母马，分娩过程持续 1 小时未见胎儿排出，应用大量催产素，出现强烈努责，数小时后突然安静，努责停止，但未见胎儿排出。

63. 该马最可能发生的是( )。

A. 胎儿死亡 B. 子宫破裂 C. 子宫痉挛

D. 子宫弛缓 E. 疼痛休克

64. 确诊该病，最直接的检查方法是( )。

A. 产道检查 B. 胎儿活动检查 C. B超检查

D. 血常规检查 E. 直肠检查

65. 【假设信息】由于抢救不及时，该母马发生死亡。引起马死亡最可能的原因是( )。

A. 疼痛休克 B. 失血性休克 C. 感染性休克

D. 药物过敏 E. 产程过长

模拟题参考答案

题号	1	2	3	4	5	6	7	8	9	10	11	12	13	14	15	16	17	18	19	20
答案	B	E	B	D	E	D	D	D	C	E	B	D	D	E	B	A	A	E	B	D
题号	21	22	23	24	25	26	27	28	29	30	31	32	33	34	35	36	37	38	39	40
答案	B	D	A	C	A	E	E	B	A	D	C	D	E	B	E	D	A	A	B	D

（续）

题号	41	42	43	44	45	46	47	48	49	50	51	52	53	54	55	56	57	58	59	60
答案	B	A	C	A	E	A	B	B	C	E	C	E	C	B	C	E	B	D	E	D
题号	61	62	63	64	65															
答案	A	A	B	A	B															

参 考 文 献

陈明勇，2012. 2012 年职业兽医资格考试考点精讲与真题训练（兽医全科类）[M]. 北京：中国农业出版社.

廖泽成，林峰，2017. 执业兽医师易本通 [M]. 香港：四季出版社.

李祥瑞，2004. 动物寄生虫病彩色图谱 [M]. 北京：中国农业出版社.

廖泽成，林峰，2017. 2017 年新版执业兽医历年真题剖析 [M]. 深圳：中国博学出版社.

连建平，潘书磊，郭延敏，2020. 2021 年新版执业兽医资格考试考点速记秘籍 [M]. 天津：天津科学技术出版社.

吴清民，2002. 兽医传染病学 [M]. 北京：中国农业大学出版社.

陈溥言，2006. 兽医传染病学 [M]. 5 版. 北京：中国农业出版社.

谢永林，2021. "兽医通"执业兽医考试速战宝典 [M]. 北京：中国农业出版社.

圣才学习网，2010. 全国执业兽医资格考试过关必做 3000 题 [M]. 北京：中国石化出版社.